RAL · NEU 研究报告　No. 0030

# 热轧板带钢快速冷却换热属性研究

轧制技术及连轧自动化国家重点实验室
（东北大学）

北　京
冶 金 工 业 出 版 社
2021

## 内 容 简 介

本书全面介绍了热轧板带钢先进快速冷却技术及其换热原理，内容包括射流冲击换热原理、汽雾喷射换热原理、钢板内部温度演变规律、板带钢温度场解析模型、新一代 TMCP 工艺研发和应用等。

本书可供从事轧钢工艺及冶金自动化工作的工程技术人员、科研人员阅读，也可供高等院校材料成型及自动化、工程热物理专业的师生参考。

**图书在版编目(CIP)数据**

热轧板带钢快速冷却换热属性研究/轧制技术及连轧自动化国家重点实验室（东北大学）著. —北京：冶金工业出版社，2019. 1（2021. 3 重印）

（RAL · NEU 研究报告）

ISBN 978- 7- 5024- 7976- 3

Ⅰ. ①热…　Ⅱ. ①轧…　Ⅲ. ①带钢—热轧—冷却—换热—研究　Ⅳ. ①TG335. 5

中国版本图书馆 CIP 数据核字（2018）第 275934 号

出 版 人　苏长永
地　　址　北京市东城区嵩祝院北巷 39 号　邮编　100009　电话　(010)64027926
网　　址　www. cnmip. com. cn　电子信箱　yjcbs@ cnmip. com. cn
策　　划　任静波　责任编辑　卢　敏　美术编辑　彭子赫
版式设计　孙跃红　责任校对　卿文春　责任印制　禹　蕊
ISBN 978-7-5024-7976-3
冶金工业出版社出版发行；各地新华书店经销；北京建宏印刷有限公司印刷
2019 年 1 月第 1 版，2021 年 3 月第 2 次印刷
169mm×239mm；15. 25 印张；236 千字；224 页
**54. 00** 元

**冶金工业出版社　投稿电话　(010)64027932　投稿信箱　tougao@cnmip. com. cn**
**冶金工业出版社营销中心　电话　(010)64044283　传真　(010)64027893**
**冶金工业出版社天猫旗舰店　yjgycbs. tmall. com**
（本书如有印装质量问题，本社营销中心负责退换）

# 研究项目概述

## 1. 研究项目背景与立题依据

控制轧制和控制冷却（TMCP，Thermo-mechanical Control Process）技术作为改善钢材综合力学性能的重要技术已经广泛应用于板带钢生产领域，在晶粒细化、组织强化以及组织均匀化等方面发挥了重要作用，对于高性能钢铁材料的开发和生产具有十分重要的意义。这其中传统层流冷却技术的作用巨大，直至目前仍被国内外大多数钢铁企业所采用。然而，以层流冷却水为特征的传统加速冷却装置存在冷却机理上的不足，高温钢板与冷却水之间大量存在冷却效率低下的过渡沸腾、膜态沸腾等不稳定换热方式。换热系数较小的膜态沸腾换热区域远大于换热能力较强的核状沸腾区以及冲击射流换热区域。层流冷却无法突破冷却能力低、冷却均匀性差的瓶颈。如何击破钢板表面与冷却水之间的汽膜，减少不稳定换热的存在、增大射流冲击换热区域是提高冷却能力和改善冷却均匀性的关键。开发新型冷却技术取代以层流冷却技术为特征的传统加速冷却技术成为 TMCP 技术发展的迫切需求。为此，国内外学者围绕具有高强度均匀化特点的超快速冷却技术及其所采用的射流冲击换热原理开展了一系列研究。目前，东北大学轧制技术及连轧自动化国家重点实验室所研发的具有超快速冷却功能的轧后先进冷却系统已经得到国内多家热轧板带材生产企业的使用和认可，取得了重要成果。但深入挖掘和探索先进冷却技术的换热机理，对于提升冷却水换热效率，改善冷却均匀性以及终冷温度、冷却速度等工艺参数高精度控制具有重要的指导作用。

## 2. 研究进展与成果

本课题结合热轧板带材先进快速冷却工艺特点，采用数值分析与实验研究相结合的方式，对倾斜射流冲击换热规律、空气增压汽雾喷射换热规律、温度场演变规律、温度场解析模型和快冷装置关键技术进行系统深入研究。

（1）针对缝隙射流冲击换热属性进行研究，获得了静止和运动条件下的缝隙射流换热区域分布和演变规律。运动状态下采用倾斜射流冲击换热方式，可以提高再润湿同步性，再润湿前沿呈一条直线，热流密度曲线间距均匀分布，可满足板带钢高强度均匀冷却的需求。在0°～45°范围内，倾角增大有利于换热能力提升，热流密度峰值增幅12.8%～13.2%。

（2）针对单束圆形喷嘴射流冲击换热属性进行研究，结果表明倾斜角度对单束圆形喷嘴射流冲击换热能力有着显著影响，顺向流区域内的热流密度、换热系数以及再润湿速度均有所增加。在此基础上，研究获得了喷嘴结构、开冷温度、水温、射流方向等参数变化对换热特性的影响规律。

（3）针对多束流体射流冲击换热行为进行研究，获得了多束流体射流冲击冷却过程的流体结构和换热区域分布。喷嘴间平行流相互冲击飞溅，形成干涉区和液滴飞溅区，促进热流密度和换热系数增强。增加流速有助于提高冷却强度，改善冷却均匀性。在实验室和现场条件下开展多束射流实验研究，随流速的增加平均换热系数有所增加，但增幅逐渐减小。

（4）探究纳米流体空气增压汽雾喷射换热机理，研究获得其导热能力、润湿规律等流体属性以及汽雾喷射流体结构分布，进而研究其沸腾换热机理，汽雾喷射条件下的再润湿行为、换热区域分布与演变规律等换热机理，掌握了纳米颗粒和表面活性剂添加对流体流动特性以及换热行为作用规律。

（5）建立了射流冲击沸腾换热条件下的平均换热系数理论模型，针对超大热载荷边界条件下的对流导热耦合问题建立快速有限元解析模型。相关成果为热轧板带钢超快冷、淬火工艺技术装备改进、控制系统模型优化以及冷却工艺调优提供理论支持，已在多个超快冷和淬火机项目中得到应用。

## 3. 论文与专利

该项目实施过程中，在国内外学术期刊发表论文20余篇，申请国家专利10余项。

**论文：**

（1）Wang Bingxing, Lin Dong, Zhang Bo, et al. Local Heat Transfer Characteristics of Multi Jet Impingement on High Temperature Plate Surfaces [J]. ISIJ International, 2018, 58 (1): 132～139.

(2) 张田，田勇，王丙兴，王昭东，王国栋.“温控-形变”轧制工艺对厚板变形渗透性的影响［J］. 轧钢，2018，34（1）：6~9.

(3) Zhang T, Xiong L, Tian Y, et al. A Novel 1.5D FEM of Temperature Field Model for an Online Application on Plate Uniform Cooling Control［J］. Isij International, 2017, 57（4）.

(4) Wang Bingxing, Dong Fuzhi, Wang Zhaodong, RDK Misra, Wang Guodong. Microstructure and mechanical properties of Nb-B bearing low carbon steel plate: Ultrafast cooling versus accelerated cooling［J］. Journal of Wuhan University of Technology（Materials Science Edition）, 2017, 32（3）: 619~624.

(5) 韩毅，贾维维，张田，王丙兴，王昭东. 中厚板轧后冷却圆形喷嘴射流冲击行为分析［J］. 轧钢，2017，34（1）：9~12.

(6) 王丙兴，熊磊，张田，王昭东，王国栋. 道次间冷却对厚板控制轧制变形行为的影响［J］. 钢铁，2017，52（9）：60~65.

(7) 王丙兴，董福志，王昭东，王国栋. 超快冷条件下 Mn-Nb-B 系低碳贝氏体高强钢组织与性能研究［J］. 材料工程，2016，44（7）：26~31.

(8) Wang B, Lin D, Xie Q, et al. Heat transfer characteristics during jet impingement on a high-temperature plate surface［J］. Applied Thermal Engineering, 2016, 100: 902~910.

(9) Wang B, Guo X, Xie Q, et al. Heat transfer characteristic research during jet impinging on top/bottom hot steel plate［J］. International Journal of Heat & Mass Transfer, 2016, 101: 844~851.

(10) Xie Q, Wang B, Wang Y, et al. Experimental investigation of high-temperature steel plate cooled by multiple nozzle arrays［J］. Isij International, 2016.

(11) Zhang T, Xie Q, Wang B, et al. A novel variable scale grid model for temperature self-Adaptive control: an application on plate cooling process after rolling［J］. Steel Research International, 2016, 87（9）: 1213~1219.

(12) Xie Q, Wang B, Wang Z, et al. Heat transfer coefficient and flow characteristics of hot steel plate cooling by multiple inclined impinging jets［J］. Isij International, 2016, 56（12）.

（13）王国栋，王昭东，刘振宇，王丙兴，袁国. 基于超快冷的控轧控冷装备技术的发展［J］. 中国冶金，2016，26（10）：9~17.

（14）谢谦，林冬，王丙兴，王昭东，王国栋. 中厚板在线冷却过程冷却参数数据分析［J］. 轧钢，2016，33（6）：16~18.

（15）Hu X，Wang B X，Wang Z D，et al. Self-learning factor prediction of the heat transfer coefficient based on a dynamic fuzzy neural network for ultra-fast cooling［J］. Metallurgical Research & Technology，2015，112（2）：201.

（16）Xie Q，Wang B，Wang Z，et al. The effect of jet angle and initial plate temperature during jet impingement heat transfer process in ultra-fast cooling technology［J］. Steel Research International，2015，86（5）：489~494.

（17）Wang B，Wang Z D，Wang B X，et al. The relationship between microstructural evolution and mechanical properties of heavy plate of Low-Mn steel during ultra fast cooling［J］. Metallurgical & Materials Transactions A，2015，46（7）：2834~2843.

（18）Zhang T，Wang B，Wang Z，et al. Side-surface shape optimization of heavy plate by large temperature gradient rolling［J］. Transactions of the Iron & Steel Institute of，2015，56（1）.

（19）韩毅，贾维维，梁雄，王丙兴. 基于 ANSYS Fluent 的超快冷设备管路的优化设计［J］. 中国冶金，2015，25（7）：24~27.

专利：

（1）王丙兴，张田，武志强，谢谦，田勇，王昭东，王国栋，李勇，韩毅. 一种提高超快冷温度模型精度和自学习效率的控制方法［P］. 2015，中国，ZL201510411489. 6.

（2）王丙兴，王昭东，贾维维，韩毅，田勇，张志福，王国栋. 多腔体流量可控喷淋集管［P］. 2015，中国，ZL201510427213. 7.

（3）王丙兴，王昭东，贾维维，韩毅，田勇，张志福，王国栋. Flow controllable spray header with multi-chamber［P］. 2015，英国，GB2529072.

（4）王昭东，王丙兴，吴俊宇，张田，田勇，韩毅，付天亮，李勇，王国栋. 应用道次间冷却工艺控制轧制的即时冷却系统及冷却方法［P］.

2015，中国，ZL201510524358.9.

（5）王昭东，王丙兴，吴俊宇，张田，田勇，韩毅，付天亮，李勇，王国栋. 应用道次间冷却工艺控制轧制的即时冷却系统及冷却方法［P］. 2015，中国，US14/838818.

（6）王丙兴，田勇，贾维维，张志福，韩毅，王昭东，王国栋. 中厚板冷却系统头尾快速遮蔽装置、遮蔽系统及屏蔽方法［P］. 2015，中国，ZL201510822852.3.

（7）韩毅，王昭东，王丙兴，田勇，付天亮，李勇，王国栋. 一种中厚板轧后冷却喷水系统［P］. 2015，中国，ZL201520527130.

（8）韩毅，王昭东，王丙兴，田勇，付天亮，李勇，王国栋. 一种中厚板轧后冷却喷水系统. 2015，德国，DE20 2015104565.

（9）王丙兴，胡啸，王昭东，王国栋，李勇，韩毅，田勇. 一种中厚板在线冷却装置及控制方法［P］. 2014，中国，ZL201410121555.1.

（10）王昭东，赵大东，付天亮，李勇，李家栋，王国栋，田勇，王丙兴. 一种用于中厚板热处理生产线的过程控制方法和系统［P］. 2014，中国，ZL201410018402.4.

（11）王昭东，田勇，王丙兴，韩毅，张志福，贾维维，徐义波，王国栋. 一种中厚板轧后冷却系统的边部遮蔽装置［P］. 2014，中国，ZL201410115760.7.

（12）韩毅，王丙兴，王昭东，贾维维，宋国智，王国栋，田勇，李勇. 一种中厚板超快冷设备的供水系统［P］. 2014，中国，ZL201410199940.8.

（13）Wang Z，Wang B，Wu J，et al. Cooling method and on-line cooling system for controlled rolling with inter-pass cooling process［P］. 2018，US10，065，226B2.

## 4. 项目完成人员

| 主要完成人 | 职　称 | 单　位 |
|---|---|---|
| 王国栋 | 教授 | 东北大学 RAL 国家重点实验室 |
| 王昭东 | 教授 | 东北大学 RAL 国家重点实验室 |

续表

| 主要完成人 | 职　称 | 单　位 |
|---|---|---|
| 王丙兴 | 副教授 | 东北大学 RAL 国家重点实验室 |
| 田勇 | 副教授 | 东北大学 RAL 国家重点实验室 |
| 韩毅 | 高级实验师 | 东北大学 RAL 国家重点实验室 |
| 李勇 | 副教授 | 东北大学 RAL 国家重点实验室 |
| 高俊国 | 高级工程师 | 东北大学 RAL 国家重点实验室 |
| 李海军 | 副教授 | 东北大学 RAL 国家重点实验室 |
| 付天亮 | 副教授 | 东北大学 RAL 国家重点实验室 |
| 王斌 | 讲师 | 东北大学 RAL 国家重点实验室 |
| 张福波 | 副教授 | 东北大学 RAL 国家重点实验室 |
| 谢谦 | 讲师 | 安徽工业大学 |
| 张田 | 讲师 | 东北大学 RAL 国家重点实验室 |
| 熊磊 | 工程师 | 东北大学 RAL 国家重点实验室 |
| 武志强 | 工程师 | 东北大学 RAL 国家重点实验室 |
| 郭喜涛 | 硕士 | 东北大学 RAL 国家重点实验室 |
| 林冬 | 硕士 | 东北大学 RAL 国家重点实验室 |
| 王宇 | 硕士 | 东北大学 RAL 国家重点实验室 |
| 张博 | 硕士 | 东北大学 RAL 国家重点实验室 |
| 刘志学 | 硕士 | 东北大学 RAL 国家重点实验室 |
| 周佳阳 | 硕士 | 东北大学 RAL 国家重点实验室 |
| 夏越 | 硕士 | 东北大学 RAL 国家重点实验室 |
| 倪乾峰 | 硕士 | 东北大学 RAL 国家重点实验室 |

## 5. 报告执笔人

王丙兴、谢谦、张田、王斌、田勇、王昭东、王国栋。

## 6. 致谢

本研究旨在探究新一代 TMCP 工艺关键核心超快速冷却技术和淬火技术的换热原理。课题实施期间，东北大学王国栋院士对课题研究工作和研究内容给予了悉心指导。实验室领导的关心、指导和帮助，为研究工作提供了很大的支持。实验室多位老师、研究生和工程师的勇于奉献、艰苦工作和尽职尽责的科研精神为课题取得不断突破和工程项目顺利实施提供了有效保障。衷心感谢实验室领导和师生所给予的无私帮助和大力支持。

本研究工作获得了国家自然科学基金青年科学基金项目（51404058）和中央高校基本科研业务费专项资金资助项目（N150704005）、国家重点研发计划项目（2016YFB0300602、2017YFB0305103）的资助。项目成果应用于鞍钢、首钢京唐、江苏沙钢、江苏南钢、江西新钢、广东韶钢、河北中普（邯郸）、福建三钢等钢铁企业。衷心感谢企业领导和专家的信任和大力支持，衷心感谢项目实施过程中现场工程技术专家的配合。

# 目　　录

# 摘　　要

控制轧制和控制冷却（TMCP，Thermo-mechanical Control Process）技术作为改善钢材综合力学性能的重要技术已经广泛应用于板带钢生产领域，在晶粒细化、组织强化以及组织均匀化等方面发挥了重要作用，对于高性能钢铁材料的开发和生产具有十分重要的意义。开发新型冷却技术取代以层流冷却技术为特征的传统加速冷却技术成为TMCP技术发展的迫切需求。为此，本课题结合国家自然科学基金青年科学基金项目（51404058）和中央高校基本科研业务费专项资金资助项目（N150704005），针对射流冲击和气雾喷射换热基础开展研究工作，为实现高强均匀高效换热提供理论支撑。主要研究工作如下：

（1）针对缝隙射流冲击换热属性进行研究，获得了静止和运动条件下的缝隙射流换热区域分布和演变规律。运动状态下采用倾斜射流冲击换热方式，可以提高再润湿同步性，再润湿前沿呈一条直线，热流密度曲线间距均匀分布，可满足板带钢高强度均匀冷却的需求。在0°~45°范围内，倾角增大有利于换热能力提升，热流密度峰值增幅12.8%~13.2%。

（2）针对单束圆形喷嘴射流冲击换热属性进行研究，研究结果表明倾斜角度对单束圆形喷嘴射流冲击换热能力有着显著影响，顺向流区域内的热流密度、换热系数以及再润湿速度均有所增加。在此基础上，研究获得了喷嘴结构、开冷温度、水温、射流方向等参数变化对换热特性的影响规律。进而研究获得喷射流体间的相互作用规律，及其对换热规律的影响。

（3）针对多束圆形喷嘴射流冲击换热属性研究，分析了流体射流冲击冷却过程的流体结构和换热区域分布。喷嘴间平行流相互冲击飞溅，形成干涉区和液滴飞溅区，促进热流密度和换热系数增强。增加流速有助于提高冷却强度，改善冷却均匀性。在实验室和现场条件下开展多束射流实验研究，随流速的增加平均换热系数有所增加，但增幅逐渐减小。

（4）研究了纳米流体空气增压气雾喷射换热机理，对其导热能力、润湿规律等流体属性以及气雾喷射流体结构分布进行了量化分析，进而掌握其沸腾换热机理，气雾喷射条件下的再润湿行为、换热区域分布与演变规律等换热机理，阐明了纳米颗粒和表面活性剂添加对流体流动特性以及换热行为作用规律。

（5）结合本书研究结果建立了射流冲击沸腾换热条件下的平均换热系数理论模型，并针对超大热载荷边界条件下的对流导热耦合问题建立快速有限元解析模型。相关成果为热轧板带钢超快冷、淬火工艺技术装备改进、控制系统模型优化以及冷却工艺调优提供理论支持，已在多个超快冷和淬火机项目中得到应用。

**关键词：**板带钢，快速冷却，射流冲击，气雾喷射，换热原理，冷却均匀性

# 1 板带钢先进快速冷却技术研究现状

## 1.1 引言

在钢铁工业中，快速冷却技术作为高温板带钢控制轧制控制冷却工艺（TMCP）和热处理工艺（淬火、连续退火等）环节中的核心技术和不可或缺的工艺手段，在控制微观组织相变、第二相粒子析出和晶粒细化等方面发挥着重要作用，对钢铁材料的最终组织状态和综合使用性能具有决定性的影响。

控制轧制和控制冷却[1]是20世纪轧制技术最伟大的成果之一，对于高性能钢铁材料的研发具有十分重要的意义，在高强度板带钢生产领域得到了广泛应用。控制冷却技术[2~10]是TMCP的重要组成部分，它通过改变轧后冷却条件来控制相变和碳化物析出行为，从而改善钢板组织和性能。热轧钢板轧后快速冷却，可以充分挖掘钢材潜力，提高钢材强度，改善其塑性和焊接性能。轧后冷却技术为钢铁材料的进步做出了巨大贡献，而超快速冷却技术以及复合式冷却控制技术[11~15]的开发，更是拓宽了轧后冷却工艺控制手段，有利于直接生产高性能产品，使产品的轧制和冷却过程同步完成，缩短生产流程，降低能源消耗。热处理淬火工艺可以显著提高板带钢的强度和硬度，是研发高强度高等级中厚板产品的关键技术手段。冷却强度和冷却均匀性是淬火过程中最为重要的核心技术指标。淬火后辅以不同温度的回火，便可得到不同强度、硬度和韧性配合的具有良好综合性能的高强度中厚板产品[16,17]。快速冷却技术作为温度制度和组织性能控制的重要手段，具有冷却方式的多样性，如层流冷却、超快速冷却、辊式淬火以及气雾冷却等，多种冷却方式在换热机理上存在较大差异；也具有环境条件的复杂性，如应用于板带钢控制轧制过程、轧后控制冷却过程以及热处理淬火过程，换热方式、喷嘴结构、阵列形式等因素均对冷却效果产生影响。因此，冷却技术开发和应用需要换热理论的支撑，如射流冲击瞬态沸腾换热、层流冷却换热以及气雾冷却换热等相关理论研究有待于系统性深入研究和完善，喷嘴结构、射流倾角、阵列形式等因素对换热基本规律的影响亟待澄清。进而解析不同热载荷边界条件下的对流导热耦合问题，建立换热系数理论模型和温度场数值模型，满足高强度高精度的在线和离线冷却的控制需求，完善和形成具有自主知识产权的快速冷却技术，打破国外公司的技术垄断，促进热轧板带材冷却技术进行加速革新，提升国内热轧板带材冷却技术水平。

## 1.2 板带钢快速冷却技术分类

快速冷却技术以多种方式应用于板带钢轧制和热处理工序中，丰富了板带钢组织性能控制的手段。根据生产工艺需求、冷却强度以及换热形式可将快速冷却系统进行分类。

(1) 按照生产工艺需求进行分类。如图 1-1 所示，快速冷却系统应用于轧制过程、轧后冷却过程以及热处理过程多个生产工序中。按照生产工艺需求，板带钢快速冷却工艺可分为轧制道次间强制冷却工艺、待温中间坯强制冷却工艺、轧后控制冷却工艺、冷床待温冷却工艺、热处理淬火工艺、热处理退火工艺、热处理强制冷却等。

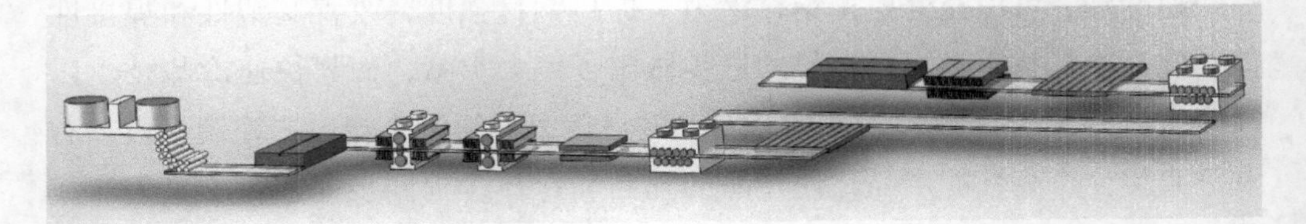

图 1-1 中厚板生产工艺图

轧制道次间强制冷却工艺（IPC, Inter Pass Cooling），强冷装置布置于粗轧、精轧近轧机位置，将轧机和冷却设备有机结合起来，实现轧制与冷却过程的有效同步。在板带钢热轧道次间的冷却过程中，可以实现轧制温度的高精度和高效率调整与控制，达到对形变奥氏体晶粒尺寸和变形程度以及微合金元素固溶与析出行为的调控目的，从而形成“温控-形变”耦合轧制工艺，提升产品力学性能[18,19]。轧制道次间的高强度冷却将促使轧件在厚向上产生更大的温度梯度，由于钢板近表层温度低、变形抗力较大，在相同轧制负荷条件下轧件近表层的金属更难产生形变，促使变形向心部变形渗透和组织细化。轧制道次间强制冷却工艺在提高轧制渗透性和开发表面细晶钢等方面优势显著，其工艺原理如图 1-2 所示。

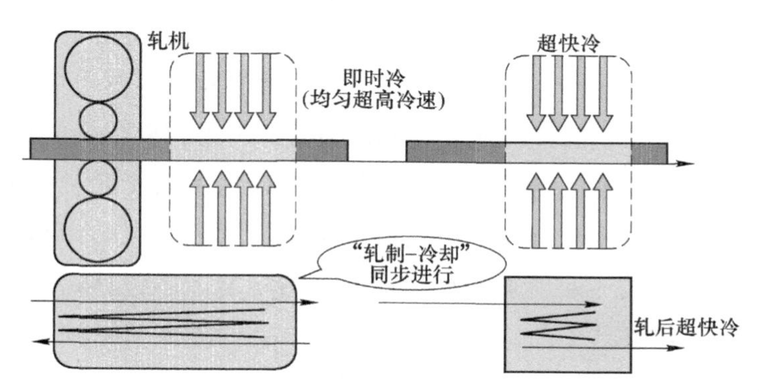


图 1-2 新一代控制轧制技术工艺原理

待温中间坯强制冷却工艺（IC，Intermediate Cooling），为了避免高温钢板部分再结晶区域轧制容易产生混晶、晶粒粗大影响产品性能等问题，热轧板带钢往往需要进行两阶段控制轧制，在第一阶段再结晶区轧制后和第二阶段的未再结晶区轧制之前，通常存在 50～200℃ 温降的待温过程。中间坯的待温过程通常是在辊道上摆动进行空冷待温来完成中间坯的温降过程。为了减少待温时间，避免影响控制轧制的生产效率，防止晶粒在长时间空冷待温过程中长大，将强冷装置布置于双机架中厚板轧机的粗轧机和精轧机之间，或采用轧后冷却装置，对待温钢板进行强制水冷。近年来，工艺人员采用中间坯冷却工艺与控制轧制相结合用于表面细晶产品生产。图 1-3 为利用轧后冷却装置进行中间坯冷却的示意图。

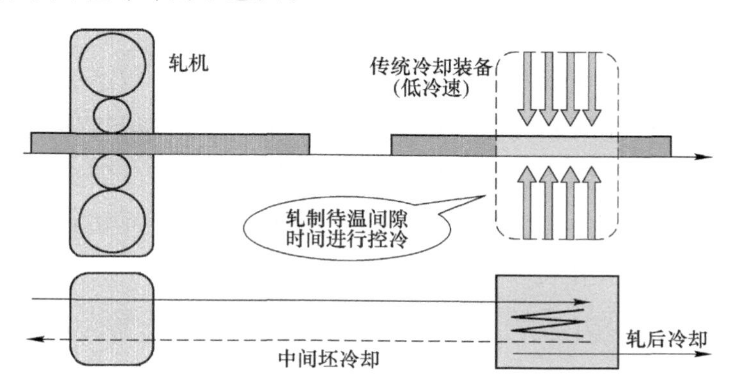


图 1-3 利用轧后冷却装置进行中间坯冷却的工艺示意图

轧后控制冷却工艺（Controlled Cooling），作为TMCP工艺的重要组成部分，通过改变轧后冷却路径来控制相变和碳化物析出行为，从而改善钢板的组织和性能。热轧钢板轧后快速冷却，可以充分挖掘钢材潜力，提高钢材强度，改善其塑性和焊接性能。轧后冷却装置多种多样，主要包括以层流冷却、气雾冷却为特征的常规加速冷却装置和以射流冲击为主要特征的超快冷装置。轧后冷却装置配备完整的自动化控制系统，可根据工艺要求对板带钢的终冷温度、冷却速度以及冷却路径进行控制。基于控制轧制控制冷却工艺，研究人员开发了多种在线热处理工艺具有代表性的新型工艺包括：以超快速冷却为核心的新一代TMCP工艺、直接淬火工艺、直接淬火与直接淬火碳分配工艺、控制轧制+弛豫析出+快速冷却相变控制等等。极大丰富了板带钢的生产，节省了加工工序，节约了合金使用，提升了产品综合力学性能。

空冷、缓冷工艺，轧后或水冷后钢板通常采用冷床空冷待温、堆冷、坑冷以及炉冷待温。空冷待温是将热轧后钢材散放在大气中自然冷却。中厚板一般在冷床上进行。热轧带材成卷后在空气中冷却，虽也是空冷，但其冷却速度缓慢。堆冷是将钢材堆集起来在空气中自然冷却，减少了钢材与空气的接触面积，减缓了轧材的冷却速度。坑冷，在没有加热设备的缓冷坑中冷却。缓冷坑用传热能力很差的沙子把钢材和空气隔开，以降低冷却速度。炉冷，在带加热烧嘴的缓冷坑或保温炉中进行缓冷。由于有可控烧嘴，钢材的冷却速度可以控制，比用缓冷坑冷却均匀，但成本较高，只用于对轧材冷却有严格要求的情况。

热处理淬火工艺，是将钢加热至临界点（$Ac_1$或$Ac_3$）以上，保温一定时间后快速冷却，使过冷奥氏体转变为马氏体或贝氏体组织的工艺方法[20]。加热制度和冷却速度是板带钢淬火的关键。加热制度主要包括加热温度和保温时间，合理的加热制度能使钢板加热时得到均匀细小的奥氏体晶粒，从而使淬火后获得细小的马氏体组织。根据奥氏体连续冷却转变曲线可知，冷速大于临界冷却速度是得到马氏体组织的重要保证。淬火介质通常包括水、油或其他无机盐、有机水溶液等。常用的淬火冷却方式主要有：1）单介质淬火；2）延时淬火；3）双介质淬火；4）分级淬火；5）热浴淬火；6）等温淬火，等等。

常化炉后强制水冷工艺，与常规常化炉后空冷不同，它是以高于一般空冷的冷却速度对钢板进行冷却控制，以提高材料的力学性能和改善其组织结构。其对提高钢板强度，改善冲击韧性，降低合金元素用量具有显著作用。该工艺通常采用低于辊式淬火的冷却速度，终冷温度也可以根据产品工艺需求进行调整。冷却强度为常规加速冷却，冷却装备形式包括以层流冷却、气雾冷却为特征的常规加速冷却装置等。

连续退火冷却工艺，是冷轧生产中的重要工序，冷轧带钢轧后热处理通常为再结晶退火，以达到降低钢的硬度、消除冷加工硬化、改善钢的性能、恢复钢的塑性变形能力的目的。连续退火机组将带钢的清洗、退火、平整、精整等工艺集于一体，具有生产效率高、产品品种多样化、产品品质高、生产成本低等优点。连续退火技术是生产优质冷轧板尤其是高强钢板的重要生产技术，其核心技术是连续退火后的带钢快速冷却技术，这是因为冷却速度对带钢材质影响至关重要。冷轧带钢连续退火冷却技术包括气体喷射冷却、气雾冷却、水冷却和辊冷却等多种冷却技术。

（2）按照冷却强度进行分类。按照冷却强度分类可分为常规加速冷却、超快速冷却、常规空冷以及缓慢冷却等。冷却强度与冷却方式、钢板厚度与导热属性等直接相关，冷却速度可用于板带钢冷却强度重要指标。

常规空冷，是将把高温钢材散放在大气中自然冷却。空冷状态下，冷却强度不高，钢板冷却速度不大。如图 1-4 所示，对薄规格钢板而言，冷却速度大约为 3.0℃/s，对于 24mm 以上的厚规格钢板平均冷却速度在 1.0℃/s 以下。图 1-4 为普碳钢空气冷却条件下的冷却速度。

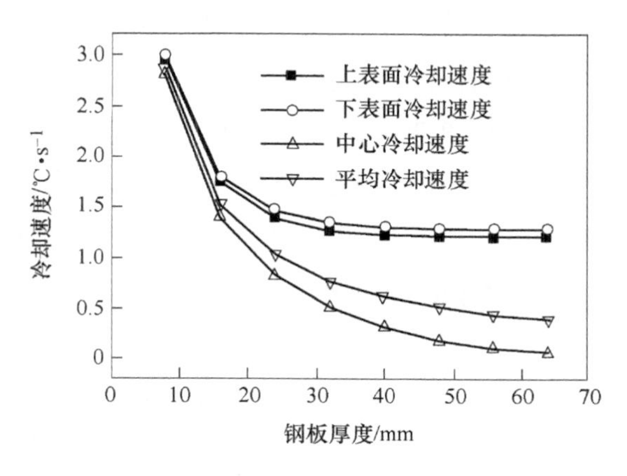


图 1-4　空气冷却条件下的冷却速度

缓慢冷却，通常采用堆冷、坑冷、炉冷等方式，其具有比空冷更低的冷却强度，堆冷适用于对白点和应力敏感的钢坯、钢材。坑冷、炉冷只用于对轧材冷却有严格要求的情况。

常规加速冷却，早期板带钢冷却技术通常采用管层流、水幕冷却和气雾冷却等，其冷却强度高于空冷，但相对而言仍较低，人们称之为常规加速冷却。常规加速冷却系统集管流量调整范围大，集管开闭灵活等特点。对于20mm厚钢板其冷却速度可以达到25℃/s，对于轧后钢板复杂的相变过程而言，加速冷却方式可实现绝大部分产品的工艺控制需求，工业应用十分广泛。

超快速冷却，是20世纪末期逐步得到开发和应用的新型快速冷却技术。其特征是可以获得最大达到2倍以上常规加速冷却的冷却强度。许多超快速冷却装置既可以实现轧后快速冷却又可以实现直接淬火，已经广泛用于管线钢、低温容器钢、工程机械用钢、耐磨钢、建筑结构板、桥梁板等高强钢生产。

（3）按照冷却形式进行分类。按照冷却形式可分为射流冲击冷却、层流冷却、气雾冷却和侵入式冷却等。

自然空冷和强制风冷：是将高温钢材散放在大气中自然冷却。强制风冷却就是利用风扇来提高高温钢板周围空气的流速，从而达到高效冷却的目的。

堆冷、坑冷、炉冷：堆冷是将钢材堆集起来在空气中自然冷却，减少了钢材与空气的接触面积，减缓了轧材的冷却速度。坑冷，在没有加热设备的缓冷坑中冷却。缓冷坑用传热能力很差的沙子把钢材和空气隔开，以降低冷却速度。炉冷，在带加热烧嘴的缓冷坑或保温炉中进行缓冷。

浸入冷却：是厚规格钢板离线淬火经常采用的一种冷却方式，用于处于奥氏体区或两相区的中厚板急速冷却到室温的工艺过程。这种生产工艺的特点是，加工工序和装备简单。但浸入式冷却存在冷却能力低，冷却均匀性难以控制等问题，影响了淬火产品的性能和极限规格，同时也给后续的矫直、压平等工序以及后加工、服役造成了很大压力。典型的侵入式冷却，如图1-5所示。

层流冷却：是将低压水从喷嘴中喷出形成喷流，由于喷流的速度较低，喷流状态为层流状。层流状态的水能够比较容易地贯穿钢板表面的蒸汽膜，使冷却水直接与钢板接触，从而能够带走更多的热量，提高冷却效率。强制

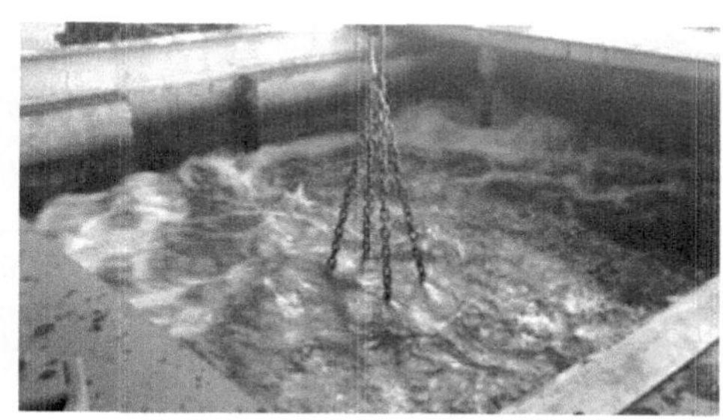

图 1-5 侵入式冷却情况

冷却的效果取决于蒸汽膜的破坏及达到“核沸腾”的程度，冷却时生成的蒸汽膜对水冷换热系数影响比较大，换热系数存在较大波动。

射流冲击冷却：是以特定角度将一定压力的冷却水喷射到钢板表面，从而大幅度提高冷却效率和冷却均匀性。射流冲击冷却是一种极其有效的强化传热方法，主要分为狭缝射流冲击冷却和多束圆形射流冲击冷却。

气雾冷却：气雾冷却也称为雾化冷却，即用加压的空气使水雾化，水和高速空气流一起从喷嘴射出来，直接喷到钢板表面进行冷却。这种冷却方法适用于从空冷到强水冷却的极宽范围。气雾冷却很主要的特点是冷却能力调节区间大，是常规冷却水系统的性能所达不到的，因而也得到很广泛的应用。

## 1.3 控制冷却技术的研究与发展

在 20 世纪 60 年代，第一套水冷装置应用于英国布林斯奥思 432mm（17in）窄带钢热轧机，其目的主要是加快轧后冷却并控制带钢卷曲温度，但直到 20 世纪 80 年代以前，其应用只限于 16mm 以下的板带。20 世纪 60 年代末，控制轧制技术传入日本，日本投入了强大的人力物力对控制轧制技术进行了系统化的整理。20 世纪 70 年代初，对强度、低温韧性和焊接性能的要求更加严格，但是传统的控制轧制技术不能满足要求，从而使人们认识到仅仅依靠传统的控制轧制技术使相变微细化远远不够，在奥氏体控制轧制的基础上还需要通过冷却来控制相变本身。此后，人们开始对控制轧制后的控制冷却技术进行研究，并致力于开发厚板轧机的在线控制冷却设备。

20 世纪 80 年代初，日本首次提出并研制成功第一套中厚板加速冷却装置——OLAC（On-line Accelerated Cooling）系统，在日本福山 NKK 厚板厂

（现已与川崎钢铁合并为 JFE）投产。此后以喷射冷却、层流冷却、喷淋冷却、板湍流冷却、水幕冷却、水-气喷雾冷却等为特征多种冷却方式相继涌现，并在国内外钢铁企业得到广泛的推广和应用。表 1-1 所示为国外典型的控制冷却设备。20 世纪 90 年代起，我国在国内相关科研单位如东北大学、北京科技大学等单位努力下，自主研发出具有当时国际先进水平的自主知识产权的系列层流冷却设备，在各类中厚板品种及工艺开发过程中发挥了巨大作用。

**表 1-1 部分典型的板材控制冷却设备**

| 公司 | 福山厚板（NKK） | 川崎制铁（KSC） | 住友金属（SMI） | | 神户钢铁（KSL） | 法国敦刻尔克厚板厂 | 法国 Clecim 公司 |
|---|---|---|---|---|---|---|---|
| 设备名称 | OLAC | MACS | DAC Ⅰ | DAC Ⅱ | KCL | RAC | ADCO |
| 冷却方式 | 层流 | 喷嘴 | 窄缝层流喷淋 | | 管层流 | 层流冷却 | 喷嘴 |
| 用途 | 轧后快冷或直接淬火 | 轧后快冷或直接淬火 | 快速冷却直接淬火 | | 轧后快冷或直接淬火 | 轧后快冷或直接淬火 | 加速冷却或直接淬火 |

### 1.3.1 传统板带钢冷却装备

（1）管层流冷却。最早的层流冷却设备为了实现在无外压情况下形成平滑连贯的水流，采用虹吸管喷嘴形式，集管层流冷却装置对提高钢板的质量和性能产生了很好的效果，并得到了推广和应用。20 世纪 90 年代，人们对普通集管层流冷却进行改造，又出现了高密度管层流冷却，现在越来越多的中厚板生产厂都使用高密集管层流冷却设备。这种装置是由集管上多列交错排布的圆形喷嘴构成，冷却时低压层流水从喷嘴中喷出。集管的交错排列又保证了钢板横向冷却的均匀性。由于高密集管层流冷却装置的冷却效果好，同时又易于维护，并且投资少，这种冷却系统得到了广泛应用。

将低压水从喷嘴中喷出形成层流状态的喷流。层流状态的水能够比较容易地贯穿钢板表面的蒸汽膜，使冷却水直接与钢板接触，从而带走更多的热量提高冷却效率。通常，根据喷嘴直径的不同通常将其安装在距辊道上方 1.2～1.8m 的位置，避免层流状态的水流在加速度的影响下发生破断，从而保证层流冷却水的冷却效率。图 1-6 是集管层流冷却装置的示意图。

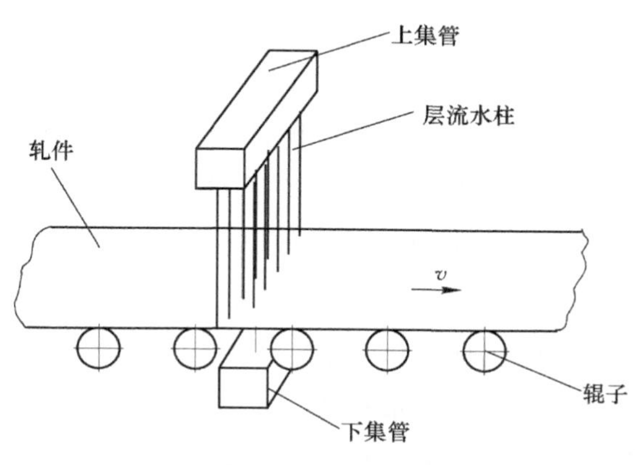


图 1-6 集管层流冷却装置示意图

（2）水幕冷却。为了克服柱状层流冷却沿钢板横向冷却不均匀的特点，20 世纪 70 年代出现了水幕冷却形式。随着水幕冷却技术的发展，又出现可调水幕，它把接近热钢板的冷却喷嘴配置在与热钢板平行的位置上，使冷却水向热钢板的板宽方向流动，不滞留在钢板上，从而提高冷却能力，又使钢板上下面冷却效果相同，并且可以在冷却过程中控制冷却能力。

水幕冷却也可称为板层流冷却。低压水流从一狭长的条缝状流道流出，形成层流状的水幕，通过改变水压或者改变平面喷嘴的缝隙来调节流量。与管层流冷却方式相比较，水幕冷却方式的冷却能力更强，在板宽方向冷却更加均匀。因此，水幕冷却系统在板带材的控制冷却中也得到了广泛应用。水幕冷却装置的缺点就是对水质的要求比较苛刻，水流易产生横向缩窄现象；采用水幕冷却时轧件的上下表面冷却不够均匀，同时水幕冷却装置不易维护。图 1-7 是水幕层流冷却装置的示意图。

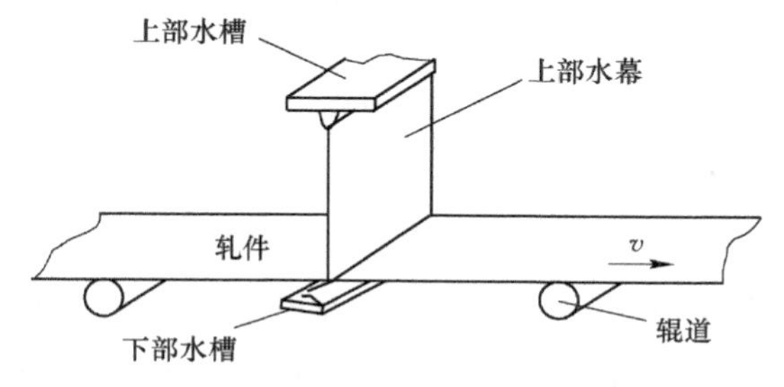


图 1-7 水幕层流冷却装置示意图

（3）气雾冷却。水气喷雾式冷却装置是 20 世纪 80 年代法国 BERTIN 公司开发研制的专利技术，又称 ADCO（Adjustable Cooling）快冷装置。ADCO 控制冷却系统以组件设计为基础，每个组件包括 4~5 个空气-水喷口，用于对钢板的上下表面进行喷雾。每个喷口包括 3 条连续的直缝喷嘴，其中一条缝用于喷水，两条缝用于吹空气。喷水水压是恒定的，由设在辊道上方约 12m 的水塔提供。水缝设计为 6mm 宽，可以避免堵塞问题。组件配备有湿气收集箱，气水分离器和排气扇等装置。在韩国的浦项钢铁公司、美国 ESCO 公司和中国的酒钢中板厂还有三套喷雾冷却系统在工作。

喷雾冷却是利用加压空气使水雾化，水和高压高速气流一起成雾状喷向高温钢板使钢板冷却的方式。由于高压气雾可以直接和高温钢板接触，因此喷雾冷却方式的冷却能力也比较强；喷雾冷却装置的冷却调节能力范围较大，可以实现单独风冷、弱水冷和喷雾冷；同时由于喷雾比较均匀，如果钢板的上下表面均采用喷雾冷却方式，钢板的冷却均匀性将得到很好的保证。图 1-8 是喷雾冷却装置的示意图。但是喷雾冷却的联合喷嘴结构和配管系统比较复杂，且设备费用高、噪声大、车间雾气较大。

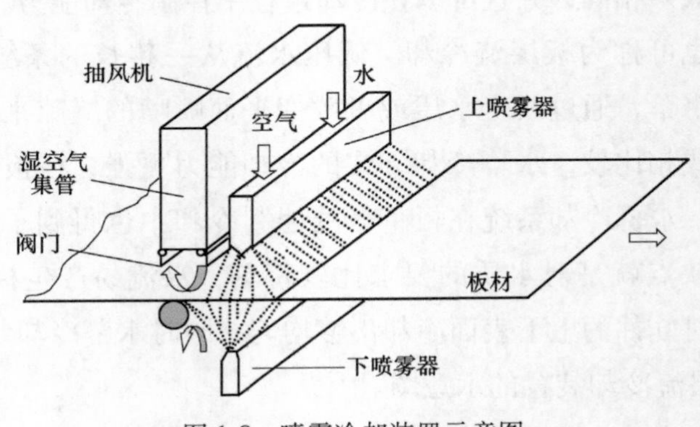


图 1-8　喷雾冷却装置示意图

（4）压力淬火。压力淬火是将钢板加热至奥氏体温度的钢板置于淬火压床上，先用压头将钢板压住，再向其上、下表面喷水淬火的热处理方式，这种淬火方式以其设备结构简单实用、生产效率高、热处理后变形小、可靠性高、投资少以及操作方便等优点得到广泛应用。压力淬火机是通过压头将钢板压住后同时喷水冷却，钢板在冷却过程中静止不动，钢板被压紧以防止变形。

这种冷却方式造成压头处与钢板接触产生冷却不均，尤其在压头的位置形成淬火死区，容易导致淬火后钢板硬度不均和瓢曲变形。目前压力淬火设备已逐渐被淘汰。

### 1.3.2 新型射流冲击冷却技术

（1）超快速冷却系统。自20世纪末期以来，欧洲钢铁领域顶级研究机构CRM针对超快冷技术开展了深入的研究，并分别与Hoogovens-UGB、SMS、VAI等钢铁生产企业和冶金工业产品制造商合作开发出热轧板带钢轧后超快速冷却系统。如图1-9所示，热轧带钢冷却装备通常为7~12m，可布置于精轧机组出口，亦可以布置于层流冷却系统之后，与层流冷却系统协同使用。对于厚度为4mm带钢，冷却速度可达300℃/s。该装置由密集排布喷嘴组成的多个喷水枕构成，增加供水压力和排布高密度的出水口，通过增大水流对气膜的冲击力使得单位时间内新水和热态钢板表面进行高效热交换，实现超快速冷却，现场超快冷装置如图1-10a所示。日本JFE钢铁公司福山厂开发的Super-OLAC H（Super On-Line Accelerated Cooing for Hot Strip Mill）系统，可以对厚度为3mm的热轧板带钢实现近700K/s的超快速冷却。该公司开发的NANOHITEN热轧板带钢是超快速冷却技术应用的典型代表，该产品组织为单相铁素体上分布着大量1~5nm尺寸的TiC粒子，其强度高达1180MPa，同时具有良好的塑性。

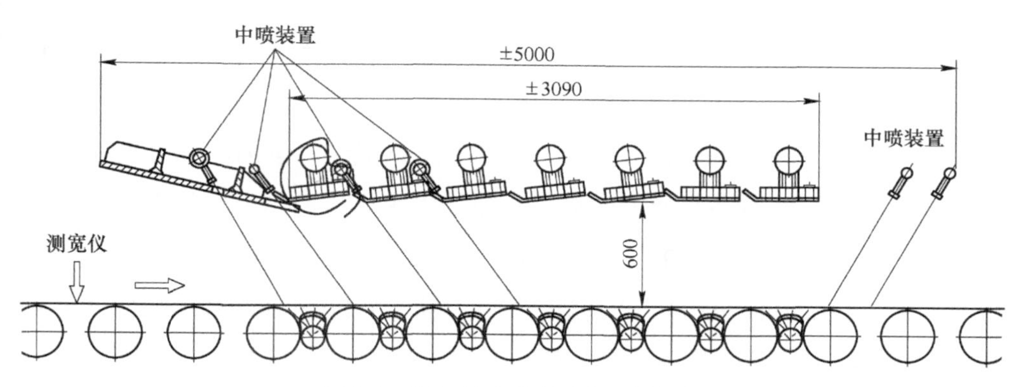


图1-9 CRM研发的超快速冷却装置

为了获得较高的冷却速度，中国台湾中钢公司和上海宝钢集团公司使用了加强型层流冷却装置，这是普通层流冷却的改进型装置，主要加密了上部冷却水喷嘴，使水量达到普通层流冷却装置的2倍。如图1-10b所示，与普通层流冷却相比，更多层流状水柱穿透钢板表面的蒸汽膜，直接作用于钢板表面，提高换热效率。加强型层流冷却的下部集管与普通层流冷却基本相同，只是采用增大冷却水量来实现更多的热交换。生产实践表明：3mm 厚带钢以速度为 9.5m/s 通过加强型层流冷却可以获得高达 200℃/s 的冷却速度。除此以外，韩国浦项钢铁公司已在热连轧生产线上开发应用具有自主特色的超快速冷却技术 HDC（High Density Cooling），并通过控制轧制和快速冷却技术相结合，获得一种生产低成本超高强度管线钢的专利技术，所开发的管线钢产品屈服强度可达 930MPa（X130）以上，并且降低了 Mo 等贵重合金元素的添加量。

a

b

图 1-10 热轧带钢超快冷装备

a—蒂森克虏伯超快冷装置；b—加强型层流冷却装置

在中厚板生产领域，日本 JFE、新日铁、住友以及奥钢联、西马克等钢铁生产企业和冶金工业商均研发了各具特色的超快速冷却系统[21]。Super-OLAC 钢板在达到高冷却能力的同时可实现均匀冷却，如图 1-11a 所示。在 600~1000℃ 范围内其冷却能力为常规冷却技术的 2 倍以上，而且在喷水冷却停止后，中厚板温度分布均匀，使 TMCP 钢板的残余应力保持与普通轧制一样的水平。利用 Super-OLAC 冷却技术[20]，JFE 公司开发出焊接性能优异的高强钢、高层建筑用钢、EASYFAB 钢板以及管线钢等一系列高品质钢板。此外，日本新日铁、住友等钢铁公司近年来也在其原有控制冷却设备基础上开发了各具特色的新一代中厚板轧后超快速冷却设备。新日铁在 2005 年推出了可以实现超快速冷却的 μ-CLC，并用于高性能高品质中厚板的开发生产。住友公司在 2010 年已经把其两条中厚板生产线中的一条 DAC 更换为具有超快速冷却能力的 DAC-μ 系统。

由奥钢联 VAI 与 CRM 冶金工程中心共同开发的多功能间歇冷却设备 MULPIC（Multi-Purpose Interrupte Cooling），如图 1-11b 所示。MULPIC 系统采用了密集排布冷却集管结构，并同时对冷却水采取加压措施，可在钢板表面形成湍急的水流，实现高达 5MW/m$^2$ 的热通量。由于其流量控制大范围可调，故可以实现多种冷却工艺方式，从而可对较宽厚度范围的钢板进行冷却。不仅如此，MULPIC 采用了水量宽度方向上的中凸控制、头尾跟踪遮蔽控制、上下水量比例调整等冷却均匀化技术，为钢板在高强度冷却条件下组织和性能的均匀性控制提供了可行性手段。采用 MULPIC 冷却系统，实现了建筑用钢、低合金结构钢、集装箱、桥梁用钢、高强船板、管线钢、容器钢以及低合金高强度钢板等较高综合性能产品的生产。此外，国内少数钢企使用了西马克公司（SMS）中厚板直接淬火（DQ）冷却装置，如图 1-11c 所示。在韩国，2010 年浦项钢铁公司在引进吸收国外先进冷却技术的基础上，也针对厚规格钢板自主开发了超快速冷却技术，如图 1-11d 所示。

图 1-11　中厚板超快速冷却设备

a—JFE Super-OLAC；b—VAI MULPIC；c—SMS DQ+ACC；d—POSCO UFC

进入21世纪，国内研究机构加大了超快速冷却技术的研究力度，促进了相关冷却技术和设备的理论水平、制造水平和应用水平快速提升。东北大学RAL作为国内钢铁行业热轧板带钢轧后超快速冷却技术最主要的研究开发单位，已历经实验、中试等超快速冷却技术开发过程，率先开发出相关的原型实验装置、工业化中试设备以及工业化成套技术装备，形成了涵盖工艺原理、机械装备、自动控制、减量化产品工艺技术在内的系统完整的成套技术、专利和专有技术。随着超快冷技术的不断成熟与完善，该技术装备在国内市场业绩不断攀升，已逐渐占据国内市场主导地位。截至目前，东北大学所开发的超快冷技术已在涟钢2250mm、首钢迁钢2160mm、首钢京唐2250mm、包钢CSP、南钢5000mm、宝钢韶钢3450mm、沙钢3500mm等20余条热轧板板带钢生产线得到推广与应用，图1-12所示为热轧板带钢超快冷系统。

a

b

图1-12 热轧板带钢超快冷系统

a—热轧带钢；b—中厚板

（2）辊式淬火。辊式淬火机采用高、低淬火区连续淬火，通过配置不同形式的喷嘴、供水配置以及不同的冷却介质压力，获得高、低不同的冷却强度，高压区水系统压力一般为0.8MPa，通常由缝隙喷嘴、高密喷嘴和快冷喷嘴等多种喷嘴布置，低压区水系统压力为0.4MPa，通常由多组低压喷嘴组成。钢板在运动中淬火，高压区采用高水压、大流量以最大限度吸收钢板表面的热量，使钢板温度迅速降至500℃以下，随后钢板进入低压淬火区以适当水量继续冷却，最终使钢板温度降至室温。

喷嘴设计及布置是辊式淬火机的核心技术，缝隙喷嘴采用特殊的喷嘴结构设计，在喷嘴出口形成缝隙射流，与淬火钢板运行方向成一定角度喷射至淬火钢板表面，实现钢板的高强度冷却。高密喷嘴、快冷喷嘴及低压喷嘴采用小喷嘴出流结构，同样与淬火钢板运行方向成一定角度喷射至加热钢板表面，实现淬火钢板冷却。淬火过程中喷嘴射流速度较高，流动形态为湍流射流，以一定压力和速度喷射至高温钢板表面形成冲击射流，具有射流冲击换热的特性。

与压力淬火机不同，钢板在运动中进行淬火，高压区采用高水压、大流量以最大限度吸收钢板表面的热量。然后，钢板进入低压淬火区以适当水量继续冷却，最终使钢板温度降到室温。因辊式淬火机符合中厚钢板的淬火机理，目前，国内外已普遍采用辊式淬火机进行板带钢淬火。图 1-13 为钢铁企业热处理线上的辊式淬火机设备。

a　　b

图 1-13　钢铁企业热处理线上的辊式淬火机设备

a—新余 3800mm 生产线；b—南钢 5000mm 生产线

## 1.4　快速冷却技术换热原理研究现状

板带钢快速冷却技术通常采用射流冲击冷却方式、层流冷却方式以及气雾冷却方式，多种冷却方式从在换热机理上存在较大差异，换热方式、喷嘴结构、阵列形式等因素对冷却效果产生影响。鉴于上述冷却技术应用广泛，工程学术界给予其特别重视，许多科技人员对其换热原理进行大量的研究，取得了很多有价值的成果。

### 1.4.1　射流冲击换热原理研究现状

#### 1.4.1.1　单束射流冲击换热原理的研究现状

快速冷却过程中喷嘴射流速度较高，一般为湍流射流冲击换热方式。鉴于射流冲击换热的高效换热能力，国内外学者对其开展了积极探索。Robidou等人[22]对垂直流体冲击恒定壁面温度条件下的热流密度进行测量，绘出了冲击射流换热过程中的沸腾曲线，观察到四个不同沸腾区，壁面过热度大于350℃时，只有发生膜沸腾；壁面过热度在350℃以下，远离冲击区地不同位移处经历了不同沸腾区，在喷嘴下方的驻点区，随着射流破坏蒸汽层，热流密度增加，远离这个区域，蒸汽层仍然稳定，继续进行膜沸腾，冲击射流区膜沸腾的热流密度比冲击区外大25%左右。

Karwa等人[23~26]结合高速照相机以及低速摄像机系统的研究了单束圆形流体垂直射流冲击换热过程，得到了距离驻点距离0~25mm区间的沸腾数据，研究了湿润边界对冷却过程的影响以及不同射流速度条件下研究区间的热流密度分布情况。Ibuki等人[27]采用实验方法研究了低雷诺数条件下倾斜射流冲击换热属性，对各种倾斜角度（90°、70°、60°和50°）进行实验研究发现局部努赛尔数呈非对称分布。Omar等人[28]建立了用于预报垂直射流冲击高温壁面时驻点区域的换热模型，并利用高速摄影机以及电子探针通过实验验证了模型的合理性。Abishek等人[29]开发了垂直冲击流体壁面沸腾模型，实现对浸没射流条件下的过冷紊流射流冲击换热的数值模拟，分别研究了喷嘴尺寸、过热度、雷诺数等参数对换热过程中液体单相对流换热、瞬态对流换热和沸腾换热的影响。Li等人[30]建立了垂直冲击流体驻点区域内过冷冲击沸腾机制模型以确定临界热流密度，通过理论分析和实验研究得出以下结论：过冷条件下的射流冲击换热临界热流密度在理论上与冷却对象的表面状态和射流流体的属性及速度相关；努赛尔数的最大峰值位置与冷却水冲击物体表面的中心位置不重合。此外，国内外学者在沸腾气泡的形成速度及大小[31~33]、射流冲击区域的热流密度变化规律、最大热流密度发生温度及位置、浸润边界扩展速度等[34~39]领域进行了研究。

1.4.1.2 多束射流冲击换热原理的研究现状

多束流体射流问题较为复杂，相邻流体相互干扰，不能用单股射流局部换热系数表示整体换热能力。除射流入口雷诺数 $Re$、冲击高度 $H$、射流孔直径 $D$ 等因素影响冷却效果之外，射流流体间距 $S$、喷嘴阵列形式也对换热效率和换热均匀性有重要影响。$H/D$ 是影响多束射流流场的重要参数，较低的

$H/D$ 以及 $S/D$ 参数会使单束射流流场限制在一较小区域，从而增加流层厚度，降低换热能力[40]。

San[41]以最优化滞止点位置的换热能力为目标，研究了射流间距 $S$ 和喷嘴距壁面距离 $H$ 对换热过程的影响，总结出在滞止点处努赛尔数 $Nu$ 与 $S/D$ 和 $Re$ 的对应关系式。Katti 等人[42]研究了顺排布置的圆形喷嘴间距 $S$ 和喷嘴距壁面距离 $H$ 对换热特性的影响，结果表明当 $S=4D$ 且 $H=D$ 时，换热效率最大。Geers 等人[43]利用液晶热成像技术研究了呈六边形和顺排布置的喷嘴与被冲击平板之间的热交换，以及喷嘴出口与被冲击平板之间距离不同对换热的影响。Chiu 等人[44]研究了喷嘴椭圆率和喷嘴与被冷目标间距离等因素对冲击换热的影响，椭圆率分布设定为 0.25、0.5、1.0、2.0 和 4.0，研究结果表明椭圆率为 1.0 时冷却效果最好。Chien 等人[45]以 FC-72 为冷却介质研究了电子元件的多束射流冷却装置，结果表明换热随着冷却介质密度以及冲击面积的增加而增加。Ndao 等人[46]采用 R134a 作为冷却介质冲击光滑超大壁面进行射流冲击换热实验研究，获得了饱和压力、热流密度、雷诺数、喷嘴尺寸、喷嘴阵列形式以及表面状态对射流冲击换热属性的影响，最大热交换系数高达 150000W/($m^2$·K)。射流速度、表面状态以及饱和压力对两相热交换属性有重要影响，过冷状态下核态沸腾在热交换过程中起主导作用。

#### 1.4.1.3 热轧板带材冷却换热原理的研究现状

针对热轧板带材轧后冷却换热原理的研究工作十分活跃。Woodfield 等人[47]对冲击射流冷却三种材料（紫铜、黄铜、碳钢）在表面温度为 400℃ 条件下的冲击区域沸腾过程进行了研究，得到了再润湿温度（定义为冷却介质由沸腾表面状态转变为直接和冷却表面大面积接触的温度）和热流密度的径向分布数据。Leocadio 等人[48]结合试验与数值模拟研究了过冷水射流冲击高温钢板表面的换热过程，用反传热的方法研究了表面温度、表面热流密度的变化情况。观察到即使钢板表面温度在 600~900℃、钢板以 10m/s 速度运行时，冷却水也会与表面直接接触，并且换热机理不是单纯的单相换热。

Bhattacharya 等人[49]在假设冷却水柱是由若干水滴构成的基础上，建立模型研究了水滴在高温钢板上的沸腾蒸发现象。Wang 等人[50]分别利用中试实验装置实验研究了静止高温钢板射流冲击冷却条件下的沸腾换热规律，并获得了综合换热系数随温度变化的曲线。Nitin 等人[51]利用加热至900℃的不锈钢实验研究了冲击区冷却水积聚对换热行为的影响，在 $r/d_N \approx 4$ 的区域范围内冷却水积聚行为对换热影响较大，在此区域范围之外影响较小。王昭东等人[52]通过实验得到了超快速冷却条件下的带钢表面对流换热系数与冷却水流量的关系。Wendelstorf 等人通过实验研究了被冷物体表面温度在 200～1100℃区间内水冷条件下的换热系数（HTC，heat transfer coefficient）与水流密度及过冷度之间的关系，并针对热轧钢板表面氧化现象对水冷换热系数的影响进行了实验研究[53, 54]。刘国勇等人[55]对热处理淬火工艺以非淹没缝隙射流冲击区单相对流换热进行数值模拟，获得了射流速度、喷嘴高度等因素对换热系数的影响规律，这对倾斜射流冲击换热的研究具有重要指导意义，但其研究工作局限于单相射流冲击模拟仿真，与射流冲击换热不尽相同，结果有待于进一步实验验证。2013 年，印度学者 Satya 等[56]结合热轧板带材轧后超快速冷却技术所采用的射流冲击冷却换热方式，对不同倾角的单束射流冲击流体换热属性进行了研究，获得了不同倾角条件下的钢板表面换热系数曲线，并认为倾角为 30°时换热效率最高。

射流从喷嘴喷出后，根据射流雷诺数 $Re$，可分为层流和湍流射流。实际上，中厚板超快速冷却过程中喷嘴射流速度较高，一般为湍流射流。射流外边界处由于剪切作用，将周围介质裹入到射流中，并与边界外的周围介质进行动量交换，使射流直径线形增长。另外，以水幕、直集管、U 型管为特征的钢板加速冷却过程中，从喷嘴中喷射的冷却水流速较小，以层流状形式冲击钢板表面，并与钢板表面进行换热。

### 1.4.2 气雾冷却换热原理研究现状

空气增压气雾冷却方式是在一定空气压力（约 0.1MPa）作用下，冷却水分散成众多水滴，这样单位体积的冷却水与表面的接触面积会显著的增加。空气增压喷嘴喷射冷却过程中，单位体积的冷却水具备更大的表面接触面积和冲击动能，因此具备更高的冷却效率。有研究表明空气增压喷射的热流密度峰值可达 $10MW/m^2$，与射流冲击的热流密度峰值接近。国际上大量学者研究认为空气增压喷射有助于提高冷却效率，降低管路增压难度，工业应用潜力巨大。图 1-14 为不同冷却方式的冷却能力比较情况。

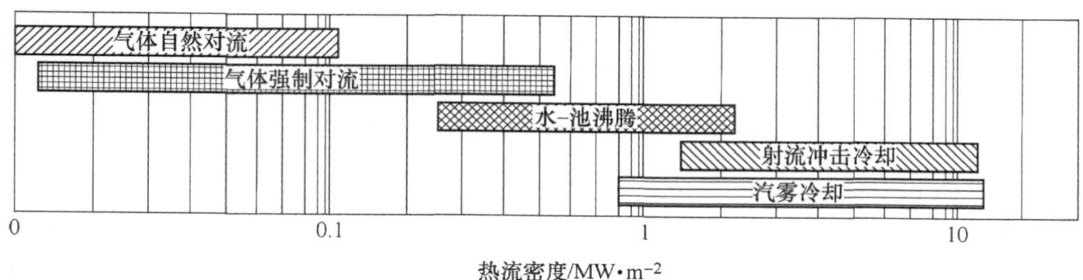


图 1-14 不同冷却方式的冷却能力比较

重庆大学的杨宝海等人对喷雾冷却中液滴撞击固体壁面的动态特性及传热特性进行了相关研究[57]，认为壁面的润湿性对于液滴的撞击的动量有很大的影响，钢板壁面的铺展系数随液滴撞击速度的增大，当液滴撞击超疏水壁面时，液滴内部的速度以及压力都保持对称分布。

Selvam 等人[58]通过数值模拟的方法，使用二维模型对液体表面张力与水蒸气、液滴重力、黏度以及相变之间的关系进行研究，利用计算机模型得出 40μm 厚的液相环境中喷雾过程中形核点气泡的生长过程，指出了薄膜传热机理在喷雾冷却过程中的重要性，当气泡成核长大时，气泡与液体层上方的蒸汽层合并，因此，液滴大小与薄膜层厚度会影响钢板表面气泡的生长速度。

Horacek 等人[59]通过单通道控制微型加热器研究双喷嘴喷雾冷却过程中的换热现象。利用全内反射技术实现了液-固接触面积和三相接触线长度的可视化测量，经过计算喷嘴和加热表面之间的间距在 7mm 到 17mm 之间变化时的换热系数发现，接触线长度对于喷雾冷却换热性能至关重要。

Nevedo[60]以水为冷却液在表面温度为 99℃壁面进行实验，通过理论计算得到此时壁面的热流密度为 200W/cm$^2$，Nevedo 认为由于在 99℃时没有发生沸腾现象，所以这一过程中绝大部分的热量是由强迫对流产生，并且在无沸腾换热区，强迫对流仍是最主要的换热方式。而影响强迫对流的因素主要有液滴的直径、单位时间内液滴通过的数量、气雾喷嘴高度。

郭子义等人[61]基于沸腾气泡动力学原理，对气雾冷却过程中的二次核化模型进行了进一步完善，得到的结果表明由于二次核化现象的存在，造成了气雾喷射冷却具有较高的换热效率，雾化的液滴数量已经成为影响气雾冷却过程中沸腾换热的重要因素。

谢宁宁等人[62]通过改变入口压力与喷射流量，研究不同工艺参数对气雾喷射冷却换热效率的影响，结果表明，在压力不变的情况下，流量对气雾喷射冷却的换热效率产生了很大的影响，热流密度会随着流量的增加而增加，而当流量不变时，气压对换热效率的影响较小，随着喷射气压的增加，热流密度变化非常小。

胡强等人[63]通过自主搭建的连铸气雾射流动态实验平台，根据反传热方法计算获得了高温壁面的表面热流密度与表面温度随时间的变化规律，实验结果表明在气雾喷射冷却过程中，换热区域经历了膜态沸腾换热、过渡沸腾换热、核态沸腾换热以及强制对流换热阶段，热流密度最大值为1.73MW/m$^2$，表面温度曲线呈现明显的周期性特点。

F. Ramstorfer 和 J. Roland[64]使用在线跟踪模型研究了连铸过程中气雾喷射冷却对产品质量的影响，结果表明不同的工艺条件对气雾喷射冷却的换热系数有很大影响，并会影响产品的质量。

随着强化传热技术研究的深入，科研人员认识到传统流体，如水、油、醇等，因其导热系数低、换热性能差，已经成为制约强化换热技术发展的主要障碍，1995 年，美国 Argonne 国家实验室的 Choi 等提出了一个崭新的概念——纳米流体，即以一定的方式和比例在液体中添加纳米级金属或非金属氧化物粒子，形成一类新的传热冷却工质[65]。关于纳米流体和气雾喷射冷却高温钢板研究主要来自于近些年的印度学者。

Mitra 等人[66]研究了水基 $TiO_2$ 纳米流体和水基多壁面碳纳米管纳米流体以层流冷却形式冲击水平钢板表面的沸腾换热情况。实验结果表明纳米流体能够增强冷却速率。同时研究发现纳米流体作用下膜态沸腾更早向过渡沸腾区域转变。纳米沉积物的存在导致蒸汽膜变得不稳定。而这种变化仅仅在临界热流密度 CHF 的边界变化区域被观察到。

Mohapatra 等人[67]研究了水基表面活性剂的作用及其在热轧钢板在超快速冷却中的应用。实验过程将开冷温度控制在 900℃，结果表明在强制对流冷却区域，添加表面活性剂将提升热流密度。溶解的表面活性剂增加了过渡沸腾热流密度，核态沸腾热流密度和临界热流密度。当溶解度为 $6\times10^{-4}$时，获得了最大表面热流密度，进一步增加表面活性剂浓度则表面热流密度下降。在一定的表面活性剂浓度条件下，水流密度增加表面热流密度和冷却速率增加。相对于纯水而言，添加表面活性剂能够使冷却速度提高两倍，实现超快速冷却。

Mohapatra 等人在文献［68］中指出添加表面活性剂的气雾喷射能够显著改善冷却效果。Ravikumar 等人[69]研究了在冷却水中添加三种表面活性剂阴离子表面活性剂（十二烷基硫酸钠，SDS）、阳离子表面活性剂（十六烷基三甲基铵，CTAB）和非离子表面活性剂（Tween20）冲击 304 不锈钢时的换热情况。结果表明：随着表面活性剂浓度的增加表面热流密度增大，但达到一定浓度后热流密度有降低的趋势。表面活性剂的添加降低了表面张力，固-液相接触角减小，促使冷却液更好的扩散。采用非离子活性剂获得了最大的换热能力，因为它具有较小的泡沫成形性。

Ravikumar 等人[70]在另一篇文章中采用同样的表面活性剂研究了气雾喷射对冷却速度的影响。为获得高冷却速率，作者对所有活性剂的溶解度进行了优化。因为活性剂的延展性、润湿特征和泡沫形成能力存在差异，阳离子和非离子表面活性剂较阴离子能够获得更好的冷却效果。

Chakraborty 等人[71]采用水基 0.1% $TiO_2$ 纳米颗粒结合少量表面活性剂制备纳米流体。结果表明在纳米流体作用下冷却速率显著增强，可以推断纳米颗粒增加对流换热和表面活性剂降低表面张力是冷速增加的主要原因。

Jha 等人[72]研究了水基氧化铝纳米流体气雾喷射冷却情况。同时，也研究了表面活性剂对于纳米流体作为换热介质的影响。实验针对水、水基氧化铝纳米流体、SDS 以及 Tween20 四种流体分别测定了冷却液的热物性特性，包括黏性、热传导率等，这些参数均对换热速率有重要影响。结果表明，相对于纯水而言，纳米流体使冷却速度有所增强。Jha 等人在文献［73］中研究了射流和气雾喷射两种冷却方式条件下在水中添加表面活性剂对换热过程的影响。结果表明，当表面活性剂浓度为 $2.25\times10^{-4}$ 时，两种冷却方式获得的冷速均达到最大值，分别为 167℃/s 和 224℃/s。相反对于移动的钢板表面而言，表面活性剂浓度为 $7.5\times10^{-5}$ 时获得最高冷速分别为 163℃/s 和 127℃/s。

# 2 板带钢高温壁面换热基本原理研究

## 2.1 板带钢热加工（热处理）过程中的换热行为

探究板带钢热加工（热处理）过程中的换热行为需首先了解基础的热量传递方式。传热学热量传递主要有三种基本方式：热传导换热、对流换热和辐射换热。热轧板带钢轧后冷却过程是与外界热量传递的过程，主要包括板带钢内部的热传导过程，板带钢和周围介质的热交换过程两个部分。板带钢内部的导热过程考虑相变潜热。板带钢和周围介质的热交换过程主要包括热传导、辐射换热和对流换热[74]。

### 2.1.1 热传导

物体各部分之间不发生相对位移时，依靠分子、原子及自由电子等微观粒子的热运动而产生的热量传递称为热传导。例如，固体内部热量从温度较高的部分传递到温度较低的部分，以及温度较高的固体把热量传递给与之接触的温度较低的另一固体都是导热现象。

根据傅立叶定律，单位时间内通过平板物体的导热热量与温度变化率及平板面积 $A$ 成正比，即：

$$\phi = -\lambda A \frac{\mathrm{d}t}{\mathrm{d}x} \tag{2-1}$$

式中 $\lambda$ ——比例系数，又称为热导率（导热系数）。

负号表示热量传递的方向同温度升高的方向相反。

单位时间内通过某一给定面积的热量称为热流量，记为 $\phi$，单位为 W。单位时间内通过单位面积的热流量称为热流密度（或称面积热流量），记为 $q$，单位为 $\mathrm{W/m^2}$。当物体的温度仅在 $x$ 方向发生变化时，按照傅立叶定律，热流密度的表达式为：

$$q = \frac{\phi}{A} - \lambda \frac{\mathrm{d}t}{\mathrm{d}x} \tag{2-2}$$

傅立叶定律又称导热基本定律。式（2-1）和式（2-2）是一维稳态导热时傅立叶定律的数学表达式。由式（2-2）可见，当温度 $t$ 沿方向 $x$ 增加时，$\frac{\mathrm{d}t}{\mathrm{d}x} > 0$，而 $q < 0$，说明此时热量沿 $x$ 减小的方向传递；反之，当 $\frac{\mathrm{d}t}{\mathrm{d}x} < 0$ 时，$q > 0$，此时热量沿 $x$ 增加的方向传递。

导热系数是表征材料导热性能优劣的参数，即是一种物性参数，其单位为 W/(m · K)。同一材料在不同温度导热系数会有所不同。

基于傅立叶定律，根据热现象中能量守恒定律，经过数学推广[75,76]可以导出具有内热源瞬态三维非稳态导热微分方程：

$$\rho c \frac{\partial t}{\partial \tau} = \frac{\partial}{\partial x}\left(\lambda \frac{\partial t}{\partial x}\right) + \frac{\partial}{\partial y}\left(\lambda \frac{\partial t}{\partial y}\right) + \frac{\partial}{\partial z}\left(\lambda \frac{\partial t}{\partial z}\right) + \dot{Q} \tag{2-3}$$

当导热系数为常数并认为无内热源时，式（2-3）简化为：

$$\frac{\partial t}{\partial \tau} = \alpha\left(\frac{\partial^2 t}{\partial x^2} + \frac{\partial^2 t}{\partial y^2} + \frac{\partial^2 t}{\partial z^2}\right) \tag{2-4}$$

式中　$\alpha$——热扩散率（又称导温系数），$\alpha = \frac{\lambda}{\rho c}$。

### 2.1.2 热辐射

物体通过电磁波来传递能量的方式称为辐射。物体会因各种原因发出辐射能，其中因热的原因而发出辐射能的现象称为热辐射。后面所提到的辐射均为热辐射。物体的辐射能力与温度有关，同一温度下不同物体的辐射与吸收本领也大不一样。所谓黑体，是指能吸收投入到其表面上的所有热辐射能的物体。黑体的吸收本领和辐射本领在同温度的物体中是最大的。一切实际物体的辐射能力都小于同温度下的黑体。实际物体辐射热流量的计算可采用斯蒂芬-玻耳兹曼定律的经验修正形式：

$$\phi = \varepsilon A \sigma T^4 \tag{2-5}$$

式中　$T$——黑体的热力学温度，K；

$\sigma$——斯蒂芬-玻耳兹曼常量，即通常说的黑体辐射常数，其值为5. 67×

$10^{-8}$ W/($m^2$ · $K^4$)；

$A$——辐射表面积，$m^2$；

$\varepsilon$——该物体的发射率，其值小于 1，1 为发射率最大的极限情况。

发射率与物体的种类及表面状态有关。应当指出，式（2-5）中的 $\phi$ 是物体自身向外辐射的热流量，而不是辐射换热量。因为实际的换热过程中，还需要考虑物体本身吸收投射于其上的辐射热量，辐射换热量计算公式应参照下式：

$$\phi = \varepsilon_1 A_1 \sigma (T_1^4 - T_2^4) \tag{2-6}$$

### 2.1.3 对流换热

就引起流动的原因而论，对流换热可区分为自然对流与强制对流两大类。自然对流是由流体冷、热各部分的密度不同引起的，如自然界中热空气的向上流动。如果流体的流动是由于水泵、喷嘴或其他设备加载一定压力所造成的，则称为强制对流。

本文考虑的情况为流体在一定的压力下流经物体表面时的热量传递过程，为强制对流换热，并且随着水流经钢板表面的相变过程，产生了更强的换热作用。

对流换热的基本计算式采用牛顿冷却公式：

$$\phi = Ah\Delta t \tag{2-7}$$

式中 $h$——表面传热系数，W/($m^2$ · K)；

$A$——换热面积，$m^2$；

$\Delta t$——换热介质的温差，K。

## 2.2 沸腾换热基本原理

### 2.2.1 沸腾换热原理

在热轧板带钢的冷却过程中，冷却水的沸腾换热过程非常重要。冷却水在高温壁面上沸腾时的换热过程是具有相变特点的两相流换热。由于沸腾现象的存在，冷却水的换热能力会有大幅的提升，沸腾换热过程也是热轧板带钢冷却过程中的研究重点。典型的池沸腾曲线[77~80]如图 2-1 所示，池沸腾是指加热壁面被沉浸在无宏观流速的流体表面下所发生的沸腾，此时产生的气泡能脱离表面自由浮升。池沸腾时，液体的运动主要由自然对流和气相运动引起。此沸腾曲线也称为 Nukiyama 曲线。随着表面温度的变化，冷却过程的换热机理主要分为 4 种：单相自然对流、核沸腾、瞬态沸腾、膜沸腾。

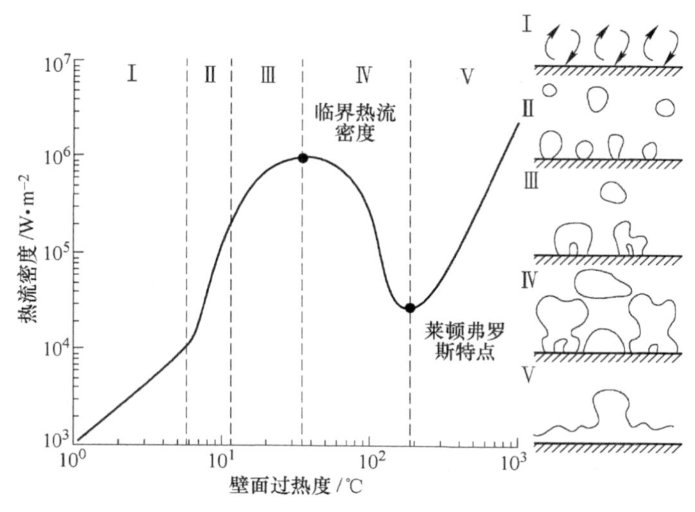


图 2-1　典型池沸腾热流密度曲线[81]

图 2-1 中纵坐标为热流密度，横坐标为过热度。区域 Ⅰ 为单相对流换热区域，在此区域过热度尚未达到沸腾形核所需的最低温度，主要换热机理为壁面与冷却水之间的对流换热。区域Ⅱ和Ⅲ为核沸腾区域。当进入核沸腾状态后沸腾气泡开始形核，水相变为气态，吸收大量的热量。热流密度有着明显的提高，沸腾频率随着表面温度的增加而增大。热流密度达到最大值的时刻为核沸腾转化为瞬态沸腾的时刻，热流密度的最大值称为临界热流密度（CHF），在核电站等需要冷却的场合，表面温度超过 CHF 对应温度时设备会面临损坏的危险。区域Ⅳ为瞬态沸腾区域。沸腾气泡在表面聚集长大，由于表面温度过高，脱离的时间大幅增长。单位时间内冷却水与表面的接触面积减小，导致沸腾频率的降低，热流密度也逐渐降低。区域Ⅴ为膜沸腾区域，瞬态沸腾转变膜沸腾的位置称为 Leidenfrost 点，其代表着稳定膜沸腾状态的开始，此时流层与表面间存在着一层蒸汽层。这个现象最早由 Leidenfrost 在 1756 年发现，他观察到水滴在加热的平底锅上蒸发需要很长的时间，因而进行了相关的研究。在此区域随着表面温度的升高热流密度逐渐增大，这是因

为较高的表面温度对应更强的热辐射和对流换热。

射流冲击换热的沸腾曲线与池沸腾曲线存在一定的差异，池沸腾曲线的测定过程为静态流体状态下，逐渐加热表面得到的热流密度数据。而射流冲击换热过程，是伴随着复杂流场的高温钢板表面冷却过程。图 2-2 所示为冷却区域内某一位置处，表面温度随时间变化的曲线。可看出随着冷却时间的增加，表面依次经过膜沸腾、瞬态沸腾、核沸腾和单相对流换热，与池沸腾时顺序相反。

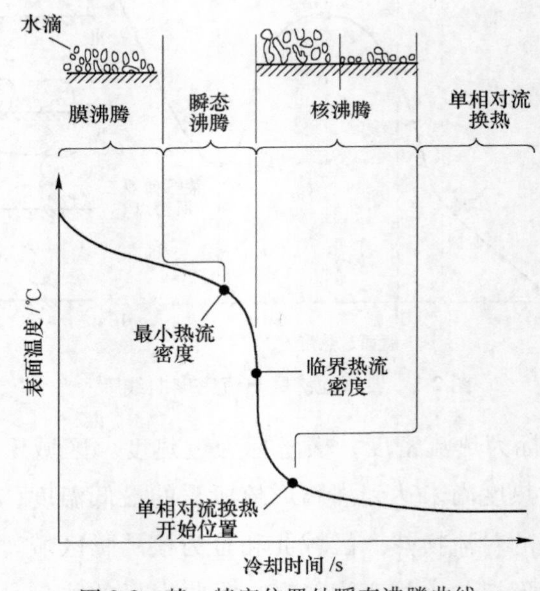


图 2-2　某一特定位置处瞬态沸腾曲线

2.2.1.1　单相自然对流区域

图 2-1 中的区域 I 为单相自然对流区域，此区域对应的壁面温度较低，不足以支撑沸腾状态，主要的换热机理为自然对流换热，此时即使生成了气泡也会很快的溶解。在单相自然对流区域，表面热流密度随着距离冲击点的距离而变化，流体状态对换热系数产生直接的影响。在距离冲击点足够远的区域，流体状态稳定时，对流换热系数可认为是常数。Hauksson 等[83]对冲击点处的单相对流换热进行了研究，他们的研究结果证明，冲击区域的压力会影响流体过冷度和表面过热度。提高冲击点处的压力使冷却水的沸腾温度增加了 5℃。平面上的单相对流换热可以用 Fishenden-Saunders 公式[84]计算：

$$\frac{hL}{k_{\mathrm{f}}} = 0.15Ra_L^{1/3} \quad (10^7 < Ra_L < 10^{10}) \tag{2-8}$$

式中 $h$——换热系数，W/(m²·K)；

$L$——特征长度，m；

$k_{\mathrm{f}}$——流体导热系数，W/(m·K)。

2.2.1.2 核沸腾区域

随着表面温度的增大，换热现象变为两相对流换热，沸腾气泡逐渐生成、长大并脱离表面。核沸腾状态的开始位置称为核沸腾起始点 ONB（Onset of Nucleate Boiling)。核沸腾与瞬态沸腾交接处，热流密度达到最大值，称为 CHF（Critical of Heat Flux)。与单相自然对流换热不同，表面流体的变化对此区域的沸腾强度影响不大，在此区域水相变为气态过程带走的大量热量。但很多学者发现增加射流速度和流体过冷度可提高 CHF，这可能是因为平行流将沸腾气泡快速的带走，提高了沸腾的极限频率。

Misutake[85]系统地研究了水温对沸腾现象的影响，他们发现随着水温的下降，核沸腾和瞬态沸腾区域的宽度也逐渐增加。根据对实验数据的分析，他们还总结出核沸腾和单相对流换热区域随时间变化的函数关系，其表达形式为：

$$r_{\mathrm{wet}} = a \times t^n \tag{2-9}$$

式中 $r_{\mathrm{wet}}$——润湿区域半径，mm；

$a$，$n$——实验测定的常数；

$t$——冷却时间，s。

平面上核沸腾换热系数可用 Rosenhow 公式计算：

$$h = \mu_{\mathrm{f}} h_{\mathrm{fg}} \left[\frac{g(\rho_{\mathrm{f}} - \rho_{\mathrm{g}})}{\sigma}\right]^{1/2} \left(\frac{c_{\mathrm{p,f}}}{c_{\mathrm{s,f}} h_{\mathrm{fg}} Pr_{\mathrm{f}}}\right)^3 (T_{\mathrm{w}} - T_{\mathrm{sat}})^2 \tag{2-10}$$

式中 $Pr_{\mathrm{f}}$——流体的普朗特数；

$c_{\mathrm{s,f}}$——经验系数，与流体与表面材质相关（水冲击抛光不锈钢表面时 $c_{\mathrm{s,f}} = 0.013$)；

$c_{\mathrm{p,f}}$——流体比热容，J/(kg·K)；

$\mu_{\mathrm{f}}$——流体黏度系数，N·s/m²；

$h_{fg}$ ——蒸发相变潜热，J/kg；

$\rho_f$ ——流体密度，kg/m$^3$；

$\rho_g$ ——蒸汽密度，kg/m$^3$；

$\sigma$ ——表面张力系数，N/m。

2.2.1.3　瞬态沸腾区域

瞬态沸腾是介于核沸腾和膜沸腾的沸腾状态，冷却水与表面的接触面积与接触时间都随着表面温度的增加而减小。在此区域，热流密度随着表面温度的升高而降低。在射流冲击条件下，瞬态沸腾的区域在完全润湿区域的外侧。其与核沸腾换热的一个重要区别是表面流场的变化对瞬态沸腾产生显著影响。表面流场的紊流强度增加了对沸腾气泡的扰动，使气泡分裂成多个小气泡并增加其脱离频率，进而增强换热强度。

Hammad[86] 通过对射流过程图像的分析总结出射流冲击过程中瞬态沸腾的变化规律。在图 2-3 中，$r_w$ 为润湿区域外围半径，$r_s$ 为可观察到沸腾状态的半径。他们之间明显的分界特征代表了瞬态沸腾区域的范围。通过对分界特征和润湿区域的变化过程进行分析可得出瞬态沸腾区域的变化过程。他们还对最大热流密度位置（$r_q$）和最大换热系数位置（$r_h$）进行了研究。在图 2-3 中可见，瞬态沸腾区域的半径随着冷却时间的增加而增大。在冷却时间 4.7s 后，最大热流密度的位置与瞬态沸腾区域的内侧半径基本一致。

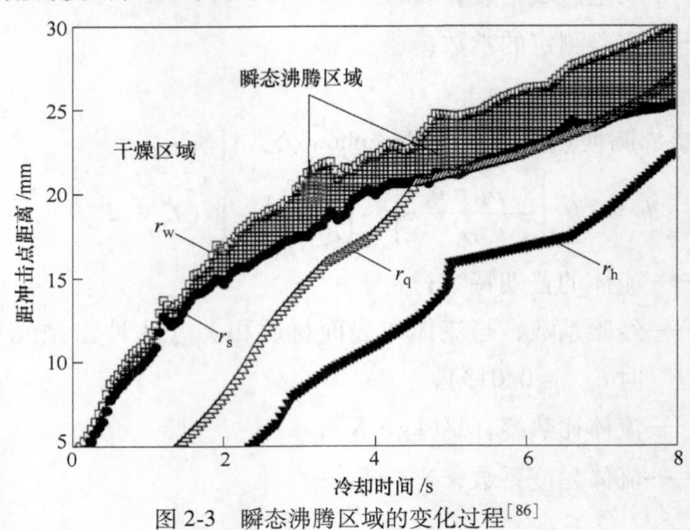


图 2-3　瞬态沸腾区域的变化过程[86]

#### 2.2.1.4 膜沸腾区域

当表面温度大于某一临界值时，冷却表面产生大量的沸腾气泡形成稳定的蒸汽层。开始稳定膜沸腾的时刻称为 Leidenfrost 点。

膜沸腾状态的换热主要是对流换热和辐射换热，可以用 Bereson 公式计算。

$$h = 0.425\left[\frac{g(\rho_f - \rho_g)\rho_g k_g^3 h'_{fg}}{\mu_g(T_w - T_{sat})\lambda_\tau}\right]^{1/4} + 0.75\varepsilon\sigma_{SB}\frac{T_w^4 - T_{sat}^4}{T_w - T_{sat}} \tag{2-11}$$

式中，$h'_{fg} \equiv h_{fg} + 0.5c_{p,g}(T_w - T_{sat})$；$\lambda_\tau = \sqrt{\dfrac{\sigma}{g(\rho_f - \rho_g)}}$。

### 2.2.2 射流冲击钢板表面冷却区域研究

在射流冲击高温钢板表面的过程中，沸腾现象会对流体的流动产生很大的影响。图 2-4 为钢板表面温度高于 Leidenfrost 点时单束射流冲击至表面的流体和沸腾状态示意图，图中所示流体状态对应冷却过程中某一中间时刻。可见钢板的温降区域是以冲击点为圆心的半圆形区域，距离圆心越近，温降越大。在冲击区域的边缘位置流体状态较为复杂，最外层为膜沸腾区域，对应的表面状态为未润湿状态，此区域的表面流体状态主要为滑行的液滴。在膜沸腾区域内侧为瞬态沸腾区域，润湿前沿位置在此区域内。此区域的流体状态为伴随大量沸腾气泡的平行流和飞溅流，此处用 $r_w$ 表示润湿前沿的位置。瞬态沸腾区域的内侧为核沸腾区域，对应的表面状态为润湿状态，此区域的表面流体状态主要为气泡生成频率逐渐增大的平行流。在某一时刻达到最大热流密度的位置用 $r_{MHF}$ 表示，达到 $r_{MHF}$ 的时刻为瞬态沸腾状态转换为核沸腾状态的时刻，其位置在润湿前沿区域靠内的位置处。由于钢板的表面温度较高，在钢板表面会随着表面温度的变化经历所有的沸腾周期，其顺序为膜沸腾、瞬态沸腾、核沸腾、对流换热。

在射流冲击至钢板表面的瞬间，有些学者认为冷却水在冲击压力的作用下直接与表面产生了充分的接触，直接进入单相强制对流换热阶段，且很高的表面温度不会阻碍其保持单相强制对流换热状态。但也有部分学者认为在冷却水冲击至钢板表面的瞬间，其也经历了瞬态沸腾和核沸腾状态，最终变

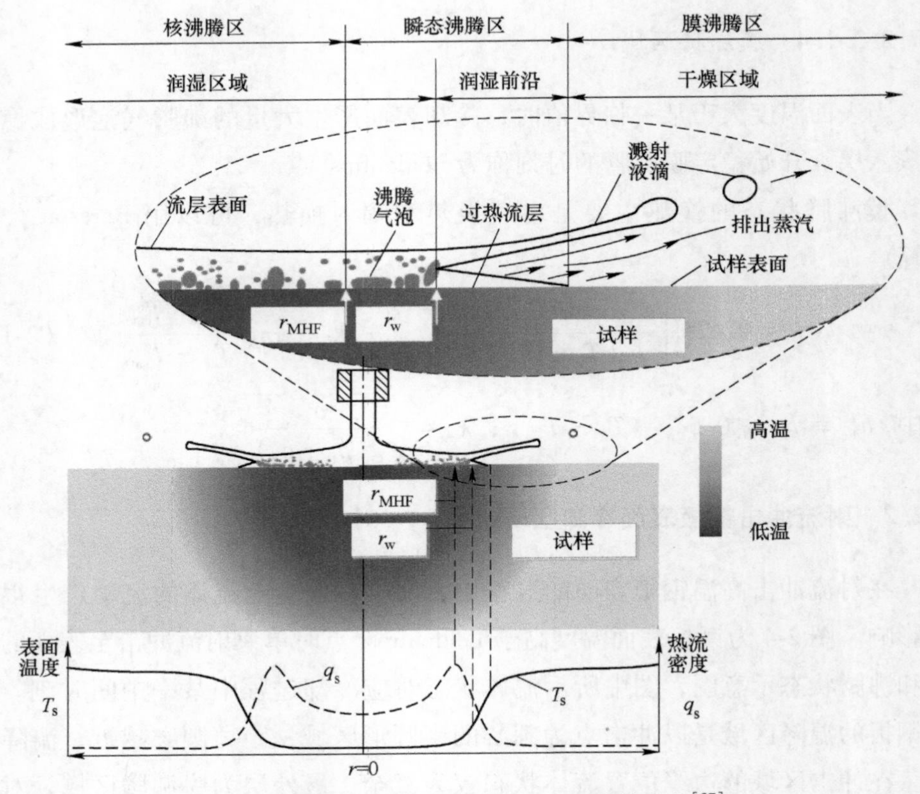


图 2-4 冲击射流冲击高温表面的表面流体状态[87]

为单相强制对流换热状态。图 2-5 为其变化过程示意图。

如图 2-5a 所示，由于初始的壁面温度较高，冷却流体很难湿润壁面。当冷却流体冲击至钢板表面时并不会立刻产生湿润表面，而是会形成一层蒸汽膜。

在图 2-5b 中，随着壁面温度的降低会先形成一小块润湿区域，此时润湿区域可能发生着瞬态沸腾换热。随着在瞬态沸腾换热的进行，壁面温度持续下降，壁面蒸汽膜持续时间缩短，与壁面直接接触的流体数量和持续时间都会增加，这时突发性的流体与壁面接触产生喷射型的蒸气泡，导致水滴溅射现象。

在图 2-5c 中随着壁面温度的进一步降低，会出现完全湿润区域。一旦表面发生了润湿现象，钢板表面会变暗，因此也被称作暗区。在这段时间核沸腾和瞬态沸腾发生在润湿区域的边缘。液体形成细小的液滴并向四周飞溅。

最终湿润区域不断长大并伴随着更宽的湿润边界，如图 2-5d 所示。此时最大热流密度发生在湿润边界区域，部分核沸腾和单相强制换热发生在湿润区域。在润湿边界区域外进行着稳定的膜沸腾换热，液滴在表面上进行滑移，其底部是膜沸腾形成的蒸汽膜。

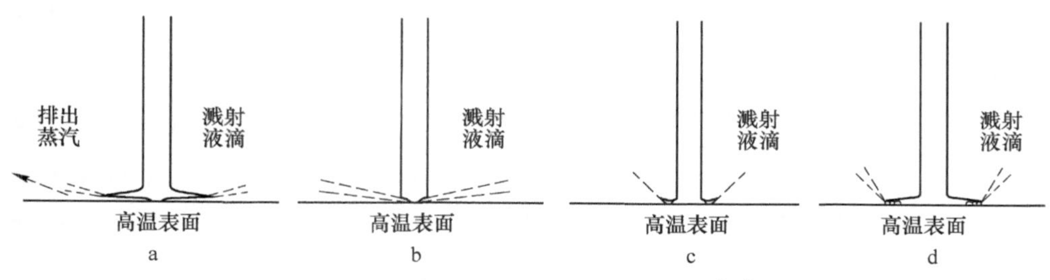


图 2-5 射流冲击高温表面的四个阶段[88]

### 2.2.3 沸腾气泡特征的研究

射流冲击冷却过程可描述为流动沸腾换热过程，流动沸腾与池沸腾换热有着巨大的差异。钢板表面的流场分布会对沸腾过程产生复杂的影响。沸腾过程中生成气泡的尺寸和生命周期会随着流速、过冷度和热流密度的增加而减小。经过观察还发现，当表面过热度提高时气泡生成速度与生成频率有着显著增加。

图 2-6 中，Ⅰ 阶段为气泡在核点生成阶段，Ⅱ 阶段为气泡滑移阶段，Ⅲ 阶段为气泡脱离壁面阶段。在第Ⅰ阶段，气泡的核心在形核点上产生，由于流体施加的作用力气泡会向流动方向倾斜。壁面流速的增加会加大气泡的形核难度，需要更高的壁面过热度。在第Ⅱ阶段，气泡会沿着表面进行滑移并持续长大，最终到达临界气泡体积。在第Ⅲ阶段，浮力会使气泡飘起脱离表面。

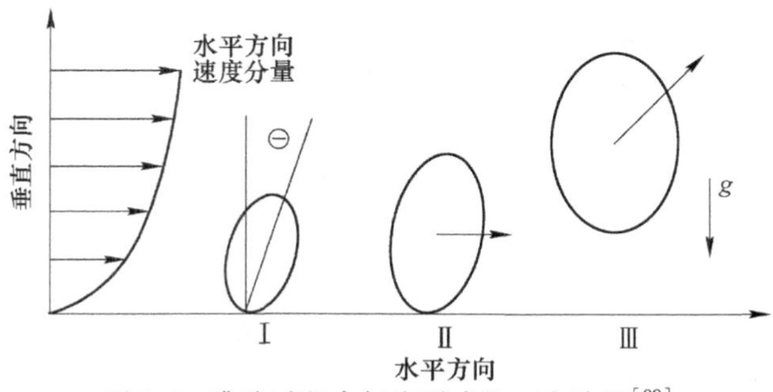


图 2-6 沸腾过程中气泡形成的三个阶段[89]

沸腾气泡的大小与生成频率与壁面过热度有很大相关性，当壁面过热度增加 1.5K 时，沸腾气泡的生存时间由 130ms 降至 5ms。壁面过热度再增加 10K 时，沸腾气泡的生存时间会低至 2ms。在高温板带钢的表面，极大壁面过热度会使得 $10^3$ 帧/秒的摄像器材都不足以拍摄气泡的生命周期变化过程[90,91]。

Hitoshi Fujimoto 等[82]利用多个高速相机，对单个液滴冲击高温 625 铬镍铁合金表面的沸腾状态进行了研究。图 2-7 为表面温度 500℃时液体沸腾状态照片，液滴直径为 2.5mm，下落速度为 1.00m/s。液滴冲击在表面的过程分

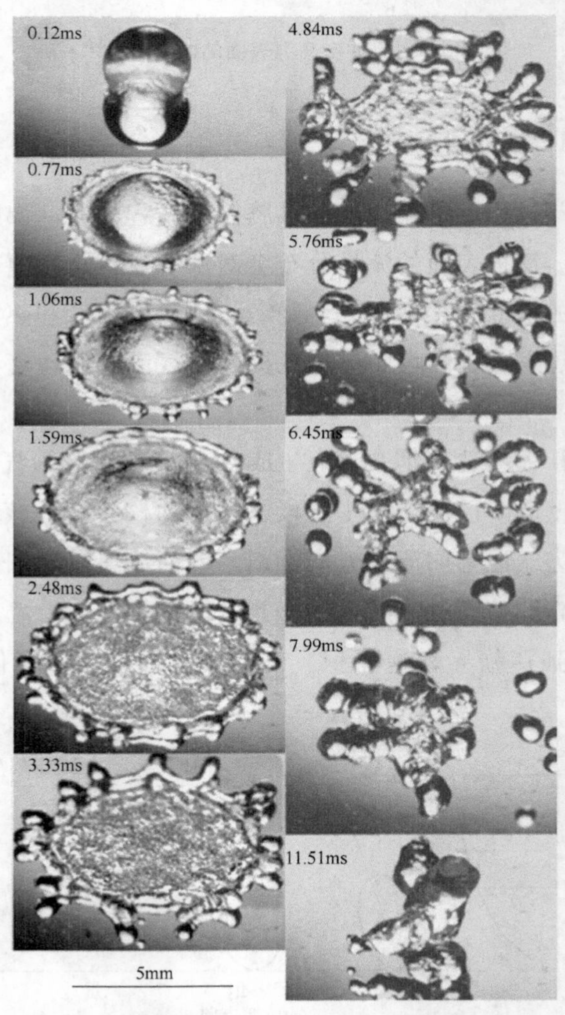


图 2-7 液滴冲击高温表面的沸腾和流体状态照片

为冲击、扩散、到达最大面积、回缩、反弹五个阶段。可以看出在 0.12m/s 时，液滴中心部位已可观察到沸腾现象。0.77ms 至 2.48ms 为扩散阶段，液滴与表面的接触面积迅速增大。液滴边界可观察到间隔排布的球状凝聚点，这些凝聚点可能是在沸腾气泡和表面张力的约束下形成的。液滴在 2.48ms 时与表面有着最大的接触面积，在冲击区域的中间可观测到强烈的沸腾现象。在 2.48~6.45ms 范围内，接触面积尺寸逐渐收缩，一部分体积转变为小液滴。小液滴底部有明显的蒸汽膜，并会沿着加热表面滑移。较高的表面温度会阻碍液滴与表面接触面积的扩大。

## 2.3 射流（层流）冲击换热基本原理

如图 2-8 所示，在传统的以层流冷却为主的板带钢加速冷却过程中，钢板与冷却水之间的换热分为五个区域，单相强制对流区在喷嘴的正下方，由内到外依次为核态沸腾区和过渡沸腾区、膜态沸腾强制对流区和小液态聚集区。在单相强制对流传热区域冷却介质的冷却效率很高，表面温度较低。在膜态沸腾区由于蒸汽的导热性能差，表面与冷却水之间的换热系数很小。在小液态聚集区，传热方式为对流和辐射。在层流冷却条件下，换热强度不同的多种冷却方式同时共存，具有很强的随机性，容易引起钢板表面与冷却水的换热不均，从而引起钢板内部相变过程及内部应力的不均匀分布。如图 2-9 所示，在冷却过程中，瞬态沸腾与核沸腾的过渡时刻会达到最大的热流密度[92]。实际的层流冷却应用过程中并不能对水流形态进行有效的控制。

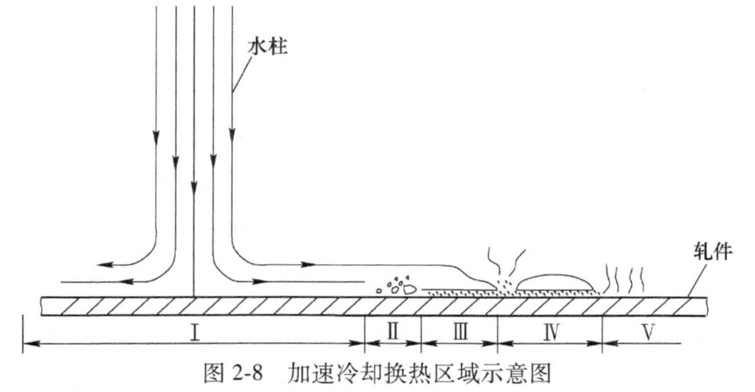


图 2-8　加速冷却换热区域示意图

Ⅰ—单相强制对流；Ⅱ—核态/过渡沸腾区；Ⅲ—膜状沸腾区；
Ⅳ—小液态聚集区；Ⅴ—向环境辐射和对流散热

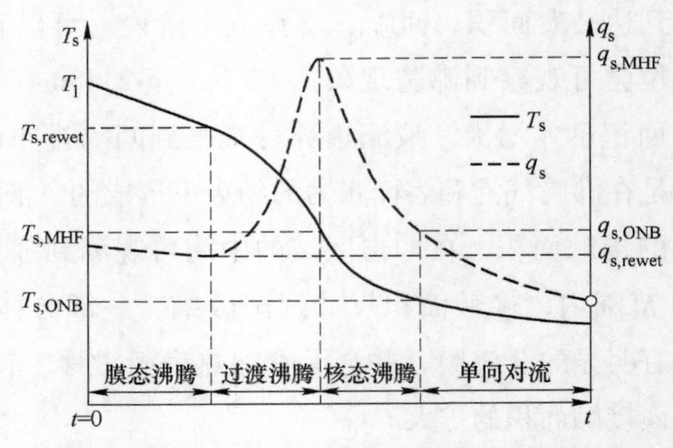


图 2-9 加速冷却温度曲线对应的热流密度关系

$T_{s,rewet}$和$q_{s,rewet}$为润湿时刻的表面温度和热流密度，$T_{s,MHF}$和$q_{s,MHF}$为达到最大热量密度时的表面温度和热流密度，$T_{s,ONB}$和$q_{s,ONB}$为转为单向对流时的表面温度和热流密度。

## 2.3.1 垂直射流冲击冷却换热机理

射流冲击换热特性与其流动结构特点密切相关。为便于分析，现以单个圆形喷嘴形成的冲击射流为例加以讨论，如图 2-10 所示。单个圆形喷嘴形成的冲击射流存在三个具有不同特征的区域，分别为自由射流区（Free Jet）、滞止流区（也称驻点区域，Stagnation Zone）和壁面射流区（Wall Jet）。射流从喷嘴喷出后，根据射流雷诺数 $Re$，可分为层流和湍流射流。实际上，板带钢超快速冷却过程中喷嘴射流速度较高，一般为湍流射流。射流外边界处由于剪切力作用，将周围介质裹入到射流中，并与周围介质进行动量交换，使射流直径线性增长。射流中心处仍保持着一个速度均匀的核心区，射流到达距壁面 $z_g$ 高度前的区域称为自由射流区。壁面上正对喷嘴中心，流动由垂直方向转向水平方向之前的区域一般称为滞止流区（$r_g$区域），$O$ 为滞止点（也称驻点）。在此区域，垂直方向射流速度迅速降低，并且急剧地转向水平方向，产生很大的压力梯度，参数变化最为激烈，从而使冲击射流表现出与简单的平行剪切流动完全不同的特性。随着流体和周围介质的动量交换，水平方向速度在 $r_g$ 处达到极值。射流到达壁面后，在滞止流区压力梯度的驱动下，流体沿壁面向四周流开，形成壁面射流区。

在图 2-10 中，$O$ 为滞止点；$\delta$ 为流动边界层厚度；$r$ 为距离射流中心点距离；$H$ 为喷嘴与壁面的距离；$z_g$ 为距钢板表面的距离。冲击射流的进入偏转射流区的开始位置约为距离轴线距离 1.2 倍喷嘴直径处，垂直方向速度分量迅速减小，并转化为加速的平行于表面的水平速度分量。水平速度分量随着距离轴线的距离增大而增大，在 $r_g$ 位置达到极大值。Poreh 等[94,95]对射流冲击过程中流速、紊流强度和壁面剪切力对平行流的影响进行了研究。他们认为壁面平行流的流速随着距离冲击点位置的增加而减小，同时平行流层的厚度也在增加，他们得出最大平行流速位置约在 $r^{-1.1}$ 处，平行流的流层厚度约为 $r^{0.9}$。Mark J. Tummers 等[96]对冲击过程的流体特征进行的研究证明，在射流横截面上流速呈钟形分布，随着距离射流中心线距离的增加，流速逐渐减小。在自由射流区流速的计算公式可表示为：

$$\frac{v(x,\ 0)}{v(0,\ 0)} = \left[1 - \mathrm{erf}\left(-\frac{D}{\sqrt{2}\,Cx}\right)^2\right]^{0.5} \tag{2-12}$$

$$C = 0.102\left(\frac{4D}{x_c}\right)$$

式中　$x$——距离冲击点距离，mm；

$x_c$——轴线上压力降至最大值 95%时对应的 $x$ 值，mm；

$D$——流束直径，mm。

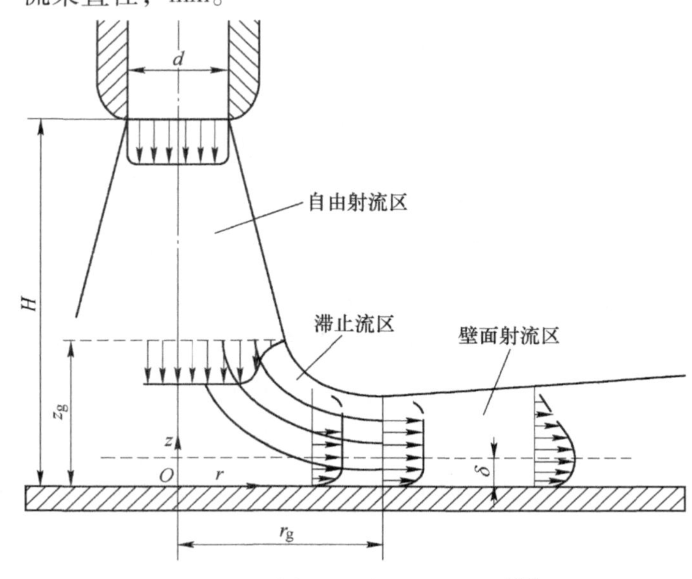


图 2-10　单束射流冲击流场分析[93]

马重芳等[97]对射流表面边界层状态进行了系统的研究，将射流边界层状况分为三种类型并对每种类型的 $Nu$ 分布进行了回归分析。

区域一为冲击区域，区间为 $0 \leqslant r \leqslant 1$，有学者对此进行了改进，认为 $0 \leqslant r \leqslant 1.28$ 的范围能更准确地描述冲击区域。

区域二为边界层区域，其区间为：

$$1.28 \leqslant r \leqslant 0.5554 \frac{Re_J^{1/3}}{(50 - 5.147Pr_L)^{1/3}} \tag{2-13}$$

这个区域的特征为黏性边界层的厚度小于液体自由表面的厚度。当水温为25℃时，换热和黏性边界层都会在同一位置处达到与液体自由表面相同的厚度，在此把换热边界层与自由表面厚度相同的位置定义为区域二的结束位置。

区域三为平行流区域，其区间为：

$$r \geqslant 0.5554 \frac{Re_J^{1/3}}{(50 - 5.147Pr_L)^{1/3}} \tag{2-14}$$

这个区域的特征为换热边界层与自由表面厚度相同，此时自由表面的流体温度沿着流体的流动方向而增加。

### 2.3.2 倾斜射流冲击冷却换热机理

在超快速冷却条件下，射流冲击换热过程与沸腾换热互相关联。具有一定压力和速度的冷却水流，以一定角度冲击高温钢板表面，在滞止流区域附近发生射流冲击换热，在壁面射流区域冷却水并不反溅而是沿着钢板表面流动，水流速度逐渐降低，水流温度不断提高，（在冲击区域也是存在核沸腾换热的）如图 2-11 所示，射流冲击换热的特性表现为滞止区和壁面射流区的对流换热，滞止区内流体的流动边界层和热边界层的厚度大大减薄，存在很强的传热、传质效率。壁面射流区内壁面射流与周围空气介质之间的剪切所产生的湍流，被输送到传热表面的边界层中，使得壁面射流比平行流动具有更强的传热效果。射流冲击换热是强制对流中具有最高换热效率的传热方式。并且由射流区、滞止流动区和壁面射流区组成的射流冲击冷却区域大大减少了不稳定的换热方式存在，有效提高了钢板冷却过程中的冷却均匀性。

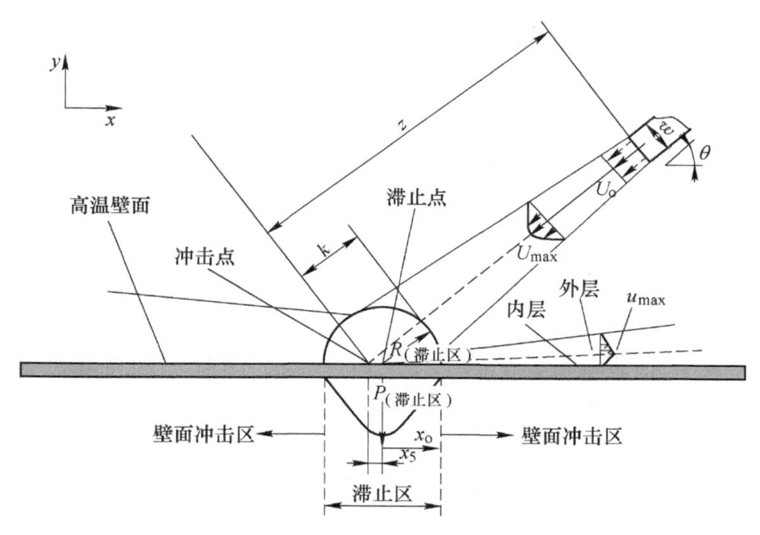


图 2-11　射流冲击冷却换热原理

### 2.3.3　射流冲击换热特性研究

射流冲击换热过程中，一些参数直接关系着喷水状态及换热特性。在研究冲击射流雷诺数 *Re* 和 *Pr*（普朗特数，反映流体物理性质对对流传热过程的影响）影响因素的基础上，通过分析 *Nu* 与 *Re*、入射角 $\theta$ 及辊缝值 $h$ 的关系，得到 *Nu* 分布规律。之后，运用非线性拟合、外推法及非线性差值等方法，建立钢板表面 *Nu* 计算模型。

#### 2.3.3.1　*Re* 和 *Pr* 计算

半封闭空间内的圆形喷嘴冲击射流流动时将雷诺数 *Re* 定义为：

$$Re = v_0 D / \nu \tag{2-15}$$

式中　$v_0$——喷嘴出流平均速度，m/s；

$D$——喷嘴直径，m；

$\nu$——流体运动黏性系数，$m^2/s$。

其中喷嘴出流平均速度可由上文分析求出。水的运动黏性系数与水温呈 3 次函数关系，可通过水温求出。快冷系统正常工作时水温取值范围为 10～35℃，可知的取值范围为 $0.75\times10^{-6}$～$1.31\times10^{-6}m^2/s$。

根据对流传热边界层理论，普朗特数 $Pr$ 定义为：

$$Pr = \nu/\alpha = c_p\eta/\lambda \tag{2-16}$$

式中 $\nu$——流体运动黏性系数，$m^2/s$；

$\alpha$——流体热扩散率，m/s；

$c_p$——比热容，J/(kg · ℃)；

$\eta$——动力黏度，Pa · s；

$\lambda$——导热系数，W/(m · ℃)。

$Pr$ 反映了流体动量扩散能力与热扩散能力的对比。由于饱和水的 $\nu$，$\alpha$，$c_p$，$\eta$，$\lambda$ 均与温度有关，$Pr$ 也是与温度有关的量。

2.3.3.2 $Nu$ 计算及射流换热特性分析

如图 2-12 所示，基于表面流层厚度与边界层厚度，可以将表面换热过程定义为四种机理。

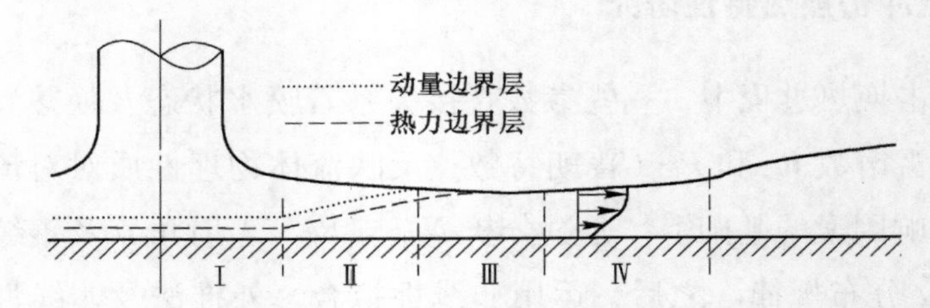


图 2-12 在均匀加热的表面动量边界层与热力边界层的发展过程

区域一（冲击区域，$0 \leqslant \overline{\gamma} \leqslant 1$）

当 $0.7 \leqslant Pr \leqslant 3$ 时 $$Nu_J = 0.7212 \times Re_J^{\frac{1}{2}} \cdot Pr_L^{0.4} \tag{2-17}$$

当 $3 \leqslant Pr \leqslant 10$ 时 $$Nu_J = 0.7212 \times Re_J^{\frac{1}{2}} \cdot Pr_L^{0.37} \tag{2-18}$$

区域二（$1 \leqslant \overline{\gamma} \leqslant 0.1773 \times Re_J^{\frac{1}{3}}$）

在这个区域，动量与热力边界层的厚度都小于流层厚度。

$$Nu_J = 0.668 \frac{Re_J^{\frac{1}{2}} \cdot Pr_L^{\frac{1}{3}}}{\overline{\gamma}^{\frac{1}{2}}} \tag{2-19}$$

区域三 $\left(0.1773 \times Re_J^{\frac{1}{3}} \leqslant \overline{\gamma} \leqslant 0.5554 \dfrac{Re_J^{\frac{1}{3}}}{(50 - 5.147 \times Pr_L)^{\frac{1}{3}}}\right)$

在这个区域，动量边界层的厚度与流层厚度相等，而热力边界层的厚度依然小于流层厚度。

$$Nu_J = 1.5874 \frac{Re_J^{\frac{1}{3}} Pr_L^{\frac{1}{3}}}{\left(25.735 \times \frac{\bar{\gamma}^3}{Re_J} + 0.8566\right)^{-\frac{2}{3}}} \tag{2-20}$$

区域四$\left(\bar{\gamma} > 0.5554 \frac{Re_J^{\frac{1}{3}}}{(50 - 5.147 \times Pr_L)^{\frac{1}{3}}}\right)$

在这个区域，动量与热力边界层的厚度均达到流层厚度。

$$Nu_J = \left(\frac{4\bar{\gamma}^2}{Re_J Pr_L} + C\right)^{-1} \tag{2-21}$$

其中
$$C = \frac{2.67\bar{\gamma}^2}{Re_J} + \frac{0.089}{\bar{\gamma}}$$

可以看出换热能力在区域最高，然后有着显著的降低。

工程应用往往关注冲击射流的平均换热特征。马重芳等人综合大量文献的数据，给出了有关平均传热系数的计算方法。这些经验关联式的适用范围是：$2000 \leqslant Re \leqslant 400000$，$2 \leqslant H/D \leqslant 12$。

对单个圆形射流：

$$\frac{\overline{Nu}}{Pr^{0.42}} = G\left(\frac{r}{D}, \frac{H}{D}\right) F(Re) \tag{2-22}$$

式中，
$$函数\ G\left(\frac{r}{D}, \frac{H}{D}\right) = \frac{D}{r} \times \frac{1 - 1.1\frac{D}{r}}{1 + 0.1\left(\frac{H}{D} - 6\right)\frac{D}{r}} \tag{2-23}$$

$$F(Re) = 2\left[Re\left(1 + \frac{Re}{200}\right)^{0.55}\right]^{0.5} \tag{2-24}$$

对于由多股圆形射流排列的射流矩阵，其传热系数的计算方法为：

$$\frac{\overline{Nu}}{Pr^{0.42}} = \left[1 + \left(\frac{H}{0.6 \times D}\sqrt{f}\right)\right]^{-0.06} \frac{\sqrt{f}(1 - 2.2\sqrt{f})}{1 + 0.2 \times \left(\frac{H}{D} - 6\right)\sqrt{f}} Re^{\frac{2}{3}} \tag{2-25}$$

式中 $f$——相对喷嘴面积。

#### 2.3.3.3 射流冲击稳态换热研究

稳态换热过程是指对冷却基体加载一定量的热流密度，在此基础上研究冷却过程的换热特征。多数学者对稳态换热问题的研究主要针对滞止点处换热规律的研究，Ma 和 Miyasaka 等[98,99]对射流速度和冷却剂过冷温度对热流密度的影响进行了研究，他们认为在完全核沸腾的冷却条件下，射流速度和冷却剂对热流密度影响很小。

Robidou 等[100]对稳态条件下水幕冲击换热进行了研究。其将测量表面均匀分为 8 个可单独加热的部分，实验平台研究温度范围为 0~700℃。通过调节表面温度，Robidou 得到了不同过热度下的热流密度数据，如图 2-13 所示。图中所示数据为水温 84℃，射流速度 0.8m/s 条件下，三个位置处（冲击点、距冲击点 19mm 处、距冲击点 44mm 处）在不同过热度下的热流密度数据。可看出，稳态射流换热条件下各位置处的沸腾曲线与池沸腾时有很大的区别，但依然可以观察到四种沸腾机理。当壁面过热温度在 40℃左右时，热流密度达到实验温度区间内的最大值（CHF）。CHF 随着距离冲击点位置的增加而减少，在冲击点位置处的 CHF 是平行流区域 CHF 的三倍左右。当距离冲击点位置大于临界值（在此实验条件下为 10mm）时 CHF 基本保持恒定，接近静态池沸腾状态。当壁面过热温度在 80℃左右时，热流密度达到局部最小值，此后随着壁面过热温度的增加，热流密度也开始增加，此现象可能是由于所谓的微气泡沸腾引起。已有学者[101,102]观察到此现象，他们认为气泡分裂为

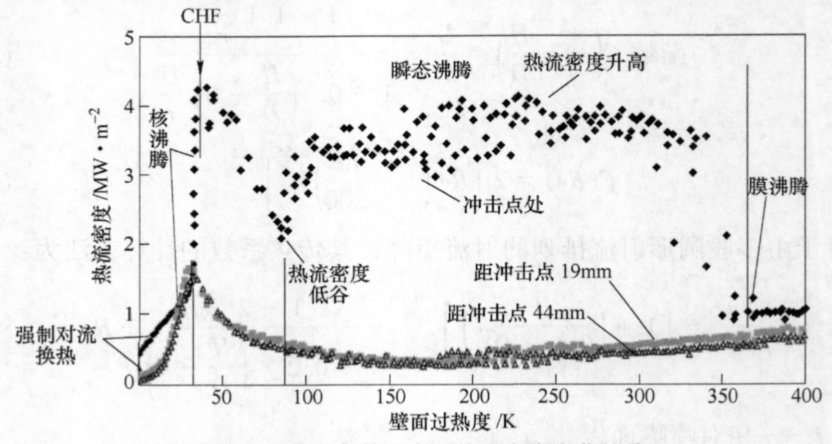


图 2-13 稳态条件下表面热流密度变化规律

微气泡的过程会导致区部流体的混合流动，这样会使冷却表面更好地润湿，从而增大热流密度。

当壁面过热温度超过 360℃左右时，在冲击点处的热流密度可以观察到急剧的下降现象，此温度为 Leidenfrost 点。在平行流区域对应的 Leidenfrost 过热温度为 80℃。此时沸腾状态由瞬态沸腾转变为膜沸腾。说明在平行流区域比大流速的冲击区域更容易进入膜沸腾状态。在冲击点位置附近的膜沸腾热流密度比平行流区域大 25%，这很可能是由于冲击点位置有着较薄的流层，以及较高的平行流速度，可以使沸腾气泡快速被带走。

#### 2.3.3.4 射流冲击瞬态换热研究

瞬态换热的研究的过程通常是由高温连续冷却至低温的过程。为了获得准确的表面温度与热流密度数据，常用的数据采集手段是从试样的反面或侧面钻孔，得到试样内部的温度数据后，利用反传热算法（数值分析[103~106]、有限元[107~109]、有限差分[110,111]等）计算表面温度和热流密度数据。孔的末端距离表面距离越近计算结果越准确。瞬态换热研究过程中测得的温度数据常可观察到温降斜率，即冷速的明显变化，这是由于随着冷却过程的进行表面相应位置会对应不同的换热机理，如膜沸腾、瞬态沸腾、核沸腾。实际生产过程中，板带钢的冷却过程即为瞬态换热过程。

在此对瞬态冷却过程中的温度变化规律进行简单介绍，图 2-14 中所示各测量点位置为线性等间距排布，间距为 5mm，冲击点为点 1 处。冷却表面为奥氏体 304 不锈钢，喷嘴直径为 3mm，射流速度为 4.7m/s，水温为 15℃。

图 2-14 中可见，在冲击点 1 及距离冲击点 5mm 的点 2 处，表面温降速度都很快，在冷却水冲击至钢板表面 0.5s 的时间内，温度降低了 435.7℃，对应的瞬时冷速最大达到 580.1℃/s。距离冲击点距离越远的位置温度开始下降的时间越慢。可看出温度开始下降的时间与润湿区域的范围相关，随着润湿区域的扩大，润湿区域边缘位置处温度逐渐开始下降。值得注意的是，在未润湿表面的滑移水滴并未产生明显的冷却效果，说明膜沸腾对应的换热强度很低。随着距离冲击点位置的增加，温度开始下降的时间也越晚，说明润湿区域的扩大速度在逐渐下降。距离冲击点较远的区域冷却速度也明显低于冲击点附近区域。

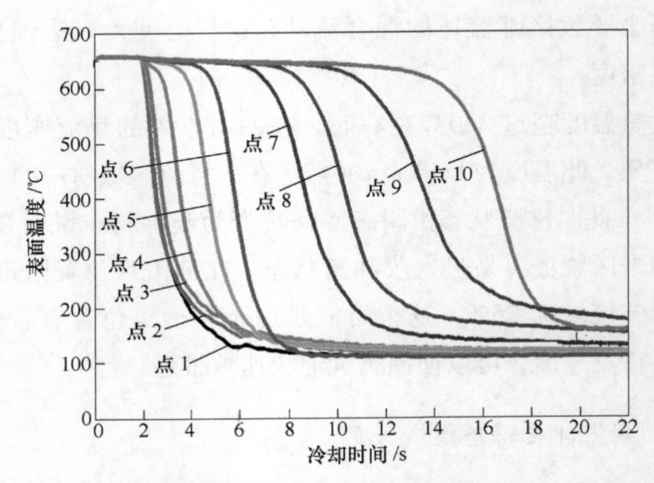


图 2-14 表面温度温降曲线及瞬时冷速的变化过程

图 2-15 所示为上节实验条件下热流密度的变化规律。可见热流密度曲线变化趋势与瞬时冷速的变化趋势接近。冷却水在冷却过程中带走的热量，主要集中在热流密度峰值位置附近。针对点 1 处的热流密度曲线，在冷却开始时热流密度的上升阶段属于瞬态沸腾阶段。瞬态沸腾阶段非常短暂，这是因为在冲击点处钢板表面温度下降很快，过低的表面温度不足以提供充足的沸腾形核驱动力。在热流密度到达 MHF 点时，沸腾状态转变为核沸腾阶段，沸腾的频率逐渐降低，随着冷却时间的进行最终会转变为单相对流换热阶段。射流冲击冷却过程中冲击点及其附近区域并未有明显的膜沸腾状态，这是因为射流的流体密度很高，在冲击区域与表面充分的接触，很快的进入瞬态沸腾过程。随着冲击时间的增加，钢板表面的热流密度曲线逐渐平缓，热流密度的峰值逐渐降低。多数学者认为，最大热流密度发生的位置位于润湿前沿略微靠后的位置。

此处的 MHF 与池沸腾实验中的 CHF 的相似与差异。他们的相似之处都是到达峰值后热流密度变化规律较为接近，不同的是池沸腾实验中的 CHF 是加热过程中流体的热流密度峰值，而本文中关注的则是冷却过程表面的热流密度峰值。瞬态换热的实验数据通常与稳态换热存在较大的差异，在核沸腾状态下，瞬态换热的换热系数只有稳态换热条件下的一半。并且瞬态与稳态换热温度曲线的差值与钢板的厚度及热物性参数相关，故很难直接应用稳态换热的实验数据。

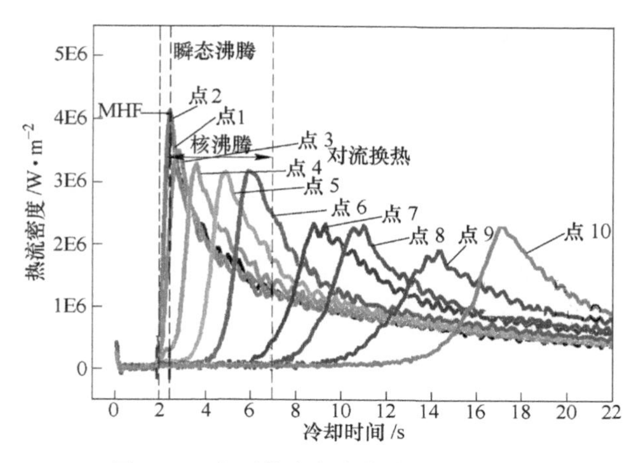


图 2-15　表面热流密度曲线的变化过程

### 2.3.4　射流冲击换热数学模型的建立

射流冲击装置通过减小出水口孔径，加密出水口，增加水压，以保证小流量的水流也能有足够的能量和冲击力击破水膜。根据其特点，可以认为快速冷却系统通过流体直接冲击换热表面，使流动边界层和热边界层大为减薄，从而大幅度提高了热/质传递效率，因此其具有射流冲击换热的特性。

因此快冷装置的设计原理是采用具有一定压力和速度的冷却水流，以一定角度冲击高温钢板表面，在滞止流区域附近发生射流冲击换热，在壁面射流区域随着冷却水沿着钢板表面流动，水流速度逐渐降低，水流温度不断提高，换热方式由射流冲击换热逐步过渡到沸腾换热过程。因此冷却均匀性和冷却效率大幅度提高。快冷喷嘴的布置形式会在壁面产生干涉的流场区域，单个流场区域的形态如图 2-16 所示，六边形的流场分布形式有利于提高换热

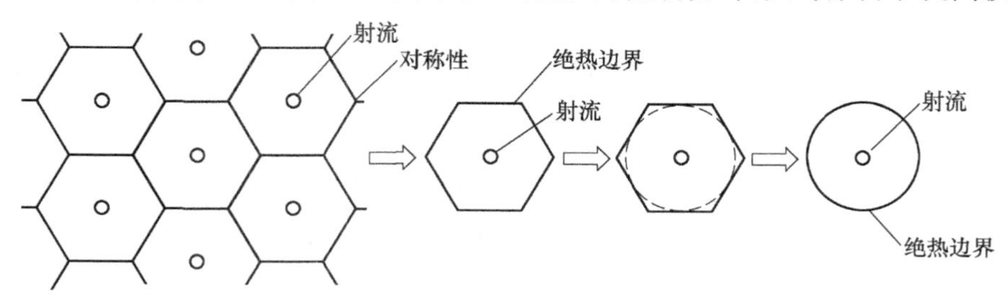


图 2-16　阵列式喷嘴布置产生的流场分布情况

均匀性，减少膜沸腾区域的面积。

按照 Devadas 和 Samarasekera 等人[112]根据实验研究确定射流冲击区对流传热系数见下式：

$$h = 0.063 \frac{\lambda_w}{r} Re^{0.8} Pr^{0.33} \tag{2-26}$$

式中 $h$——对流传热系数；

$\lambda_w$——冷却水的热传导率；

$r$——距冲击点的距离；

$Re$——雷诺数；

$Pr$——普朗特数。

Holman 等人[113]提出的强制对流换热的热传递系数按照下式表达：

$$h = Pr^{0.33}(0.037 Re^{0.8} - 871) \frac{\lambda_w}{r} \tag{2-27}$$

雷诺数表示作用于流体微团的惯性力与黏性力之比。

东北大学 RAL 实验室实验总结的射流速度对平均热流密度的影响如图 2-17所示。在图 2-17a 可见，在半径 45mm 圆形区域内，流速增加对平均热流密度的提高效果非常明显。结合上节对热流密度峰值的分析，可知平均热流密度的增大主要归功于大流速下更快的润湿区域速度，及在距离冲击点距离较远处更高的 MHF 在更大的润湿区域内带走了更多的热量。平均热流密度随时间的变化规律也呈现出先上升至峰值然后下降的趋势。可以看出，流速越大，平均热流密度的峰值越大，且到达峰值的时间越短。在中厚板在线冷却过程中，冲击点与表面的接触时间很短暂，较快的热流密度增加速度在实际生产过程中对应着更好的冷却效果。在冷却时间为 1.0s 的情况下，流速为 2.4m/s 时平均热流密度为 0.1MW/m²，流速为 7.1m/s 时，对应的平均热流密度为 0.43MW/m²，增加量为 330%。

值得说明的是，流速对平均冷却能力的明显提高效果与冷却区域面积相关，当喷嘴的排布间距小于 45mm 时流速的增加对冷却能力的提高效果会逐渐减弱，当喷嘴排布密度较为合理时，仅需较小的流速即可实现超快速冷却。

在图 2-17b 中可看出，平均热流密度随着温度的降低而增大，在 400~500℃区间段热流密度有短暂的波动，因为此温度段对应着沸腾状态由瞬态沸

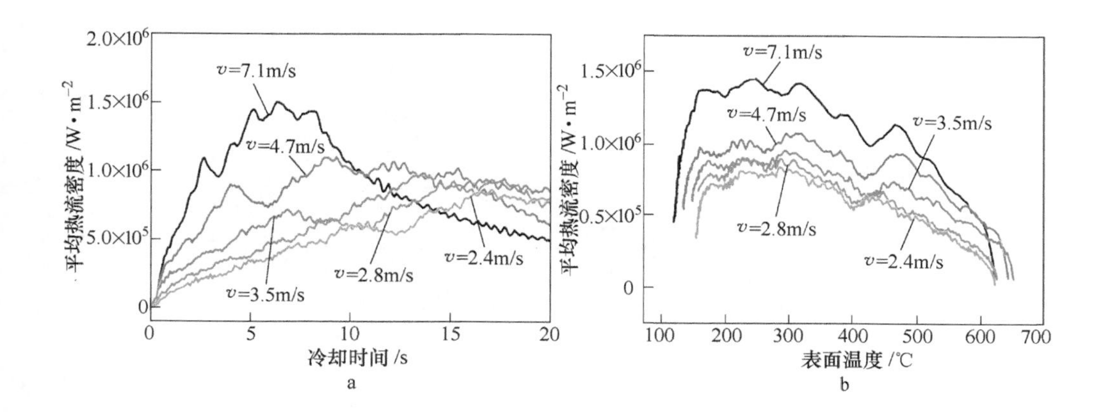


图 2-17 平均热流密度冷却时间及平均表面温度变化情况

腾转换为核沸腾的峰值状态，各个冷却位置依次到达 MHF 并开始下降，引起了平均热流密度的波动。当区域内平均温度低于 150℃，平均热流密度有着显著的下降，此时换热机理主要以单相对流换热为主，表面过热度已不足以驱动沸腾气泡形成。

对平均热流密度随表面温度和射流速度变化的趋势进行平面拟合，可得图 2-17 所示变化趋势，其拟合公式为：

$$\bar{q} = p_{00} + p_{10}V + p_{01}T + p_{20}V^2 + p_{11}VT + p_{02}T^2 + p_{30}V^3 + p_{21}V^2T + p_{12}VT^2 + p_{03}T^3 \tag{2-28}$$

式中，$p_{00} = 9.655e+05$；$p_{10} = 2.315e+05$；$p_{01} = -1.576e+05$；$p_{20} = -1.534e+04$；$p_{11} = 4.06e+04$；$p_{02} = -2.362e+05$；$p_{30} = 6632$；$p_{21} = -1.911e+04$；$p_{12} = -8.087e+04$；$p_{03} = 6.861e+04$；$V \in [2.4, 7.1]$m/s；$T \in [150, 650]$℃。

在钢板冷却过程温度场的计算中，最为关键与难以获取的参数为热流密度的加载参数，准确的热流密度随表面及冷却时间变化的参数对准确的计算钢板冷却过程的温度场有重要的参考价值，对钢板厚度方向上相变规律预测有较大帮助。平均热流密度随表面温度和射流速度变化的趋势如图 2-18 所示。

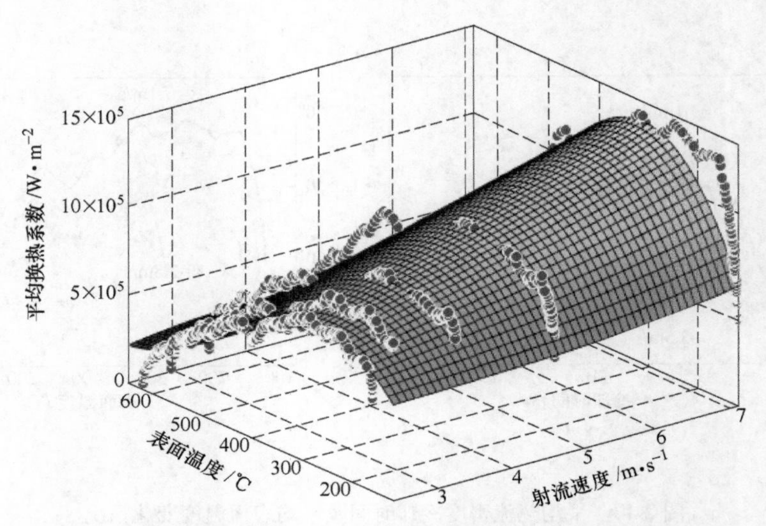


图 2-18 平均热流密度随表面温度和射流速度变化的趋势

## 2.4 气雾冲击换热基本原理

工业生产中常采用管路增压的方式保障射流出口流速，淬火机和超快冷设备供水压力通常为 0.5MPa，甚至达到 0.8MPa。较大的供水压力保证了较高的射流速度，但同时增加了冷却水的消耗。

气雾冲击换热有助于提高冷却效率，降低管路压力，工业应用潜力巨大。空气增压的理想状态为液滴的细化尺寸为 20μm 以下，在冲击至表面时与表面充分接触，在很短的时间内沸腾相变为气体，同时气流将表面未发生沸腾的水滴吹走，避免蒸汽膜层的形成，故低效的膜沸腾区域面积大幅减小[114,115]。

图 2-19 中所示空气增压气雾冷却区域分为润湿区域、润湿前沿区域和未润湿区域。其润湿前沿区域非常窄。通常认为，在气雾冷却过程中主要存在以下 4 种换热机理：强制对流换热（Forced Convection）、薄液面蒸发（Film Evaporation）、核沸腾（Nucleate Boiling）和二次核态沸腾（Secondary Nucleation）。其中强制对流换热主要与入射液滴的动能相关，入射液滴动能越大，则近壁面处法向压力越大，换热能力越强。有学者[116~124]认为薄液膜面蒸发是喷雾冷却过程中较为重要的换热方式；Grissom 等[117]在其实验研究中发现液滴冲击换热表面后铺展成薄液膜，液膜厚度对相变传热影响较大。二次成

核是指液滴撞击薄液膜时将空气带入薄液膜内形成气核或液滴撞击薄液膜内已有的气泡成核。二次成核使得换热大大加强，液膜内约85%的气泡源于二次成核。Yang J 等[125]在1992年最早发现了二次核的存在并指出喷雾冷却的主要传热机理是二次核沸腾。Rini D P 等[126]针对饱和FC-72处于核态沸腾时薄液膜内的气泡行为进行了研究。与池沸腾相比，相同条件下喷雾冷却可使热流密度增加50%。

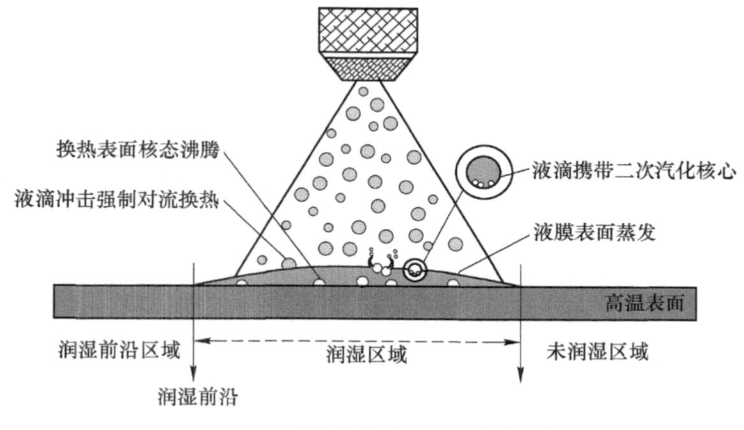

图2-19　空气增压喷嘴射流区域分布图

在高压空气的作用下冷却水分散成众多水滴，这样单位体积的冷却水与表面的接触面积显著的增加。空气增压喷嘴射流冷却过程中，单位体积的冷却水具备更大的表面接触面积和冲击动能，因此具备更高的冷却效率。有研究表明空气增压气雾冷却的热流密度峰值可达10MW/m$^2$，与射流冲击的热流密度峰值接近。很多学者针对空气增压中的各项参数进行了研究，Bhattacharya 等[127]对液滴在高温表面的沸腾蒸发时间进行了研究，研究证明液滴尺寸的减小会显著的增加换热能力。Mohapatra 等[128]在6mm厚AISI-304不锈钢上进行的冷却实验表明，在供水量恒定的条件下增大空气压力有利于增强换热能力，即较高的冲击压力对应较大的液滴冲击动能。

### 2.4.1 空气增压气雾冷却换热模型研究

在流体力学中，索特平均粒径（Sauter Mean Diameter）表示一个体积与表面积比与某粒子相同的球体直径，通常表示为$d_{32}$，有多种方法可对其计算，常用的定义方法为：

$$SD = D[3,2] = d_{32} = \frac{d_v^3}{d_s^2} \tag{2-29}$$

式中 $d_s$——表面直径，mm，$d_s = \sqrt{\frac{A_p}{\pi}}$；

$A_p$——表面积，$mm^2$；

$d_v$——体积直径，mm，$d_v = \left(\frac{6V_p}{\pi}\right)^{\frac{1}{3}}$；

$V_p$——粒子体积，mm。

空气增压喷嘴的射流密度表示为 $\dot{m}_s$，通常采用线性排布的多管的收集装置，对单位面积的冷却水进行收集并进行计算。其计算方法如下所示：

$$\dot{m}_s = \frac{4M_w}{\pi \cdot d_t^2 \cdot \Delta t} \tag{2-30}$$

式中 $d_t$——采集管直径，mm；

$\Delta t$——采集时间，s；

$M_w$——一定时间内采集的水量，L。

世界范围内已有很多学者针对空气增压喷嘴的冷却特点进行了大量研究，并总结出很多经验公式用于预测其换热特性，虽然多数实验条件与板带钢冷却过程有较大差异，不能直接使用其公式，但对于理解空气增压喷嘴的冷却机理仍有较大的参考价值。

Tan 等[129]总结出的多束空气增沿喷嘴阵列条件下，热流密度的无量纲公式为：

$$\frac{qA}{\rho Q h_{fg}} = 0.7453\left(\frac{c_p \Delta T_{sat}}{h_{fg}}\right)^{1.5286}\left(\frac{\rho V^2 d_{32}}{\sigma}\right)^{-0.3514}\left(\frac{\rho\sigma m}{\mu^3}\right)^{0.1643}\left(\frac{\Delta T_{sub}}{\Delta T_{sat}}\right)^{0.1946} \tag{2-31}$$

式中 $\rho$——流体密度，$kg/m^3$；

$Q$——流量，$m^3/s$；

$A$——表面积，$m^2$；

$h_{fg}$——蒸发潜热，kJ/kg；

$c_p$ ——冷却水比热，kJ/(kg · K)；

$\Delta T_{sat}$ ——过热度，℃；

$\Delta T_{sub}$ ——过冷度，℃；

$\mu$ ——黏度系数，N · s/m$^2$；

$\sigma$ ——表面张力，N/m；

$m$ ——质量流量，kg/s。

此公式预测值与实际值的偏差在±18%的范围内。

Mudawar 和 Estes[130]给出了考虑到喷嘴出口距离表面距离时，临近热流密度的修正关系式。其发现临近热流密度在空气增压喷嘴喷射核心区域与表面内切时最大，与表面距离过近会导致冲击面积太小，过远会导致冲击力下降。他们得到基于单位面积内平均体积流量的临近热流密度公式为：

$$\frac{q''_{CHF}}{\rho_v \overline{Q}'' h_{fg}} = 1.467\left(1+\cos\frac{\theta}{2}\cos\frac{\theta}{2}\right)^{0.3}\left(\frac{\rho_l}{\rho_v}\right)^{0.3}\left(\frac{\rho_l \overline{Q}''2d_{32}}{\sigma}\right)^{-0.35}\left(1+0.0019\frac{\rho_l c_{p,l}\Delta T_{sub}}{\rho_v h_{fg}}\right) \tag{2-32}$$

式中 $\overline{Q}''$ ——冲击区域平均流量，m$^3$/s；

$\theta$ ——喷射分散锥度，(°)；

$\rho_l$ ——流体密度，kg/m$^3$；

$\rho_v$ ——蒸汽密度，kg/m$^3$。

### 2.4.2 临界液滴尺寸模型研究

在实现超快速冷却（冷速大于 300℃/s）时，根据液滴的蒸发速率及能量守恒公式可推导出临界液滴尺寸的计算公式，液滴的临界尺寸即理论上可实现超快冷冷速的最大液滴尺寸。具体推导过程如下：

冷却能力=（每个液滴带走的热量）×（表面冲击频率）×（液滴密度）

$$(A\delta\rho C_p)_{plate}\left(\frac{-\mathrm{d}T}{\mathrm{d}t}\right)_{UFC} = (m_{dl}\times h_{lg})\frac{1}{t_{evap}}(A\times N) \tag{2-33}$$

基于流量守恒定律，液滴的蒸发速率可以表示为：

$$q''_{net}A_d = \left(\frac{-\mathrm{d}\, m_{dl}}{\mathrm{d}t}\right)h_{fg} \tag{2-34}$$

通过半球形的液滴接触面积公式表达出其质量公式：

$$q''_{\text{net}}(\pi r_{\text{hemi}}^2) = \left(-\frac{\mathrm{d}}{\mathrm{d}t\left(\dfrac{2}{3\pi r_{\text{hemi}}^2 \rho_1}\right)}\right) h_{\text{fg}} \tag{2-35}$$

经过推导简化后上式可简化为：

$$-\frac{\mathrm{d}r_{\text{hemi}}}{\mathrm{d}t} = \frac{q''_{\text{net}}}{2\rho_1 h_{\text{fg}}} = B \tag{2-36}$$

式中，$q''_{\text{net}}$ 的定义为：

$$q''_{\text{net}} = q''_{\text{cond}} + q''_{\text{rad}} \tag{2-37}$$

对式（2-36）进行积分可得到液滴蒸发时间的计算公式为：

$$-\int_{r_{0,\ \text{hemi}}}^{0} \mathrm{d}r_{\text{hemi}} = B\int_0^{t_{\text{evap}}} \mathrm{d}t \Rightarrow r_{0,\ \text{hemi}} = Bt_{\text{evap}} \Rightarrow t_{\text{evap}} = \frac{r_{0,\ \text{hemi}}}{B} = \frac{D_{0,\ \text{hemi}}}{2B} \tag{2-38}$$

针对式（2-33）在 $1\mathrm{m}^2$ 面积的条件下进行简化，代入式（2-35）和式（2-38）可得

$$\left[(\rho C_{\text{p}})_{\text{plate}}\left(-\frac{\mathrm{d}T}{\mathrm{d}t}\right)_{\text{UFC}} \sigma_{\text{plate}}\right] = \left[\left(\frac{\pi}{6} D_0^3 \rho_1\right) h_{\text{fg}}\right] \frac{2B}{D_{0,\ \text{hemi}}} \frac{1}{D_{0,\ \text{hemi}}^2} \tag{2-39}$$

用式（2-36）替换 $B$ 后，并近似认为液滴的球形和半球形状态下体积相同，给出两种状态下的液滴直径关系式：

$$\frac{\pi}{12} D_{0,\ \text{hemi}}^3 = \frac{\pi}{6} D_0^3 \Rightarrow D_{0,\ \text{hemi}} = \sqrt[3]{2}\ D_0 \tag{2-40}$$

此时式（2-39）可简化为：

$$\left[(\rho C_{\text{p}})_{\text{plate}}\left(-\frac{\mathrm{d}T}{\mathrm{d}t}\right)_{\text{UFC}}\right] \sigma_{\text{plate}} = \frac{\pi}{12} q''_{\text{net}} \tag{2-41}$$

将式（2-38）及 $q''_{\text{cond}}$ 和 $q''_{\text{rad}}$ 的定义代入式（2-41）中，可得：

$$\left[(\rho C_{\text{p}})_{\text{plate}}\left(-\frac{\mathrm{d}T}{\mathrm{d}t}\right)_{\text{UFC}}\right] \sigma_{\text{plate}} = \frac{\pi}{12}\left[\frac{k_{\text{v}}(T_{\text{surf}} - T_{\text{w}})}{C_0 \times D_{0,\ \text{cr}}^{\frac{4}{3}}}\right]^{\frac{2}{3}} + \sigma(T_{\text{surf}}^4 - T_{\text{w}}^4) \tag{2-42}$$

$$q''_{\text{cond}} = \frac{k_{\text{v}}(T_{\text{surf}} - T_{\text{w}})}{e}$$

$$q''_{\text{rad}} = \sigma(T_{\text{surf}}^4 - T_{\text{w}}^4)$$

式中 $\sigma$—— 斯蒂芬 - 玻耳兹曼常数 。

Chantasiriwan 等[131]提出的蒸汽膜厚度 $e$ 的计算方程为：

$$e \sim \left(\frac{k_{\mathrm{v}}\Delta T\mu_{\mathrm{v}}\rho_{\mathrm{lg}}}{h_{\mathrm{fg}}\rho_{\mathrm{v}}v^{2}}\right)^{\frac{1}{3}} D_{0}^{\frac{4}{3}} \Rightarrow e = C_{0} \times (T_{\mathrm{surf}} - T_{\mathrm{w}})^{\frac{1}{3}} D_{0}^{\frac{4}{3}} \tag{2-43}$$

式中

$$C_{0} = \left(\frac{k_{\mathrm{v}}\mu_{\mathrm{v}}\rho_{\mathrm{lg}}}{h_{\mathrm{fg}}\rho_{\mathrm{v}}v^{2}}\right)^{\frac{1}{3}}$$

在忽略辐射换热的条件下，式（2-42）可以写为：

$$\sigma_{\mathrm{plate}} D_{0}^{\frac{4}{3}} = \left[\frac{\dfrac{\pi}{12}\dfrac{k_{\mathrm{v}}}{C_{0}}}{(\rho C_{\mathrm{p}})_{\mathrm{plate}}\left(-\dfrac{\mathrm{d}T}{\mathrm{d}t}\right)_{\mathrm{UFC}}}\right] \times (T_{\mathrm{surf}} - T_{\mathrm{w}})^{\frac{2}{3}} \tag{2-44}$$

不锈钢在平均表面温度750℃的条件下，$C_0$ 的值约为0.1375，表面材质的变化在对液滴在膜沸腾状态下的蒸发时间没有影响。

在此条件下液滴的临界尺寸计算公式为：

$$\Delta_{\mathrm{plate}} D_{0,\mathrm{cr}}^{\frac{4}{3}} = 12.85 \tag{2-45}$$

## 2.5 钢板内部导热基本原理

板带钢冷却过程中的理论模型是实现自动控制的基础。钢板轧后冷却过程自动控制的实现建立在对钢板温度变化进行控制的基础之上，因此有必要对影响钢板温度变化控制精度的理论模型进行深入研究。本章将针对影响钢板内部温度、组织变化的各种因素进行研究，分析钢板与外部热交换的过程，建立换热系数数学模型，合理计算钢板内部物性参数，并以有限元算法为基础建立温度场解析模型，为多阶段冷却控制系统的建立提供必要的理论支持。

### 2.5.1 导热微分方程

导热是物体各部分之间不发生相对位移时，依靠分子、原子及自由电子等微观粒子的热运动而产生的热量传递。通过对实践经验的提炼，导热现象的规律已经总结为傅立叶定律，具体表达式为：

$$q = -\lambda \cdot grad T \tag{2-46}$$

式中 $q$ ——热流密度，$W/m^2$；

$gradT$ ——某点的温度梯度，℃/m；

$\lambda$ ——热传导率，W/(m · ℃)。

根据傅立叶定律和能量守恒定律，经过数学推导，可得到具有内热源瞬态三维非稳态导热微分方程[74]，表示为：

$$\rho c_p \frac{\partial T}{\partial \tau} = \frac{\partial}{\partial x}\left(\lambda \frac{\partial T}{\partial x}\right) + \frac{\partial}{\partial y}\left(\lambda \frac{\partial T}{\partial y}\right) + \frac{\partial}{\partial z}\left(\lambda \frac{\partial T}{\partial z}\right) + \dot{q} \tag{2-47}$$

式中 $\dot{q}$ ——单位时间、单位体积中内热源的生成热，$W/m^3$。

导热微分方程式是描述导热过程共性的数学表达式。导热问题求解过程须给出使微分方程获得适合某一特定问题解的附加条件，称为定解条件。定解条件有两个方面，即初始时刻温度分布的初始条件和导热物体边界上温度或换热情况的边界条件。

初始条件指的是已知的初始时刻导热物体的温度分布。冷却过程钢板温度场随时间变化而变化，初始条件的形式如下：

$$T(x,\ y,\ 0) = \varphi(x,\ y) \tag{2-48}$$

边界条件是指给出导热物体边界上温度或换热情况，主要有以下三类：

（1）规定了边界上的温度值，称为第一类边界条件。在对流换热边界条件下，如果物体表面换热热阻远小于内部导热热阻，环境温度与物体边界温度相差很小，则给定对流换热边界条件就转化为给定温度边界条件。对于非稳态导热，$\tau > 0$ 时，这类边界条件表示为：

$$T_w = f(\tau) \tag{2-49}$$

式中 $T_w$ ——边界温度，℃。

（2）规定了边界上的换热系数值，称为第二类边界条件。给定物体边界上的热流边界条件，实际上是给定对流换热边界条件或给定辐射换热边界条件的一种特殊情况。在换热过程之中，如果物体边界上的热流与表面温度近乎无关，则认为边界条件即为热流边界条件。对于非稳态导热，$\tau > 0$ 时，这类边界条件表示为：

$$-\lambda \left(\frac{\partial T}{\partial n}\right)_w = f_2(\tau) \tag{2-50}$$

式中 $n$ ——表面 $A$ 的外法线方向。

（3）规定了边界上物体与周围流体间的表面换热系数值 $\alpha$ 和流体温度 $T_f$，称为第三类边界条件。对于非稳态导热，$\tau > 0$ 时，这类边界条件表示为：

$$-\lambda\left(\frac{\partial T}{\partial n}\right)_w = \alpha(T - T_f) \tag{2-51}$$

式中　$\alpha$ ——换热系数，$W/(m^2 \cdot K)$；

　　$T_f$ ——流体温度，℃。

## 2.5.2 钢板热物性参数处理

利用数值分析求解温度场涉及到的钢板热物性参数较多，主要热物性参数包括密度 $\rho$ 、热扩散率 $\alpha$ 、热传导率 $\lambda$ 等。它们是对钢板内部温度变化进行研究、分析、计算和工程设计的关键参数。这些参数随温度变化而变化。其中，温度变化对热传导率等参数影响较大，对密度影响较小。下面分别介绍数值解析温度场过程中钢板热物性参数的处理方法。

### 2.5.2.1 确定热传导率

傅立叶定律阐明热流与温度梯度之间存在着正比关系。热传导率又称导热系数，是用于表征材料导热性能优劣的参数，表示一定温度梯度下单位时间单位面积上传导的热量，$W/(m \cdot ℃)$。

$$\lambda = - q/grad T \tag{2-52}$$

板带钢在控制冷却的过程之中，热传导率主要取决于钢板的化学成分、钢板温度以及钢板的组织状态等参数。合金元素 Cr、Ni、Mn、C、Si 等元素都是影响热传导率的关键参数。在计算钢板的热传导率时，通常根据测定的已知钢种不同温度下的热传导率，采用分段插值方法得到当前钢板的热传导率。

### 2.5.2.2 确定钢板密度

密度是指材料每单位体积的质量，表示为：

$$\rho = m/V \tag{2-53}$$

式中　$\rho$ ——密度，$kg/m^3$；

$m$——质量，kg；

$V$——体积，$m^3$。

钢板温度变化对密度的影响不大。通常出于简化工程计算的目的，密度可选用常数值 $7800kg/m^3$。

2.5.2.3 确定热扩散率

利用热平衡方程进行板带钢控制冷却温度场计算，热扩散率是重要参数。热扩散率是表征非稳态导热过程中温度变化快慢的物理量。

$$\alpha = \lambda/(\rho \cdot c_P) \qquad (2\text{-}54)$$

式中 $\alpha$——热扩散率，$m^2/s$；

$c_P$——比热容，kJ/(kg·K)。

热扩散率是热传导率、比热容和密度的函数。在相同温度梯度下，$\lambda$ 越大，传导的热量越多。$\rho \cdot C_P$ 是体积热容量，单位体积 $\rho \cdot C_P$ 越小，温度升高1℃所吸收的热量越少。

# 3 倾斜狭缝射流换热特性研究

## 3.1 多功能冷却实验平台构建

根据倾斜条件下单束射流和多束阵列射流实验要求，构建了多功能冷却实验平台，如图 3-1 所示。实验设备由加热系统（陶瓷加热板、加热炉等）、供水系统（供水泵、供水管路、控制阀组、测量仪表等）、数据采集系统（热成像仪、热电偶温度采集装置等）、图形采集系统（高速摄像机）、实验平台和相关仪器仪表等组成。水泵的流量范围为 1.5～30L/min，喷嘴高度可调范围为-400～400mm，射流倾角的调整范围为-90°～ 90 °。

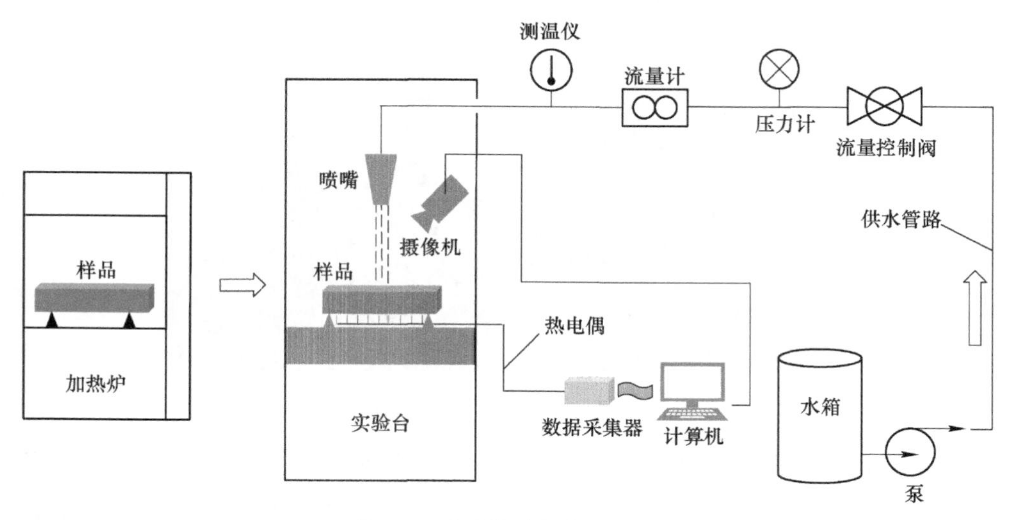


图 3-1　多功能冷却实验平台

加热系统主要采用两种方式，加热温度较低时采用陶瓷加热板，如图 3-2 所示。为了维持较好的加热性能及保温性能，用耐高温保温材料氧化铝保温砖搭建了加热平台基座，减少了加热过程中的热量耗散，保证了较高的加热效率及均匀性。加热温度较高时采用箱式电阻炉（SX2-10-12）加热，加热系统可将实验钢板加热到1050℃，并保证钢板的温度偏差为±5℃。

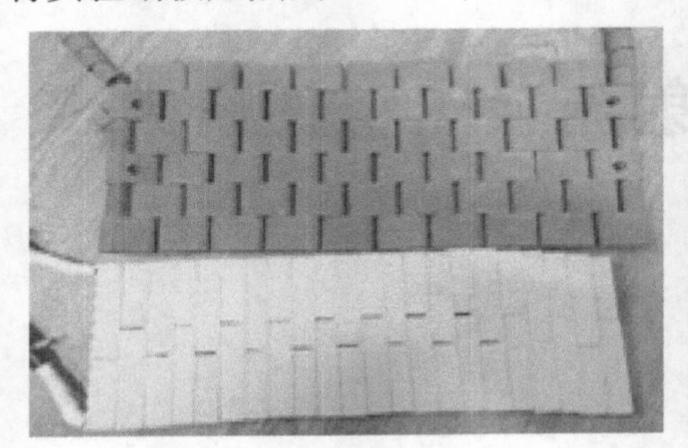

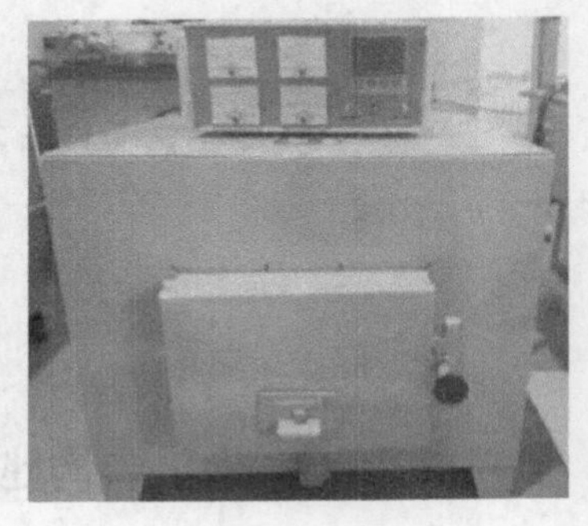

图3-2　加热装置

图3-3所示为可移动实验平台，由混合式步进电机、直线导轨和方形滑块平台、绝热装置组成。直线导轨由铝合金外壳和导程为1.2m的滚珠丝杆构成。步进电机进角为1.2°，频率为9999Hz，步进电机可以实现方形滑块平台的双向移动，便于钢板在冲击冷却实验中的正向和逆向移动。

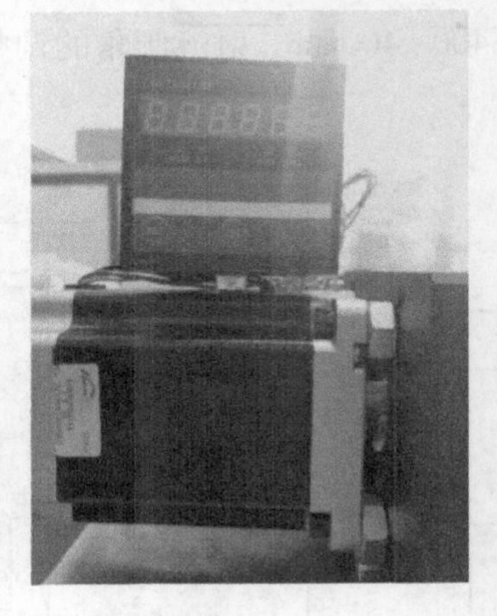

图3-3　移动实验平台示意图

数据采集系统主要包括温度采集系统和图像采集系统。温度采集系统负责采集实验钢板加热和冷却过程中的瞬时温度信息，主要包括收集实验数据的采集器以及测量实验数据的热电偶。其中数据采集器为日本图技GRAPHTEC GL220，具有10通道电压、湿度、温度数据记录功能，最小采样频率为10ms，并支持USB接口，如图3-4所示。实验过程选用温度数据记录功能，并按照频率为100ms采集实验数据，通过USB将实验数据保存至电脑进行后续处理。

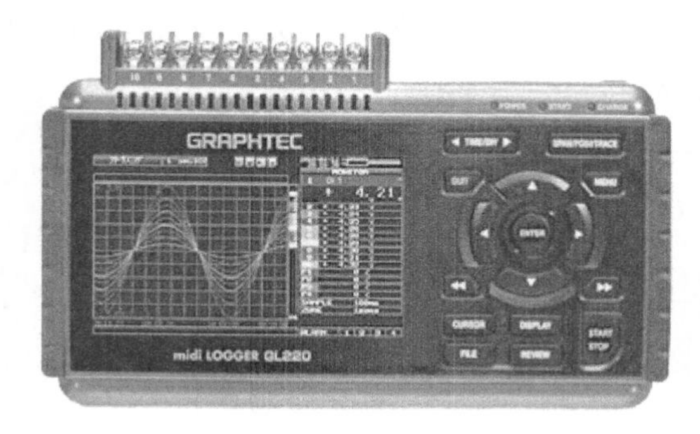

图 3-4 实验用温度采集装置及工业摄像头照片

实验过程中，首先将实验钢打磨抛光，利用加热系统将其加热至指定温度。与此同时，调整喷射集管高度、角度等至设定实验条件。将实验钢板快速移动到实验平台，待钢板温度达到开冷温度时进行射流冲击换热实验，相关温度数据和视频信息由数据采集系统收集获得。在此基础上，通过反传热模型计算获得钢板表面温度和热流密度等信息[132]，利用图像分析软件分析获得钢板表面沸腾现象演变过程信息。

## 3.2 静止状态下狭缝式射流冲击沸腾换热研究

如图 3-5 所示，采用 SolidWorks 建模，喷嘴长度为 110mm、入水口直径为 12mm、狭缝宽度分别为 0.5mm、1.0mm、1.5mm、2.0mm。设计完成后，利用 3D 打印技术制作狭缝喷嘴。为保证喷嘴内部壁面光滑，将喷嘴分为对称两部分，然后粘合在一起，如图 3-6 所示。

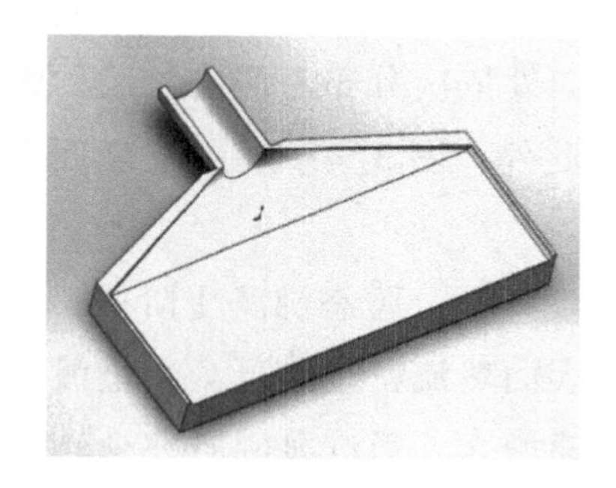

图 3-5 SolidWorks 建模

图 3-6 3D 打印狭缝喷嘴

试样采用 304L 不锈钢，尺寸为 20mm×80mm×150mm，在距离钢板表面 2.5mm 处插入 7 根热电偶，深度为 30mm，孔径为 3mm，水温为 10℃，狭缝喷嘴出口距冲击线的高度为200mm，开冷温度为700℃，实验及热电偶布置如图3-7所示。

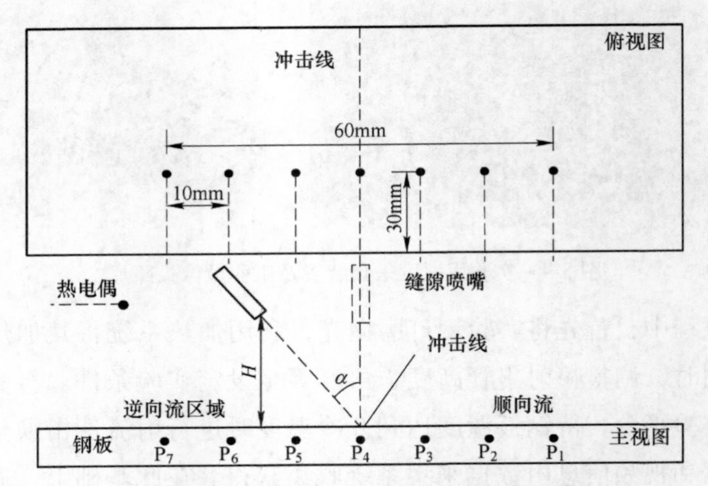


图3-7 静止射流冲击示意图及热电偶分布

### 3.2.1 狭缝射流冲击换热基本属性研究

图3-8所示为在狭缝喷嘴宽度为2mm、射流流量为15L/min条件下的垂直射流冲击过程。在0.07s时，在冲击区域出现黑色的润湿区，冲击区外射流流体形成平行流迅速覆盖钢板表面，在高温钢板表面形成蒸汽膜。图3-9为换热区域分布图，再润湿前沿是干燥区转变为润湿区的狭窄过渡沸腾区，$r_w$位于过渡沸腾区内[133]。在某一时刻达到最大热流密度的位置用$r_{MHF}$表示，其位置在再润湿前沿区域靠内的位置处。达到$r_{MHF}$的时刻$t_{MHF}$为过渡沸腾转换为核沸腾状态的时刻。在钢板表面沿冲击线向外依次分布着膜态沸腾、瞬态沸腾、核态沸腾、单相强制对流换热区域。此外，图3-9中展示了表面温度$T_s$和热通量$q_s$与冲击线距离$r_m$的典型分布。

图3-10为瞬态换热时表面温度与热流密度曲线。膜态沸腾Ⅰ阶段，冷却水与钢板表面的蒸汽膜阻碍了换热的进行，表面热流密度较低。在过渡沸腾阶段Ⅱ，伴随着蒸汽膜被打破，热流密度迅速增大。当过渡沸腾完全转变为核沸腾时，热通量达到最大值，此时钢板表面温降最为剧烈。随后，换热进入到核态沸腾阶段Ⅲ，保持着较高的热通量。随着钢板表面温度降低，换热过程进入到单相强制对流换热阶段Ⅳ。由于钢板表面温度较低，此阶段的热

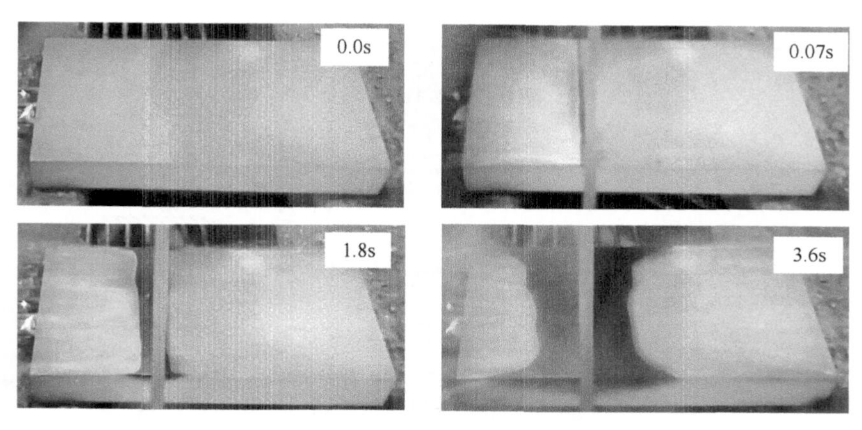


图 3-8 垂直狭缝射流冲击过程

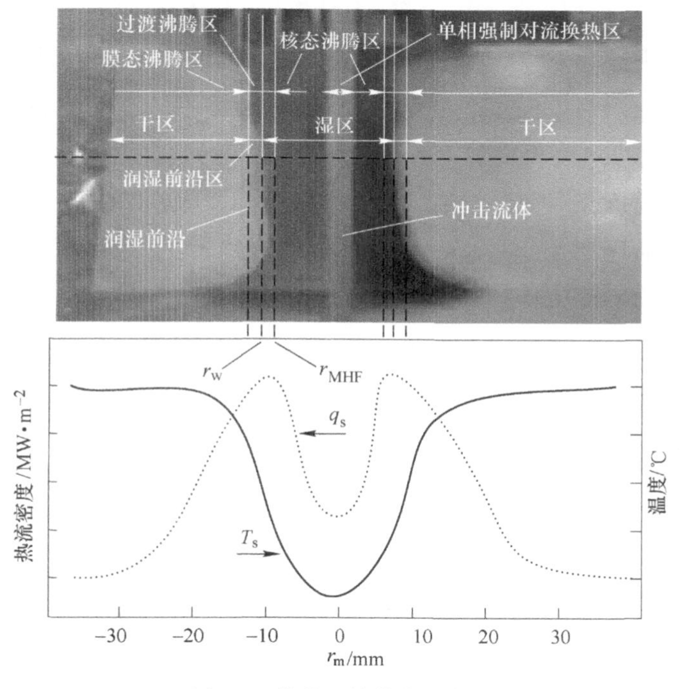


图 3-9 换热区域分布示意图

通量也较低。

射流冲击冷却过程可描述为流动沸腾换热过程，流动沸腾与池沸腾换热有着巨大的差异。钢板表面的流场分布会对沸腾过程产生复杂的影响。在流动沸腾中生成气泡的尺寸和生命周期会随着流速、过冷度和热流密度的增加

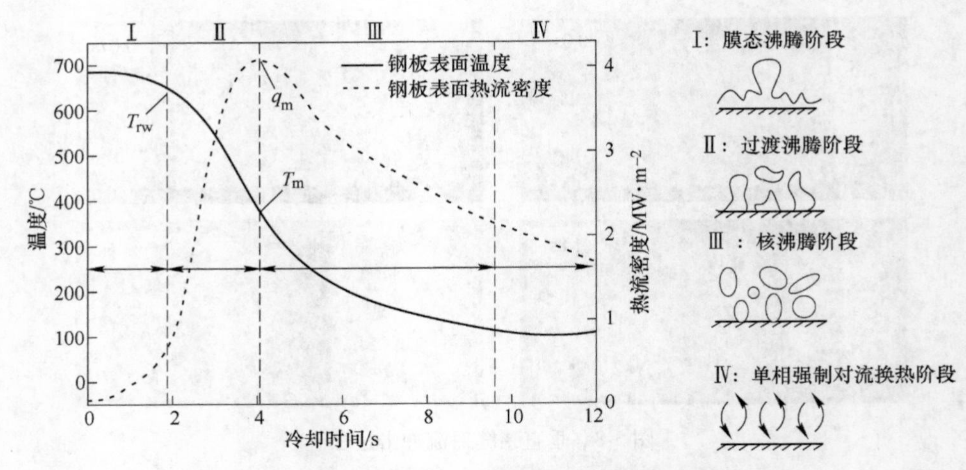


图 3-10 瞬态换热时表面温度与热流密度曲线

而减小。经过观察还发现，当表面过热温度提高时，气泡生成速度与生成频率有着显著增加。当壁面过热度增加 1.5K 时，沸腾气泡的生存时间由 130ms 降至 5ms。壁面过热度再增加 10K 时，沸腾气泡的生存时间会低至 2ms。在很大的表面过热温度条件下，文献［134］表明 $10^3$ 帧/秒的摄像器材都不足以拍摄气泡的生命周期变化过程，因此，在大过冷度的流动沸腾冷却时可能看起来像没有气泡一样。

图 3-11 中 $T_{sat}$ 为沸腾临界温度，$T_s$ 为表面温度，$T_L$ 为液体平均温度。在 A 与 B 之间布置了加热装置。可以看到随着 $T_L$ 的升高，气泡的尺寸与生产频率都有着明显的增加[135]。

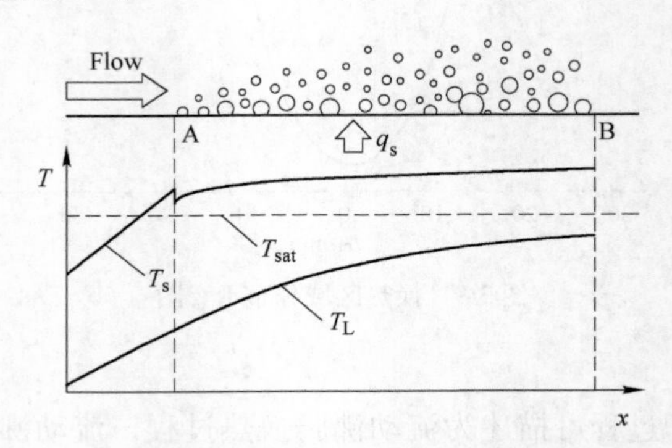


图 3-11 在管道下方加热时的气泡生成状态

从图 3-12 中可看出[136]，热流密度越大，沸腾气泡的尺寸与生命周期都

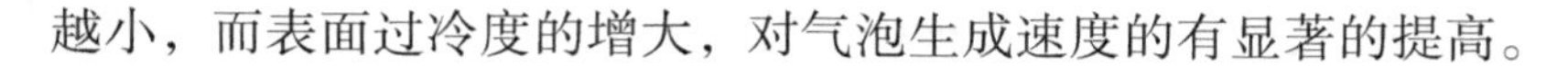

越小，而表面过冷度的增大，对气泡生成速度的有显著的提高。

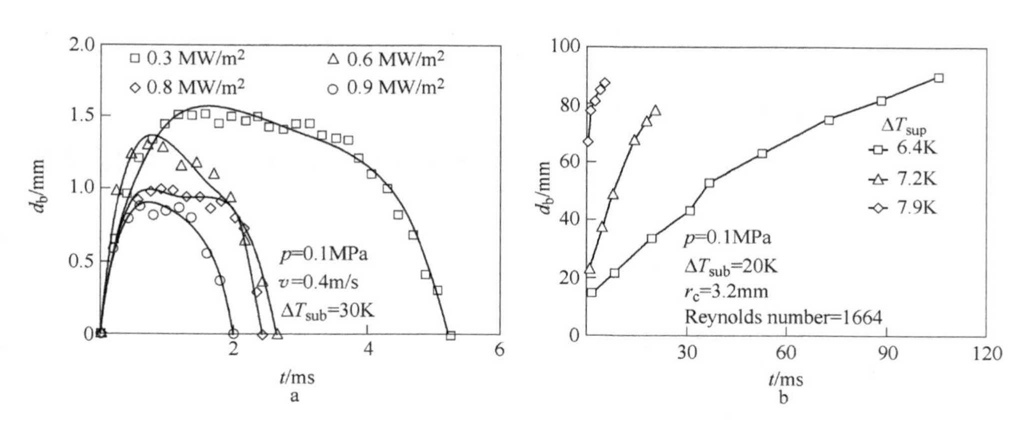


图 3-12 气泡生成、尺寸及影响因素

a—热流密度对气泡尺寸的影响；b—表面过冷度对气泡生成速度的影响

许多学者针对各阶段换热模型开展了研究工作。膜沸腾状态的换热主要是对流换热和辐射换热，可以用 Bereson 公式计算。

$$h = 0.425\left[\frac{g(\rho_f - \rho_g)\rho_g k_g^3 h'_{fg}}{\mu_g(T_w - T_{sat})\lambda_\tau}\right]^{1/4} + 0.75\varepsilon\sigma_{SB}\frac{T_w^4 - T_{sat}^4}{T_w - T_{sat}} \tag{3-1}$$

式中，$h'_{fg} = h_{fg} + 0.5c_{p,g}(T_w - T_{sat})$；$\lambda_\tau = \sqrt{\frac{\sigma}{g(\rho_f - \rho_g)}}$。

在射流冲击条件下，瞬态沸腾的区域在完全润湿区域的外侧。其与核沸腾换热的一个重要区别是表面流场的变化对瞬态沸腾产生显著影响。表面流场的紊流强度增加了对沸腾气泡的扰动，使气泡分裂成多个小气泡并增加其脱离频率，进而增强换热强度。

在核态沸腾阶段，冷却水相变为气态过程带走大量热量。Misutake 系统地研究了水温对沸腾现象的影响，他们发现随着水温的下降，核沸腾和瞬态沸腾区域的宽度也逐渐增加。根据对实验数据的分析，他们还总结出核态沸腾和单相对流换热区域随时间变化的函数关系[137]，其表达形式为：

$$r_{wet} = at^n \tag{3-2}$$

式中 $r_{wet}$——润湿区域半径，mm；

$a$，$n$——实验测定常数；

$t$——冷却时间，s。

平面上核沸腾换热系数可用 Rosenhow 公式计算：

$$h = \mu_f h_{fg} \left[\frac{g(\rho_f - \rho_g)}{\sigma}\right]^{1/2} \left[\frac{c_{p,f}}{c_{s,f} h_{fg} Pr_f}\right]^3 (T_w - T_{sat})^2 \tag{3-3}$$

式中 $Pr_f$——流体的普朗特数；

$c_{s,f}$——经验系数，与流体与表面材质相关（水冲击抛光不锈钢表面时 $c_{s,f} = 0.013$）；

$c_{p,f}$——流体比热容，J/(kg·K)；

$\mu_f$——流体黏度系数，N·s/m$^2$；

$h_{fg}$——蒸发相变潜热，J/kg；

$\rho_f$——流体密度，kg/m$^3$；

$\rho_g$——蒸汽密度，kg/m$^3$；

$\sigma$——表面张力系数，N/m。

单相自然对流阶段主要的换热机理为自然对流换热，此时即使生成了气泡也会很快的溶解。在单相自然对流区域，表面热流密度随着距离冲击点的距离而变化，流体状态对换热系数产生直接的影响。在距离冲击点足够远的区域，流体状态稳定时，对流换热系数可认为是常数。Hauksson 等[138]对冲击点处的单相对流换热进行了研究，他们的研究结果证明，冲击区域的压力会影响流体过冷度和表面过热度。提高冲击点处的压力使冷却水的沸腾温度增加了 5℃。平面上的单相对流换热可以用 Fishenden-Saunders 公式计算：

$$\frac{hL}{k_f} = 0.15 Ra_L^{1/3} \quad (10^7 < Ra_L < 10^{10}) \tag{3-4}$$

式中 $h$——换热系数，W/(m$^2$·K)；

$L$——特征长度，m；

$k_f$——流体导热系数，W/(m·K)。

### 3.2.2 倾角对换热属性的影响

狭缝喷嘴角度对换热能力和冷却均匀性有重要影响。图 3-13 为静止状态下不同角度狭缝射流冲击的热流密度曲线，包括冲击线处（图 3-7 中热电偶 $P_4$ 处）和距冲击线 $d = \pm 30$mm 处（热电偶 $P_1$ 和 $P_7$ 处）。图 3-13a 和 b 表明不同倾角条件下滞止点处的热流密度峰值（Maximum Heat Flux，MHF）约为

4.42MW/m²，达到热流密度峰值对应钢板表面温度为 520℃。随着倾角从 0°增大到 45°，顺向流区域 $d=30$mm 处的热流密度峰值（MHF）从 3.6 增加到 4.0MW/m²，相应的表面温度从378℃增大到400℃，如图3-13c 和 d 所示。逆向流区域 $d=-30$mm 处的 MHF 从 3.64MW/m² 下降到 2.98MW/m²，对应的表面温度从 358℃下降到 220℃，如图 3-13e 和 f 所示。Chester 等人发现倾斜程度增加，逆向平行流流量减小，换热能力有所下降，逆向平行流区域的再润湿前沿扩展速度下降[139]。不同倾角条件下，冲击线处的再润湿过程十分迅速，约为0.06~0.08s[140]。不同倾角条件下，冲击点处 $t_{MHF}$ 也基本相同，约为 1.8s。随着距冲击线距离的增加，再润湿延迟十分明显。由于倾角的存在，顺向、逆向平行流的动能不同，沿冲击线两侧相对称位置处的 $t_w$ 和 $t_{MHF}$ 也有所不同。顺向流区域内，平行流动动能较大，促进再润湿前沿处沸腾气泡的脱离，加速了润湿区的扩展。相反，逆向平行流的动能较小，再润湿前沿扩展相对缓慢[141,142]。

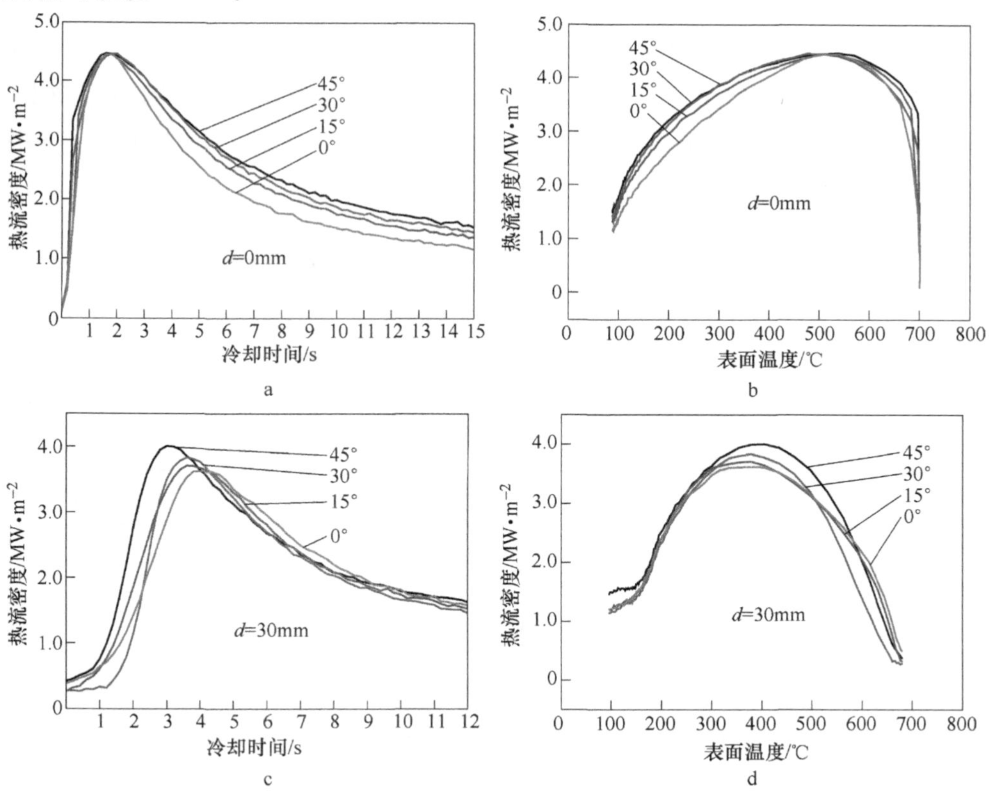

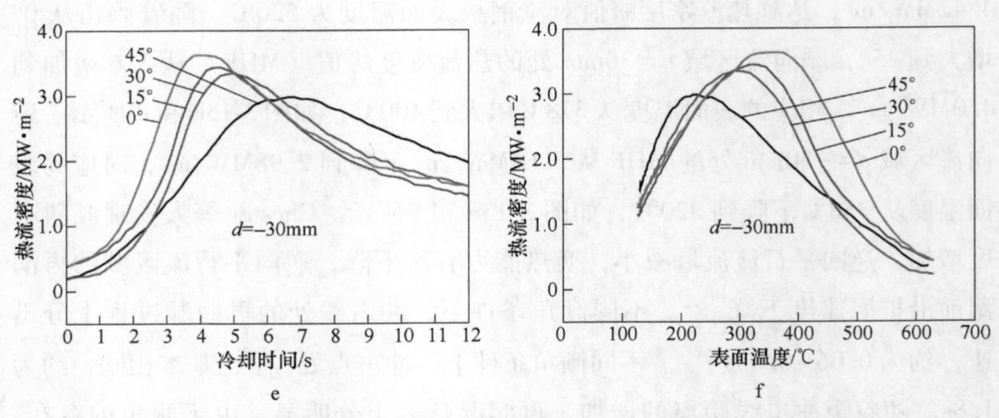


图 3-13 不同角度下冲击线、$d=30$mm 和 $d=-30$mm 处的热流密度曲线

## 3.3 运动状态下狭缝射流冲击换热属性研究

### 3.3.1 运动过程条件下的狭缝射流冲击基本换热特征

运动射流冲击示意图及热电偶分布如图 3-14 所示。将运动时的实验过程定义为：①垂直射流冲击，射流流体垂直冲击在钢板表面；②顺向射流冲击，钢板相对喷嘴的运动方向与喷嘴倾斜射流方向相同；③逆向射流冲击，钢板相对喷嘴的运动方向与喷嘴倾斜射流方向相反。

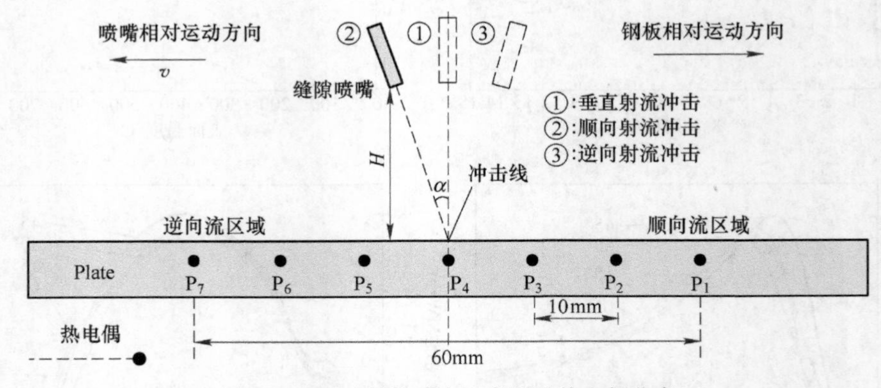


图 3-14 运动射流冲击示意图及热电偶分布

开冷温度 700℃、水温 15℃、狭缝宽度 2mm、流量 15L/min、喷射角度 15°、相对运动速度 $u=15$mm/s 条件下的的射流冲击冷却过程图像如图 3-15 所示。分析可知，虽然倾角的存在和相对运动阻碍了平行流向逆向区域流动，

但射流逆向区的钢板表面仍然可以观测到平行流以及冷却水与钢板表面形成的蒸汽膜[143]。随着钢板运行，射流流体冲击高温钢板表面形成的再润湿前沿呈一条直线向未润湿区发展，润湿区不断扩大，具有较高的换热系数，钢板表面温度迅速降低。运动条件下倾斜射流冲击流体结构和换热区域分布如图3-16所示。换热区域的分布从左向右依次为小液滴聚集区、膜态沸腾区、过渡沸腾区、核态沸腾区和单相强制对流换热区。这与静止条件的射流冲击换热区域分布存在明显的差异，有助于提高换热均匀性和同步性。

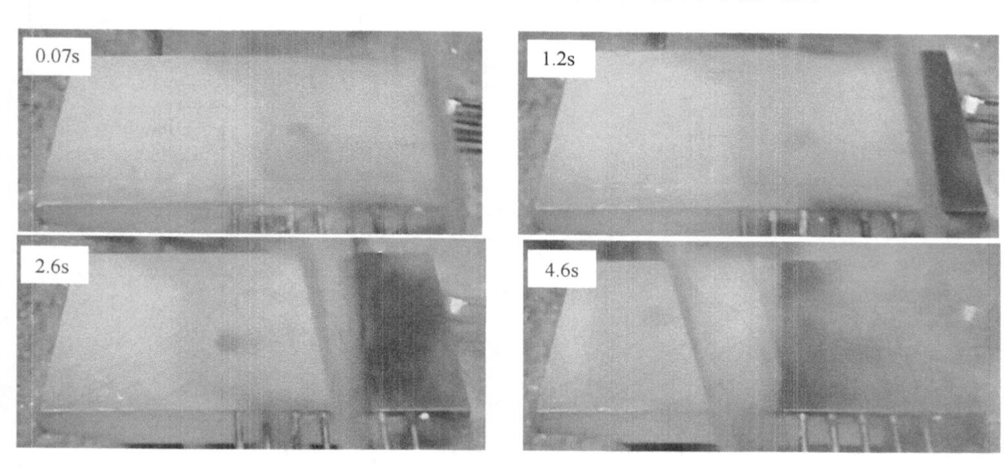


图 3-15 顺向运动射流冲击换热过程

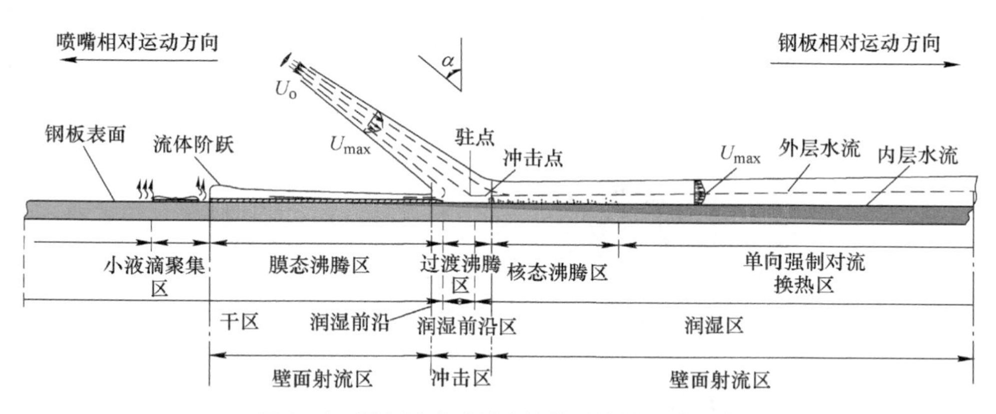


图 3-16 顺向运动时射流结构及换热区域分布

### 3.3.2 倾角对换热属性的影响

倾斜角度-15°、0°（垂直）、15°、30°、45°条件下的热流密度曲线如图

3-17所示。喷嘴角度从 0°增大到 45°显著提高了换热能力，热流密度峰值从 4.51～4.69MW/m² 增大到 5.09～5.31MW/m²，增幅 12.8%～13.2%，如图 3-18所示。倾角增加，顺向平行流增加，逆向平行流减少，弱化了预积水对

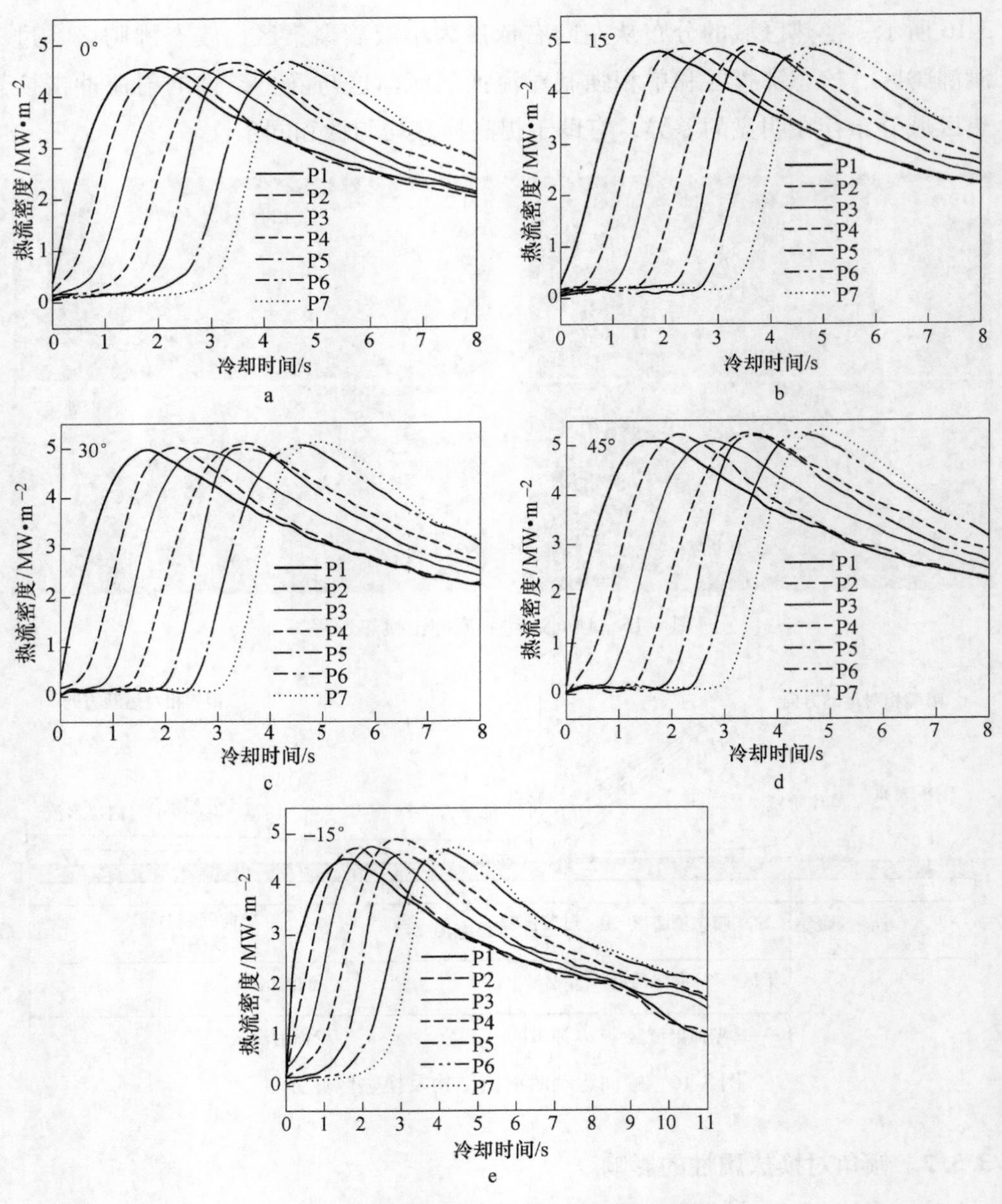

图 3-17 不同射流角度的热流密度曲线

换热强度的影响。图 3-19 所示为不同倾角条件下的过渡沸腾区宽度 $r_{MHF}-r_w$（$r_{MHF}$最大热流密度的位置，$r_w$ 润湿前沿位置）和时间 $t_{MHF}-t_w$（$t_w$ 润湿延迟时间）。随着倾角从 0°增大到 45°，$t_{MHF}-t_w$从 2.35s 降低至 1.6s。相应的过渡沸腾区宽度 $r_{MHF}-r_w$从 35mm 减小至 22mm。原因在于倾角增大，顺向平行流增大，缩短了达到核沸腾的时间。

相对运动方向对换热过程有重要的影响。前文述及，在顺向运动时，再润湿前沿呈一条直线，热流密度曲线间距均匀分布。然而，逆向运动时（倾角为−15°），热流密度曲线间的同步性较差，甚至相互交叉，如图 3-17e 所示。另一方面，如图 3-20 所示，逆向运动射流冲击过程中，再润湿前沿呈一条曲线。可以观察到，大流速顺向平行流和飞溅的液滴流向未润湿区，产生了不均匀的再润湿过程。这种不均匀现象在钢板的边缘更为显著[144]。

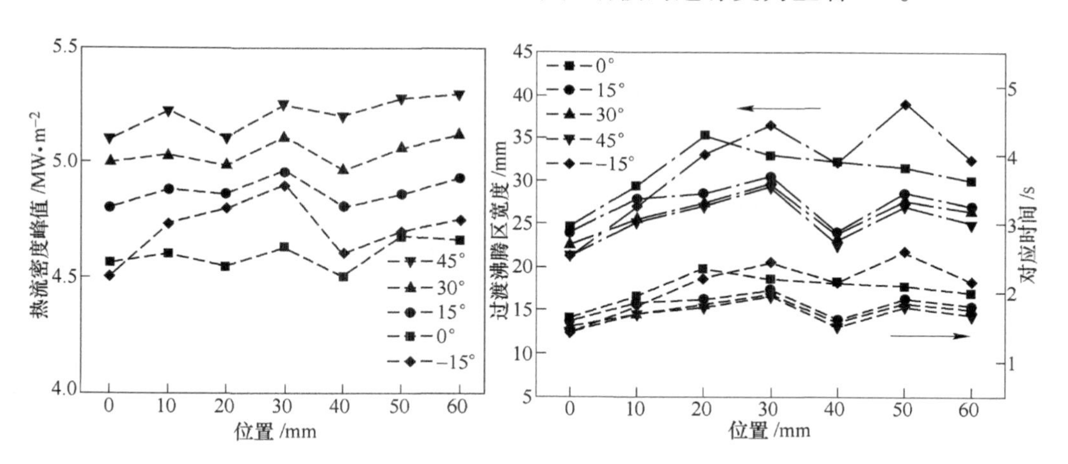


图 3-18 不同倾斜角度的 MHF　　　图 3-19 不同倾斜角度的 $t_{MHF}-t_w$和 $r_{MHF}-r_w$

图 3-20 逆向运行射流冲击冷却过程

### 3.3.3 相对运动速度对换热属性的影响

图 3-21 所示为不同运动速度条件下的热流密度峰值分布。相对运动速度从 20mm/s 降低至 10mm/s，热流密度峰值从 4.55~4.66MW/m$^2$ 增加至 4.83~4.95MW/m$^2$。相对而言，较低运动速度延长了局部射流冲击时间，促使努赛尔数增大[145]。但当相对运动速度由 15mm/s 进一步降低至 10mm/s 时，MHF 的变化不明显。同样，相对运动速度对再润湿延迟时间 $t_w$ 和到达 MHF 的时间 $t_{MHF}$ 有很大的影响。随着相对运动速度从 10mm/s 增至 20mm/s，相邻热流密度曲线间的 $t_w$ 明显减小。过渡沸腾时间 $t_{MHF}-t_w$ 从 1.75s 降至 1.64s。过渡沸腾区宽度 $r_{MHF}-r_w$ 从 17mm 增大到 27mm，相对运动速度增大使热流密度峰值位置向钢板下游区域偏移。如图 3-22 所示。

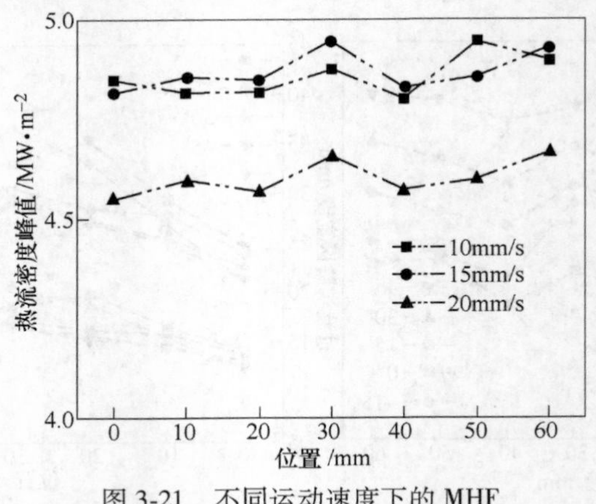


图 3-21 不同运动速度下的 MHF

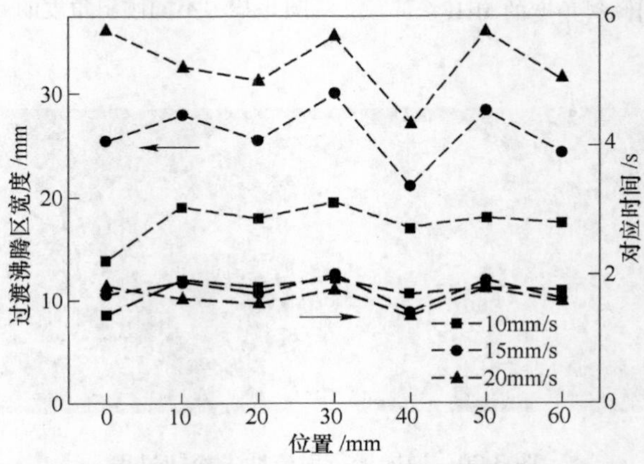


图 3-22 过渡沸腾区宽度 $r_{MHF}-r_w$ 及相应时间 $t_{MHF}-t_w$

## 3.4　狭缝射流冲击冷却换热数值分析

### 3.4.1　努赛尔数计算及射流冲击换热区域特性分析

努赛尔数（Nusselt number）常用 $Nu$ 表示，是流体力学中的一个无量纲数。$Nu$ 的物理意义是表示对流换热强烈程度的一个准数，其中对流换热量包括对流换热和热量耗散。又表示流体层流底层的导热阻力与对流传热阻力的比值。较大的努赛尔数对应较强的换热能力，一般紊流条件下 $Nu$ 的范围为100~1000。其计算关系式是：

$$Nu = \frac{hL}{k} \tag{3-5}$$

式中　$L$——传热面的几何特征长度，垂直于传热面方向的尺度，m，如热管的直径，传热层的厚度等；

$h$——流体的对流传热系数，W/(m²·K)；

$k$——静止流体的导热系数，W/(m·K)。

基于表面流层厚度与边界层厚度，可以将表面换热过程定义为四种机理。

区域一（冲击区域，$0 \leqslant \bar{\gamma} \leqslant 1$）：

当 $0.7 \leqslant Pr \leqslant 3$ 时，

$$Nu_{\mathrm{J}} = 0.7212\, Re_{\mathrm{J}}^{\frac{1}{2}} Pr_{\mathrm{L}}^{0.4} \tag{3-6}$$

当 $3 \leqslant Pr \leqslant 10$ 时，

$$Nu_{\mathrm{J}} = 0.7212\, Re_{\mathrm{J}}^{\frac{1}{2}} Pr_{\mathrm{L}}^{0.37} \tag{3-7}$$

区域二（$1 \leqslant \bar{\gamma} \leqslant 0.1773\, Re_{\mathrm{J}}^{\frac{1}{3}}$）：

在这个区域，动量与热力边界层的厚度都小于流层厚度。

$$Nu_{\mathrm{J}} = 0.668 \frac{Re_{\mathrm{J}}^{\frac{1}{2}}\, Pr_{\mathrm{L}}^{\frac{1}{3}}}{\bar{\gamma}^{\frac{1}{2}}} \tag{3-8}$$

区域三 $\left(0.1773 Re_{\mathrm{J}}^{\frac{1}{3}} \leqslant \bar{\gamma} \leqslant 0.5554 \dfrac{Re_{\mathrm{J}}^{\frac{1}{3}}}{(50 - 5.147 Pr_{\mathrm{L}})^{\frac{1}{3}}}\right)$：

在这个区域，动量边界层的厚度与流层厚度相等，而热力边界层的厚度依然小于流层厚度。

$$Nu_{\mathrm{J}} = 1.5874 \frac{Re_{\mathrm{J}}^{\frac{1}{3}} Pr_{\mathrm{L}}^{\frac{1}{3}}}{\left(25.735 \frac{\bar{\gamma}^{3}}{Re_{\mathrm{J}}} + 0.8566\right)^{-\frac{2}{3}}} \tag{3-9}$$

区域四 $\left(\bar{\gamma} > 0.5554 \frac{Re_{\mathrm{J}}^{\frac{1}{3}}}{(50 - 5.147 Pr_{\mathrm{L}})^{\frac{1}{3}}}\right)$：

在这个区域，动量与热力边界层的厚度均达到流层厚度。

$$Nu_{\mathrm{J}} = \left(\frac{4\bar{\gamma}^{2}}{Re_{\mathrm{J}} Pr_{\mathrm{L}}} + C\right)^{-1} \tag{3-10}$$

式中

$$C = \frac{2.67\bar{\gamma}^{2}}{Re_{\mathrm{J}}} + \frac{0.089}{\bar{\gamma}}$$

可以看出换热能力在区域一最高，然后有着显著的降低。

工程应用往往关注冲击射流的平均换热特征。马重芳等人[146]综合大量文献的数据，给出了有关平均传热系数的计算方法。这些经验关联式的适用范围是：$2000 \leqslant Re \leqslant 400000$，$2 \leqslant H/D \leqslant 12$。

对单个圆形射流：

$$\frac{\overline{Nu}}{Pr^{0.42}} = G\left(\frac{r}{D}, \frac{H}{D}\right) F(Re) \tag{3-11}$$

式中

$$G\left(\frac{r}{D}, \frac{H}{D}\right) = \frac{D}{r} \frac{1 - 1.1\frac{D}{r}}{1 + 0.1\left(\frac{H}{D} - 6\right)\frac{D}{r}}$$

$$F(Re) = 2\left[Re\left(1 + \frac{Re}{200}\right)^{0.55}\right]^{0.5} \tag{3-12}$$

对于由多股圆形射流排列的射流矩阵，其传热系数的计算方法为：

$$\frac{\overline{Nu}}{Pr^{0.42}} = \left(1 + \frac{H}{0.6D}\sqrt{f}\right)^{-0.06} \frac{\sqrt{f}(1 - 2.2\sqrt{f})}{1 + 0.2\left(\frac{H}{D} - 6\right)\sqrt{f}} Re^{\frac{2}{3}} \tag{3-13}$$

式中 $f$——相对喷嘴面积。

## 3.4.2 单束倾斜射流冲击流体属性数值分析

### 3.4.2.1 倾角对流体属性的影响

图 3-23 所示为 15°、30°、45°、60°狭缝倾斜射流冲击流体状态，倾斜射流冲击钢板表面后形成水平方向上的平行流。由于倾角存在，平行流沿冲击线向两侧不均匀分布，顺向流区域显著大于逆向流区域，这将直接影响两侧区域内换热效果。

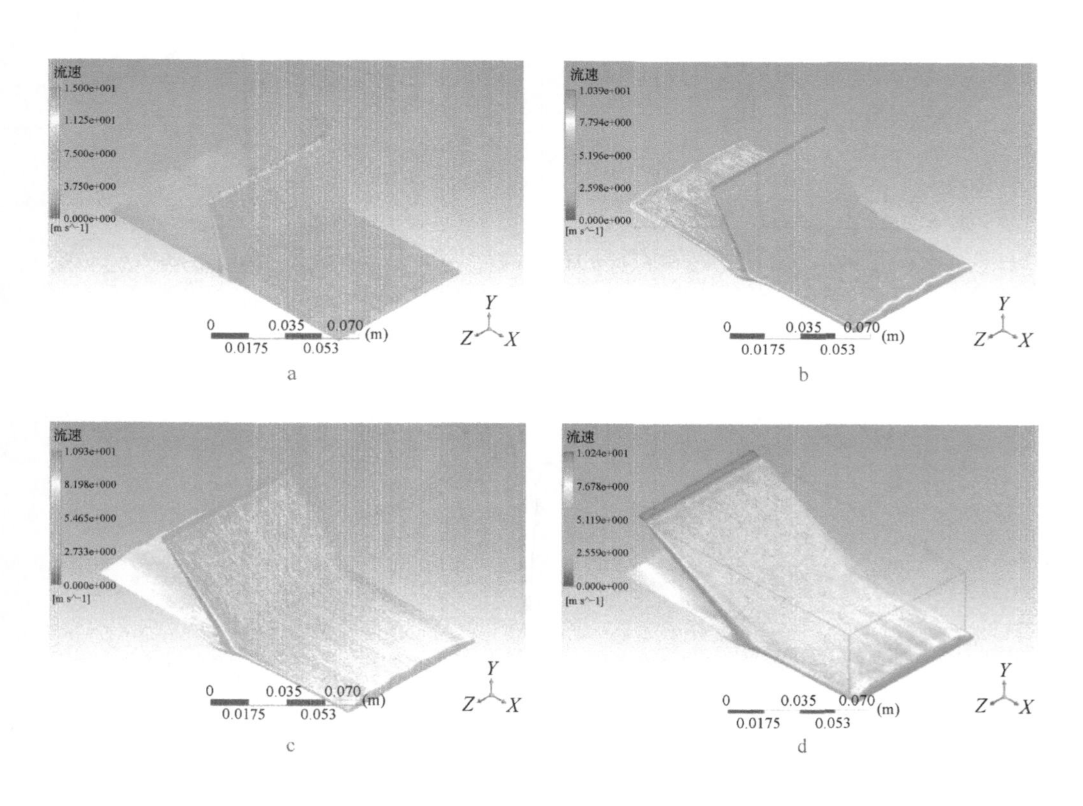


图 3-23 狭缝倾斜射流冲击流体状态

a—倾斜 15°射流；b—倾斜 30°射流；c—倾斜 45°射流；d—倾斜 60°射流

图 3-24a 所示为不同倾角条件下的压力分布。由图可知，滞止线附近的压力最大。随着距滞止线距离的增加，表面压力显著降低。倾角由垂直 0°增大到 60°时，冲击压力峰值显著减小，由 27.1kPa 减小至 8.5kPa。峰值位置

随滞止区变化，向射流源方向偏移。喷嘴出口的射流速度为 10m/s，倾角由 0°增大到 60°时，在-10mm 处流速从 9.4m/s 减小到 6.7m/s，而在 10mm 处流速从 9.3m/s 增大到 11.1m/s，如图 3-24b 所示。雷诺数可由流速计算获得，因此雷诺数的分布与流速的分布趋势相同。在距冲击线-10mm 处，随着角度从 0°增大到 60°，雷诺数从 55574 减小至 40231。在距冲击线 10mm 处，随着角度从 0°增大到 60°，雷诺数从 55464 增加至 64421，如图 3-24c 所示。

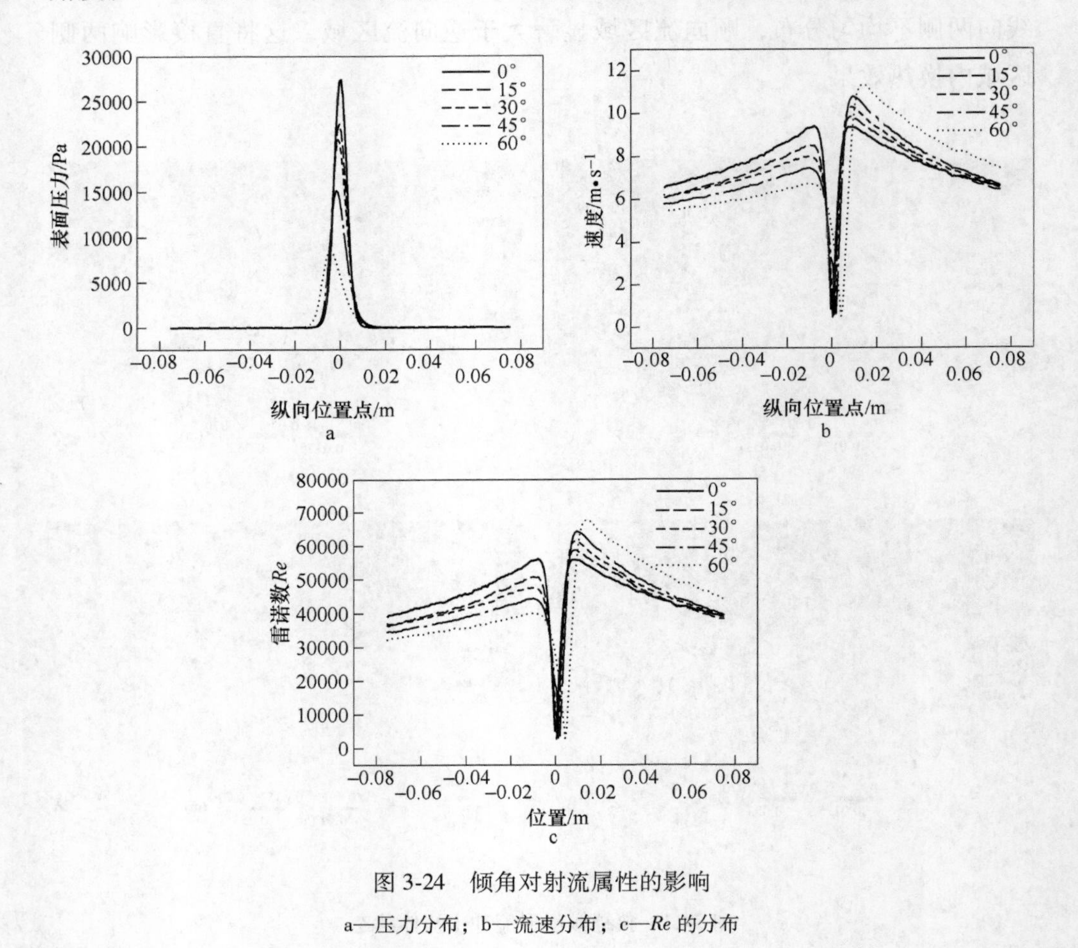


图 3-24 倾角对射流属性的影响

a—压力分布；b—流速分布；c—*Re* 的分布

### 3.4.2.2 流速对流体属性的影响

图 3-25 所示为不同射流速度下的压力、流速和雷诺数分布。随着射流速度由 5m/s 增至 15m/s，冲击线处的压力由 6830Pa 增至 61570Pa。冲击线两侧

的最大流速从 4.65m/s 增至 14.19m/s，相应的雷诺数由 18507 增大到 56478。显然流速增大，射流至钢板表面的流体动能增大，有利于提升换热能力。

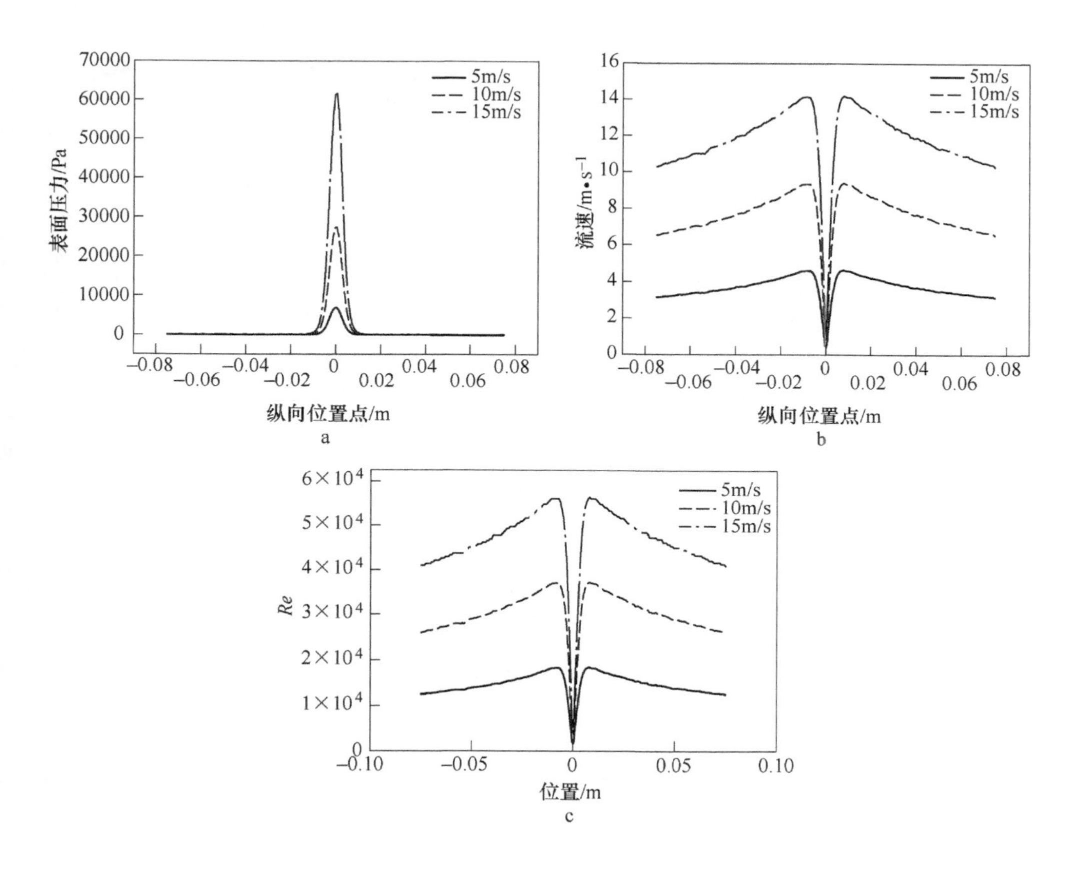


图 3-25 流速对射流属性的影响

a—压力分布；b—流速分布；c—*Re* 的分布

#### 3.4.2.3 狭缝宽度对流体属性的影响

图 3-26 所示为不同狭缝宽度下压力、流速和雷诺数分布。狭缝出口射流速度均为 10mm/s，随着狭缝宽度从 0.5mm 增加到 2mm，冲击线处的表面压力从 6183Pa 增至 27289Pa。冲击线两侧的最大流速从 8.0m/s 增至 9.4m/s。相应的雷诺数由 8830 增大到 37413。原因在于在射流速度相同的条件下，狭缝宽度增加，射流至钢板表面的冷却水质量增大，流体动能增大。因此在流速相同的条件下，狭缝宽度增大有利于换热能力。

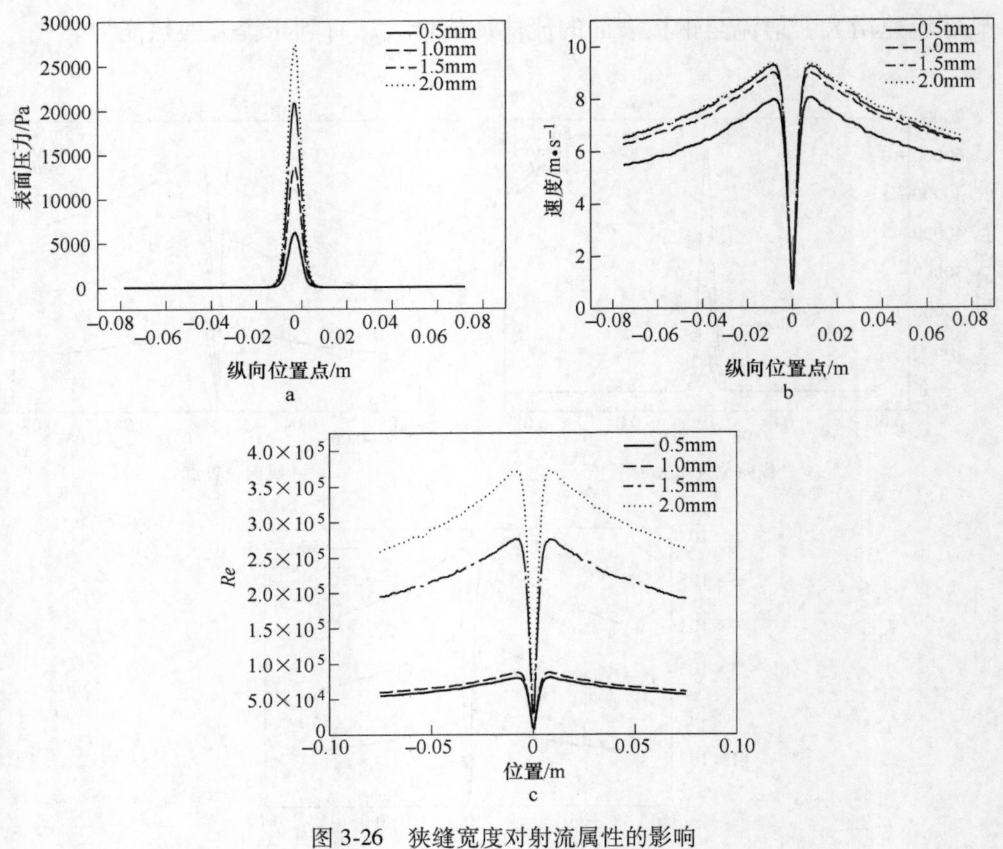


图 3-26　狭缝宽度对射流属性的影响

a—压力分布；b—流速分布；c—*Re* 的分布

### 3.4.3　多束狭缝射流冲击流体属性数值分析

对阵列狭缝喷嘴的射流情况进行模拟，狭缝喷嘴长度为 300mm，宽度为 2mm，高度为 30mm，狭缝喷嘴之间的距离设为 300mm，设定射流速度为 10m/s，在挡水辊距钢板高度为 10mm 的情况下进行数值模拟。图 3-27 为倾角 45°情况下的多组狭缝射流冲击流体特征，显然冲击线附近的冲击压力最大。而在距离下游冲击线逆向流区域 50mm 处，出现一条峰值略小的冲击压力线，这是因为钢板表面上游喷嘴顺向流和下游喷嘴逆向流相遇，产生干涉区。在干涉区的水流相互作用、碰撞甚至飞溅，进而增大对钢板表面的压力，增强换热能力。

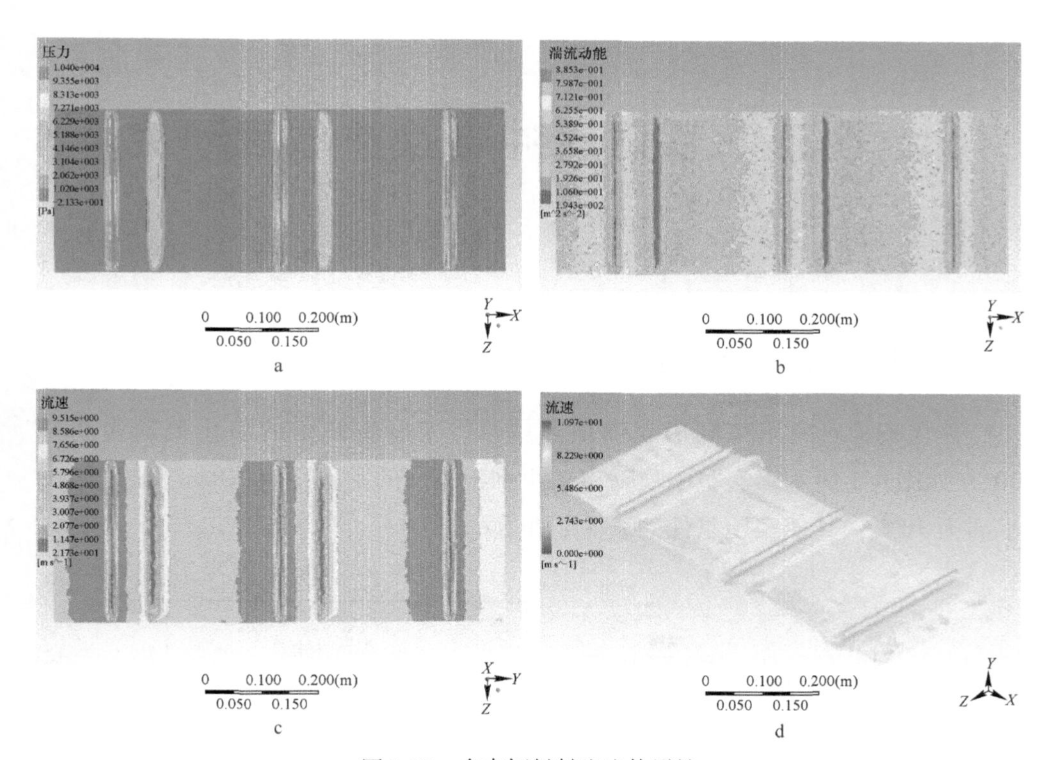


图 3-27 多束倾斜射流流体属性

a—压力分布；b—湍流动能分布；c—水平流速分布；d—水流速度矢量分布

# 4 圆形喷嘴射流冲击换热原理研究

## 4.1 单束射流冲击换热过程

建立实验研究单束圆形喷嘴换热属性，实验中倾角的变化范围为 0°~60°，如图 4-1 所示。实验中喷嘴出口距钢板表面的垂直距离 20mm 保持不变，水温为 10℃，其他实验条件如表 4-1 所示。

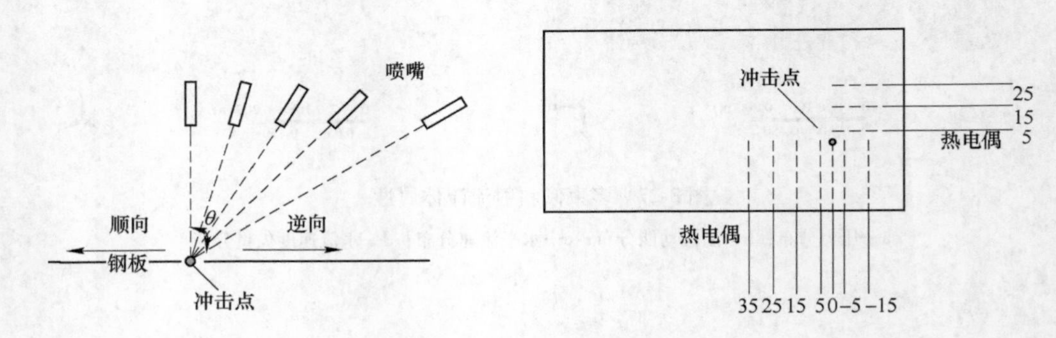


图 4-1 倾斜角度示意图

**表 4-1 不同倾斜角度下各实验参数**

| 实验序号 | 角度/(°) | 射流流速/m·s$^{-1}$ |
| --- | --- | --- |
| Test 1 | 0 | 7.96 |
| Test 2 | 15 | 7.96 |
| Test 3 | 30 | 7.96 |
| Test 4 | 45 | 7.96 |
| Test 5 | 60 | 7.96 |
| Test 6 | 30 | 2.65 |
| Test 7 | 30 | 3.98 |

## 4.1.1 单束圆形倾斜射流换热属性

### 4.1.1.1 基本换热属性研究

图 4-2 所示为 45°倾斜射流过程的视频图像。射流冲击 0.06~0.08s 后，射流冲击区域出现椭圆形的湿润区域。随着射流进程持续，再润湿前沿不断向外扩展。图 4-3 为典型的倾斜射流换热区域分布：冲击点附近不断扩展的润

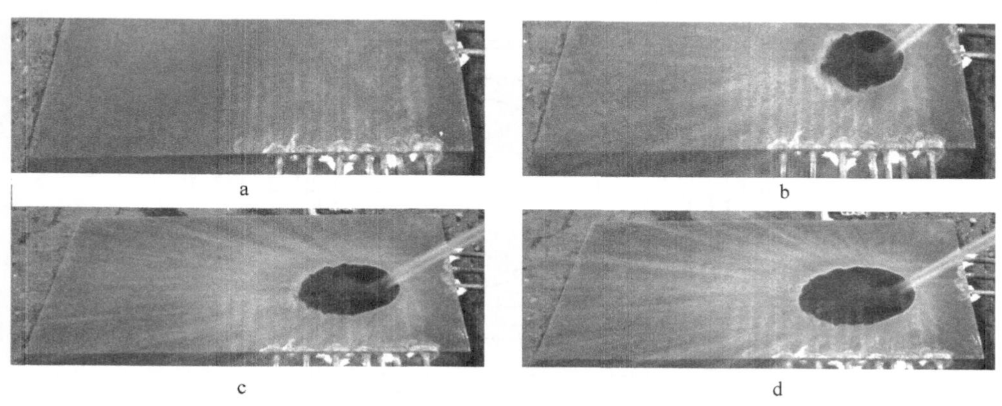


图 4-2 不同冷却时间的倾斜射流冲击截图

a—0s；b—0.1s；c—0.2s；d—0.3s

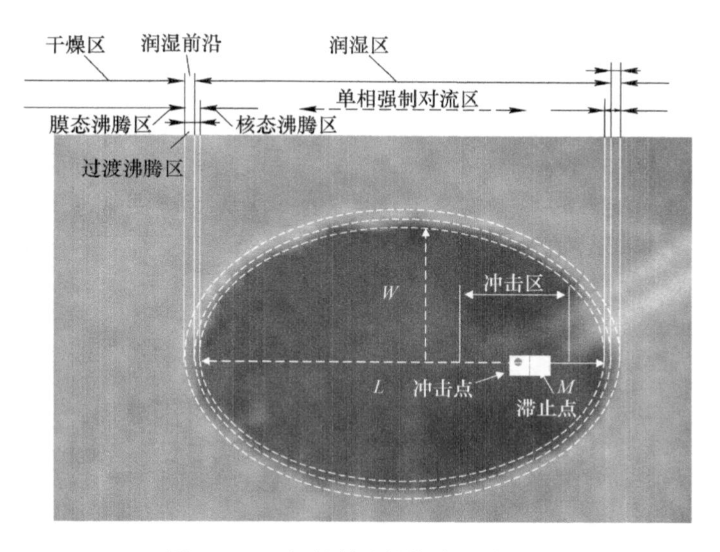


图 4-3 45°倾斜射流的换热区域分布

湿区域，环形的过渡区域及外围的未润湿区域。润湿区域呈现为近似椭圆形，各方向的再润湿行为表现出了明显的各向异性。在顺向流区域，水流速度较大，水流动能产生了较大的剪切力，同时微小气泡更易崩溃脱离。另一方面，顺向流再润湿前沿外围区域在较大流速的作用下，钢板表面温度相对较低。这进一步加速了再润湿前沿的扩展，加剧了湿润区域的不对称性。

图 4-4 为 45°倾斜射流冲击过程的润湿区域变化情况，润湿区域对应的尺

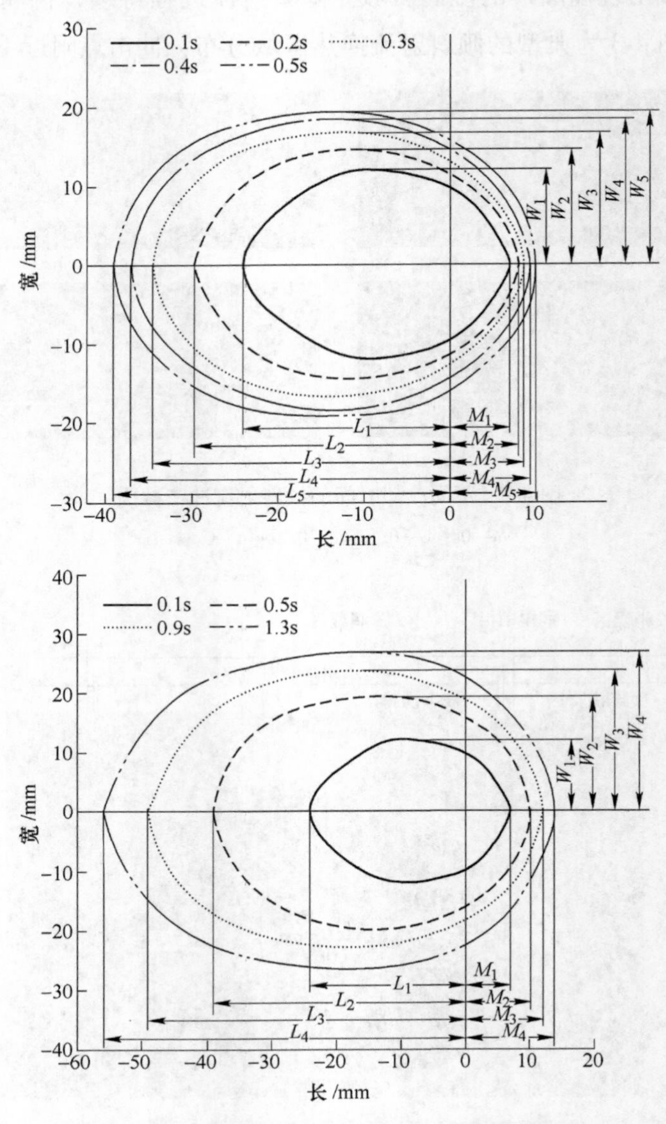


图 4-4 不同冷却时间的倾斜射流冲击再润湿前沿分布

寸见表 4-2，其中 $L$ 代表冲击点到润湿区域远端边缘的距离，$M$ 代表冲击点到润湿区域近端边缘的距离，$W$ 代表冲击中心线到润湿区域宽向边缘的距离。从图中可以看出顺向再润湿前沿扩展的很快，而逆向及侧向则扩展得相对较慢。在最开始的 0.1~0.5s 内，顺向再润湿前沿扩展的距离 $\Delta L$(14.9mm) 是侧向 $\Delta W$(7.1mm) 的 2.1 倍，是逆向 $\Delta M$(2.9mm) 的 5.1 倍。而在 0.9~1.3s 内，再润湿前沿扩展的距离 $\Delta L$(7.2mm)、$\Delta W$(3.1mm) 和 $\Delta M$(1.9mm)，相对于初始 0.5s 内，润湿区域扩展值相对减小。

**表 4-2 润湿区域尺寸**

| $t_i$/s | $L_i$/mm | $M_i$/mm | $L_i+M_i$/mm | $W_i$/mm |
|---|---|---|---|---|
| 0.1 | 24.1 | 6.9 | 31.0 | 12.1 |
| 0.2 | 29.3 | 7.9 | 37.2 | 14.6 |
| 0.3 | 34.3 | 8.6 | 42.9 | 16.9 |
| 0.4 | 36.8 | 9.3 | 46.0 | 18.3 |
| 0.5 | 39.0 | 9.9 | 48.9 | 19.2 |
| 0.9 | 48.9 | 11.9 | 60.8 | 23.6 |
| 1.3 | 56.0 | 13.8 | 69.8 | 26.7 |

#### 4.1.1.2 倾斜角度的影响

图 4-5 显示的是射流 0.3s 时刻各倾斜角度水流在钢板表面形成的润湿区域。如图 4-6 和表 4-3 所示，随着倾斜角度从 0°增加到 60°，润湿区域的不对称性逐渐明显，湿润区域的最大长度从 35.9mm 增加到 46.9mm，而湿润区域的最大宽度从 35.9mm 减少到 30.1mm。润湿区域面积随倾斜角度增加呈现先增大后减小的趋势，在倾斜角度 45°时，面积达到最大值 1102.2mm$^2$。倾斜角度较小时，倾角增大，冲击区面积增大，促进润湿面积的增加。但随着倾角进一步增大，较长的射流距离，增大了空气阻力作用，并形成严重的溅射液滴，再润湿效果减弱。进一步分析可知，最大润湿面积不仅仅取决于倾斜角度，还与喷嘴尺寸、喷嘴到表面距离、射流速度、开冷温度和冷却时间等参数有关。

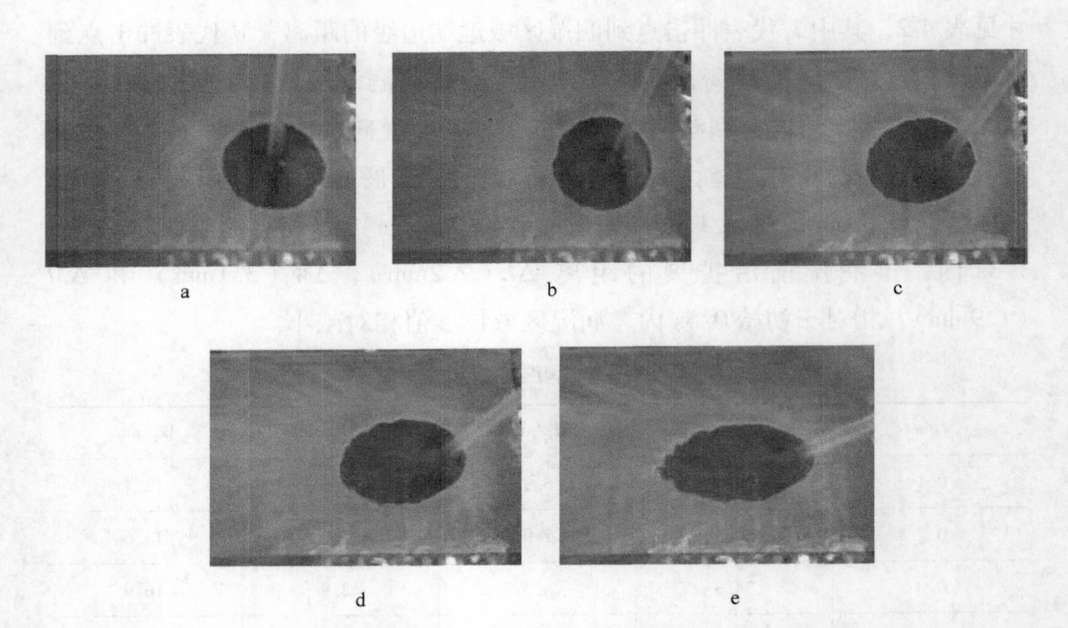


图 4-5 不同倾斜角度射流实验在 0. 3s 时的截图

a—0°；b—15°；c—30°；d—45°；e—60°

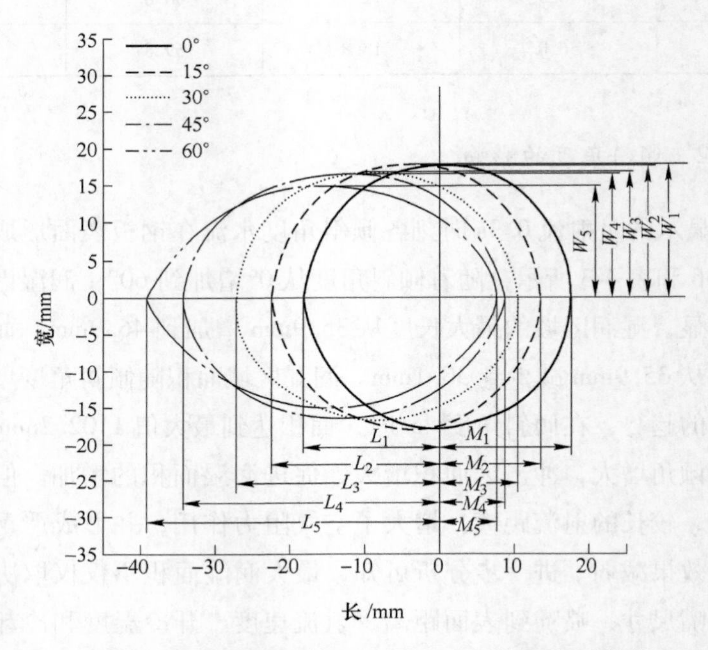


图 4-6 不同倾斜角度射流实验在 0. 3s 时的再润湿轮廓

**表 4-3　不同倾斜角度射流实验在 0.3s 时的再润湿轮廓参数**

| 倾角/(°) | $L_i$/mm | $M_i$/mm | $W_i$/mm | 润湿面积/mm² |
|---|---|---|---|---|
| 0 | 17.9 | 17.9 | 17.9 | 985.8 |
| 15 | 22.4 | 13.4 | 17.9 | 988.6 |
| 30 | 27.2 | 10.4 | 17.0 | 997.3 |
| 45 | 34.3 | 8.6 | 16.9 | 1102.2 |
| 60 | 39.1 | 7.8 | 15.1 | 1033.2 |

在冲击区域内，冲击点和各向 5mm 以内测量点的 $q_s$ 几乎重叠，表明冲击点附近热流密度对倾斜角度不敏感。如图 4-7 所示，随着倾斜角度由 0° 增加至 60°，冲击点处的最大热流密度 $q_{max}$ 由 4.71MW/m² 减小到 4.50MW/m²，变化幅度不大。而在逆向上 15mm 位置处，最大热流密度 $q_{max}$ 由 4.31MW/m² 减小到 2.00MW/m²，在侧向 15mm 及 25mm 处，测量点的最大热流密度 $q_{max}$ 分别由 4.35MW/m² 减小到 3.24MW/m²，由 3.78MW/m² 减小到 2.48MW/m²。因此在侧向及逆向上，倾斜角度的增加会大幅减小热流密度。然而，随着倾斜角度的增加，热流密度在顺向上显著增加，最大热流密度在 15mm 处从 4.36MW/m² 增加到 4.54MW/m²，在 25mm 处从 3.38MW/m² 增加到 4.58MW/m²，在 35mm 处从 3.00MW/m² 增加到 3.59MW/m²。水流的分布特别是平行流流速的差异导致了换热特性的明显差异，倾斜角度的增加提高了顺向的最大热流密度，同时降低了侧向和逆向的最大热流密度。

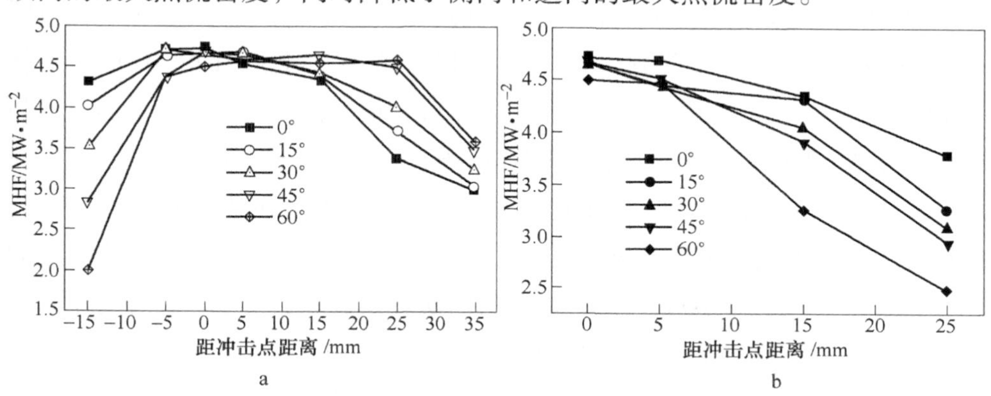


图 4-7　不同倾斜角度射流实验的最大热流密度分布

a—顺向及逆向；b—侧向

不同倾斜角度的再润湿延迟时间 $t_w$ 在冲击区域和冲击区域附近几乎相互重合，如图 4-8 所示。在逆向 15mm 处，倾角 0°、15°、30°、45°和 60°的再润湿延迟时间分别为 0. 12s、0. 14s、0. 20s、0. 22s 和 0. 23s，而在侧向 25mm 的位置，再润湿延迟时间分别为 0. 26s、0. 28s、0. 33s、0. 35s 和 0. 52s。随着倾角的增大，逆向和侧向动能变小，平行流动速度降低，在较低的壁面过热度下气泡长大到较大尺寸，从而降低了这两个方向再润湿前沿的移动。相反，较大的倾角显著加快了顺向的再润湿前沿移动速度。在顺向 35mm 的位置上，各倾角的再润湿延迟时间分别为 0. 82s、0. 47s、0. 29s、0. 25s 和 0. 21s。

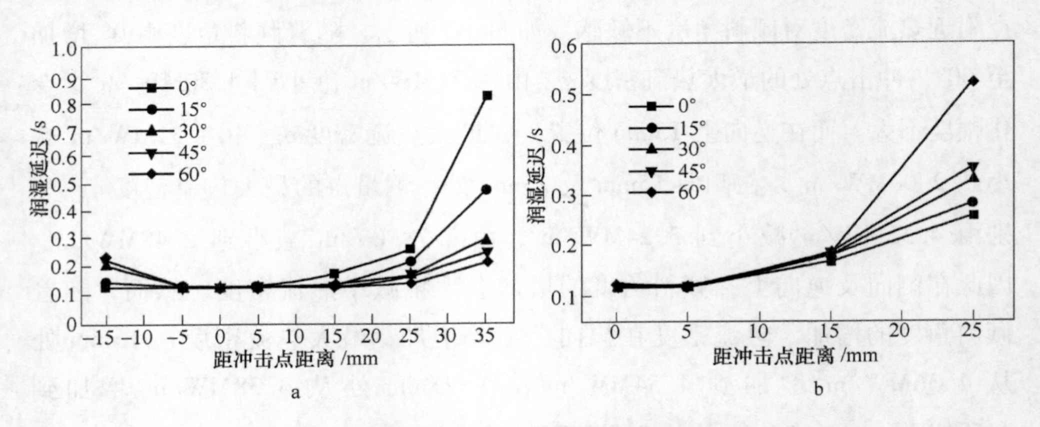


图 4-8 不同倾斜角度射流实验的再润湿延迟时间

a—顺向及逆向；b—侧向

图 4-9 所示为不同倾角下各测量位置的换热系数（HTC）变化情况。由图可知，随着温度从 660℃降到 200℃左右，HTC 值不断增大，而 HTC 曲线的斜率逐渐平缓，达到最大值后，HTC 值急剧下降，换热机制最终变为低温下的强制对流换热。然而，不同测量点的 HTC 曲线有较明显差异。如图 4-9 所示，在冲击区域，不同倾斜条件下，HTC 曲线在 660～300℃范围内变化较小，低于 300℃时，较大倾角的换热系数较小。在顺向 15mm 处，HTC 曲线与冲击点处的 HTC 曲线相似，但在 300℃以下，各倾角的换热系数差值变小。垂直射流和倾角为 60°的射流在顺向 15mm 处的最大换热系数分别为 16833. 70W/($m^2$ · ℃) 和 15314. 34W/($m^2$ · ℃)，冲击点处则分别为 17206. 38W/($m^2$ · ℃) 和 14790. 54W/($m^2$ · ℃)，可看出顺向 15mm 不同倾角的换热系数差值相较于冲击点处明显减小。如图 4-9e 所示，随着倾角的增大，顺向 35mm 位置的换热

系逐渐增加。顺向上大倾角的换热系数峰值更高，而在其他方向上，大倾角的换热系数峰值则相对较低。逆向 15mm 位置垂直冲击的最大换热系数达到 14375.10W/($m^2$ · ℃)，而倾角为 60°的最大换热系数仅为 7695.05W/($m^2$ · ℃)。

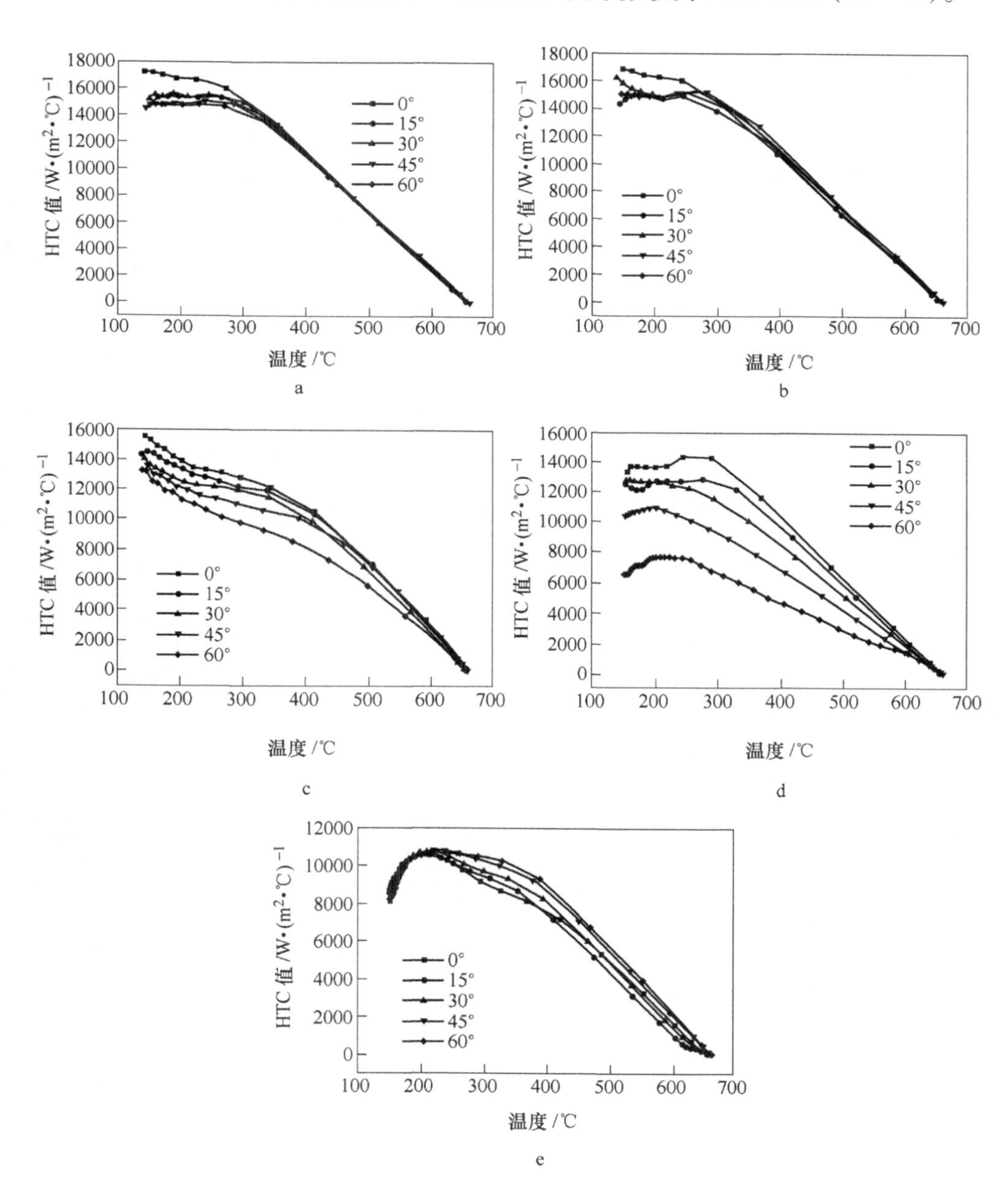


图 4-9 不同倾斜角度射流实验的换热系数分布

a—冲击点；b—顺向 15mm；c—侧向 15mm；d—逆向 15mm；e—顺向 35mm

### 4.1.2 单束圆形倾斜射流的数值分析

圆形喷嘴的直径为 3mm，射流速度为 10m/s，模拟分析 0°、15°、30°和 45°倾角下的射流冲击过程。图 4-10a 为倾角 30°射流冲击流体状态，倾斜射流条件下冷却水呈不对称分布。图 4-10b 所示为水平流速在钢板表面的分布状态。由于冲击点处于滞止区内，流速相对较小。沿滞止点向外，平行流水平流速呈先增大后减小的趋势。由于倾角的存在，顺向平行流流速显著大于逆向侧的平行流流速。如图 4-10c 所示，冲击点处冲击压力最大，随着距冲击点距离的增加，冲击压力急剧减小。原因在于射流流体在冲击点附近接触钢板表面时，具有较大的垂直速度分量，这将对钢板表面形成较为强烈的冲击。而随着距冲击点距离增大，流体流向逐渐改变为水平方向，对钢板的冲击作用减弱。如图 4-10d 所示，与冲击压力相似，钢板表面的湍流动能以冲击点为中心向外衰减，湍流动能可理解为测量点的均方根速度波动。

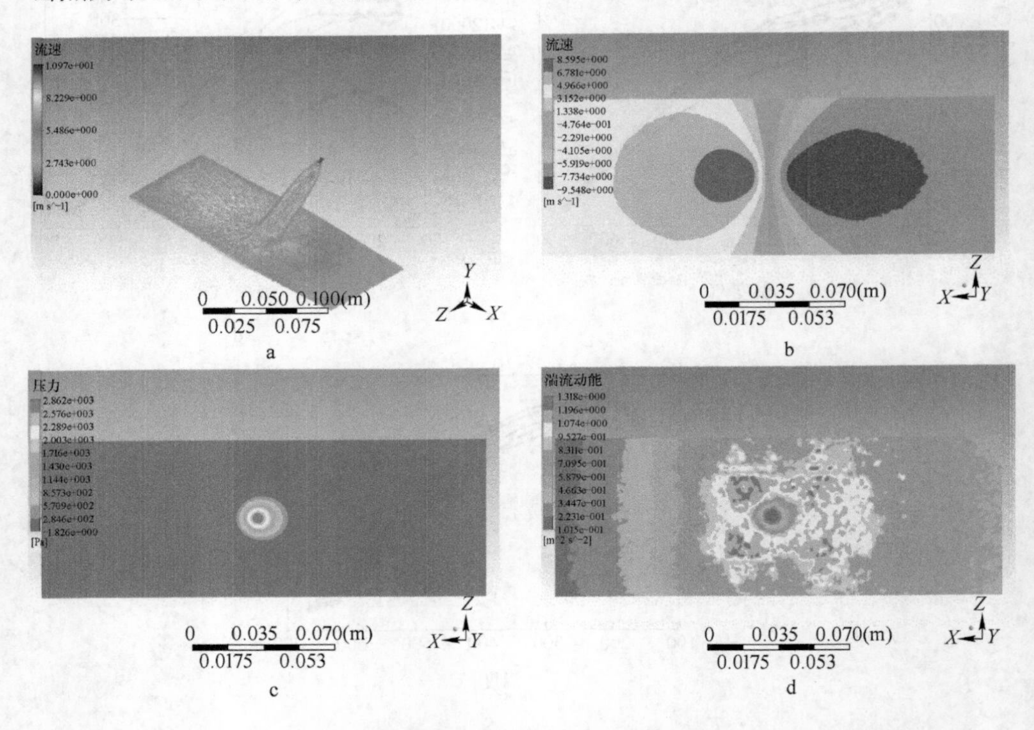


图 4-10 圆形喷嘴倾斜射流流体属性

a—水流速度矢量图；b—水平流速分布图；c—压力分布图；d—湍流动能分布图

图 4-11a 所示为不同倾角下的表面压力。垂直射流条件下，冲击点处的表面压力最大，随着距冲击点距离的增加，表面压力逐渐减小。倾角为 0°、15°、30°和 45°时，在冲击点处的压力峰值分别为 3630Pa、3460Pa、2840Pa 和 2360Pa，有明显下降的趋势。图 4-11b 为不同倾角下的流速分布。在平行流顺向区域 -25mm 处，随着倾角从 0°增至 45°，流速从 8.4m/s 增大到 10.5m/s。在平行流逆向区域 25mm 处，流速从 8.5m/s 减至 7.8m/s。图 4-11c 为雷诺数随倾角变化情况。随着倾角从 0°增至 45°，冲击点两侧的雷诺数均增大，冲击点两侧的雷诺数存在显著差异，顺向流区域内最大雷诺数由 26955 增加至 31343，逆向流区域内最大雷诺数由 27015 减小至 25492。

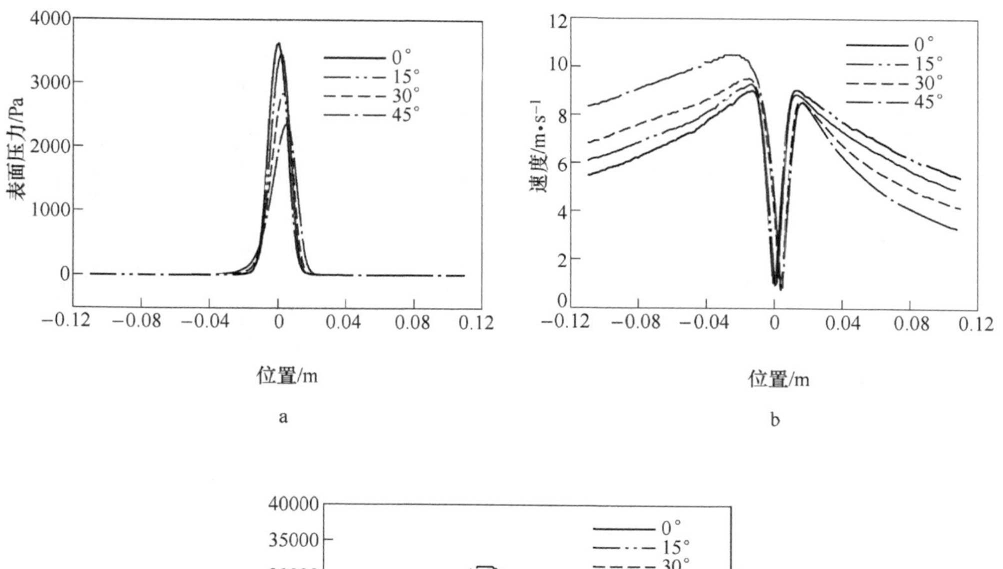


c

图 4-11 圆形倾斜射流流体属性

a—压力分布；b—流速分布；c—雷诺数分布

## 4.2 单束圆形射流冲击换热属性的主要影响因素

### 4.2.1 喷嘴结构对换热属性的影响

流体在不同的喷嘴内部结构条件下形成不同的水流状态，水流状态的差异将影响射流冲击冷却换热效果。本节根据喷嘴内部结构渐缩角度 α 的不同，设计出 7 组不同结构的喷嘴。将 α = 10°、30°、60° 称为 Ⅰ-10°型喷嘴，Ⅰ-30°型喷嘴，Ⅰ-60°型喷嘴。将其余 4 种喷嘴分别称为Ⅱ型喷嘴、Ⅲ型喷嘴、Ⅳ型喷嘴、Ⅴ型喷嘴，如图 4-12 所示。

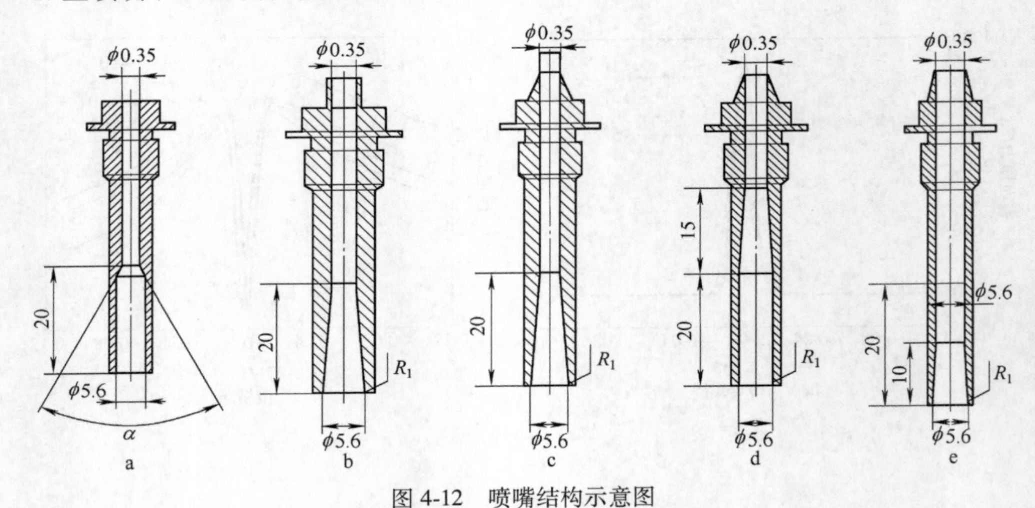


图 4-12 喷嘴结构示意图

a—Ⅰ型喷嘴；b—Ⅱ型喷嘴；c—Ⅲ型喷嘴；d—Ⅳ型喷嘴；e—Ⅴ型喷嘴

图 4-13 所示为热流密度与距冲击点距离关系图，7 种喷嘴在冲击点 1 处的热流密度峰值分别是 4.8MW/m²、4.47MW/m²、4.09MW/m²、3.94MW/m²、3.94MW/m²、3.75MW/m²、3.52MW/m²。不同类型喷嘴下的热流密度峰值存在明显差异，Ⅰ-10°型喷嘴热流密度峰值最大。如图 4-14 所示，在Ⅰ-10°型喷嘴条件下，达到热流密度峰值时间最小，随后依次是Ⅰ-30°型喷嘴、Ⅱ型喷嘴、Ⅲ型喷嘴、Ⅳ型喷嘴、Ⅰ-60°型喷嘴、Ⅴ型喷嘴。从热流密度峰值和再润湿效果而言，超快冷系统应优先选择Ⅰ-10°型喷嘴。

### 4.2.2 开冷温度对换热属性的影响

开冷温度设定为 200℃、300℃、400℃、500℃、600℃、700℃、800℃、

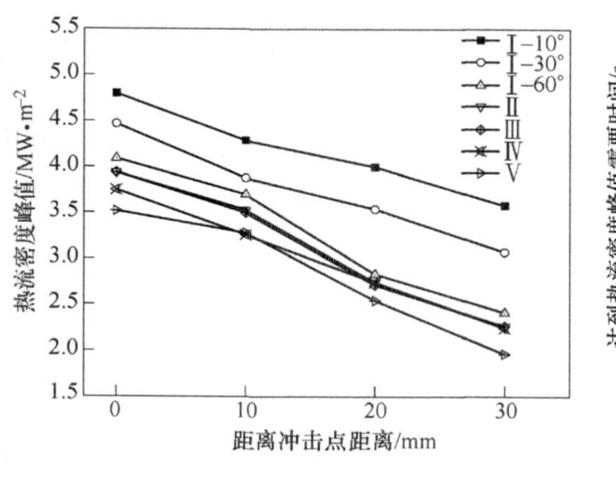


图 4-13 距中间点不同位置处的 MHF

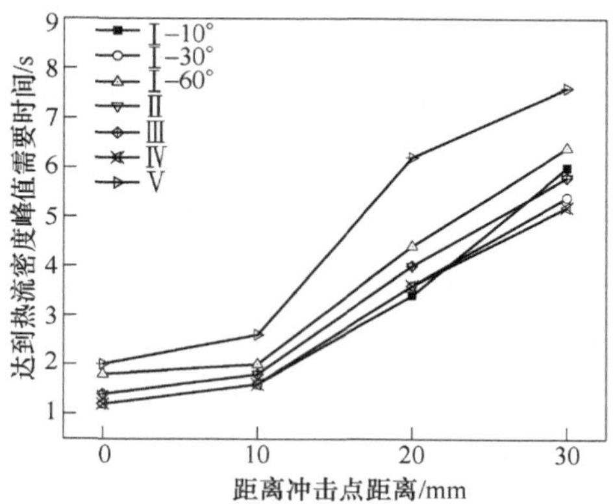


图 4-14 距中间点不同位置处的 $t_{MHF}$

900℃。不同的开冷温度下再润湿延迟时间曲线如图 4-15 所示，在冲击区域附近，射流冲击开始瞬间，开冷温度对再润湿延迟时间的影响不大。但在冲击区域外，开冷温度显著增大了再润湿延迟时间，其中在距冲击点 40mm 处，当开冷温度由 200℃增加到 900℃时，相应的再润湿延迟时间由 0.2s 增加至 5.2s。原因在于开冷温度越高，过热度越大，冷却水冲击到钢板上越容易达到饱和沸腾温度，产生的沸腾气泡对再润湿前沿起到阻碍作用。与再润湿延迟现象相对应，随着开冷温度升高，再润湿速度有所下降，不同开冷温度下再润湿速度曲线如图 4-16 所示，除开冷温度低于 300℃，再润湿速度随着与冲击点距离的增加先增大达到峰值后减小，峰值一般出现在距冲击点 10~15mm 处，而当开冷温度低于 300℃时，膜沸腾现象不明显，因此再润湿延迟时间在不同位置处基本相同，再润湿速度线性增加。

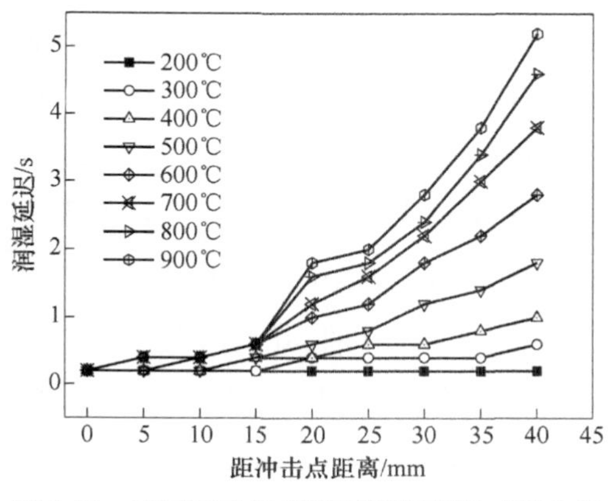


图 4-15 不同开冷温度下再润湿延迟时间曲线

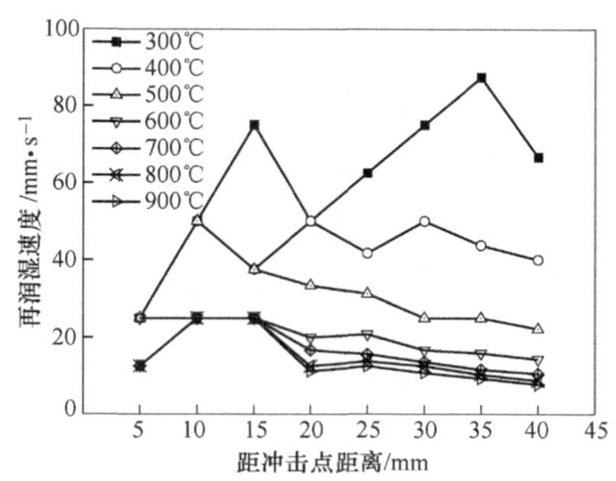


图 4-16 不同开冷温度下再润湿速度曲线

再润湿温度曲线如图 4-17 所示。由图可知，较高的开冷温度对应着较高的再润湿温度，Mozumder[147] 等人也得出再润湿温度受开冷温度影响较大。另一方面，开冷温度的提高可显著提高 MHF 值，最大热流密度曲线如图 4-18 所示。在冲击点附近，MHF 值较高，由于再润湿延迟的存在，随着与冲击点距离的增大，MHF 值逐渐降低，这与 Hauksson[148] 与 Fuchang Xu[149] 的结果一致，产生这一现象的主要原因是由于随着射流冲击过程的进行平行流流速 $u$ 以及过热度 $\Delta T_{sup}$ 逐渐减小。

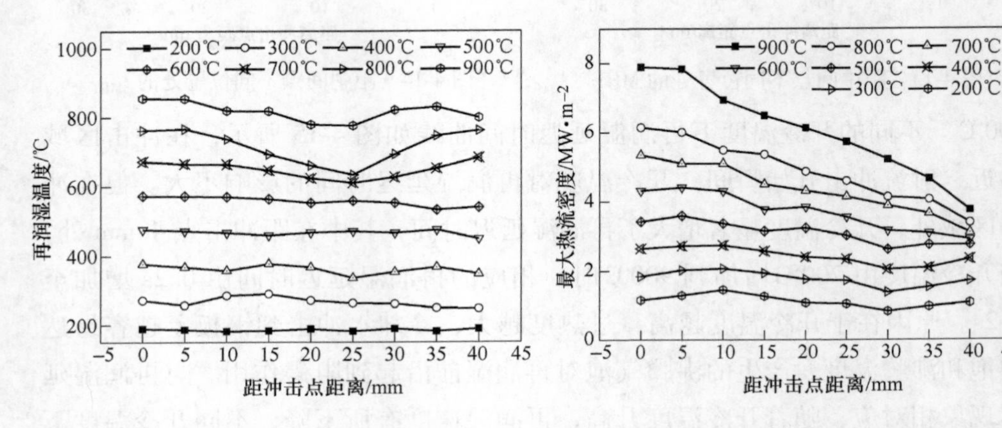


图 4-17 不同开冷温度下再润湿温度曲线　　图 4-18 不同开冷温度下最大热流密度曲线

### 4.2.3 水温对换热属性的影响

水温分别设置为 13℃、23℃、33℃、43℃，不同水温下的再润湿延迟时间曲线如图 4-19 所示。在冲击区域附近，水温的变化对再润湿延迟时间影响不大。但在冲击区域外，水温的升高将显著增大再润湿延迟时间，其中，在 40mm 处，当水温由 13℃升高到 43℃时，相应的再润湿延迟时间由 3. 2s 增加到了 5. 3s，达到热流密度峰值所需时间也由 4. 6s 增加到 7. 2s，这是由于水温的升高将增加沸腾气泡生成率，也就是说，水温越高越容易达到饱和沸腾温度，这将会促进沸腾气泡的形成与长大[150]，进而阻碍再润湿前沿的扩展。水温的升高增大了再润湿延迟时间，故而减小了再润湿速度，不同水温下的再润湿速度曲线如图 4-20 所示，再润湿速度的峰值也出现在距冲击点 10～15mm 处。

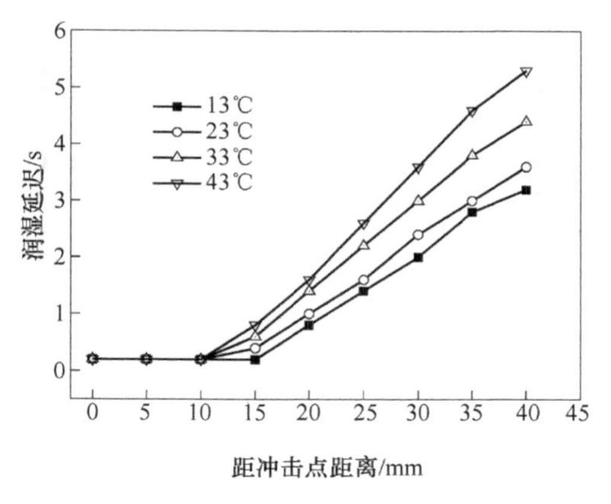


图 4-19 不同水温下再润湿延迟时间曲线

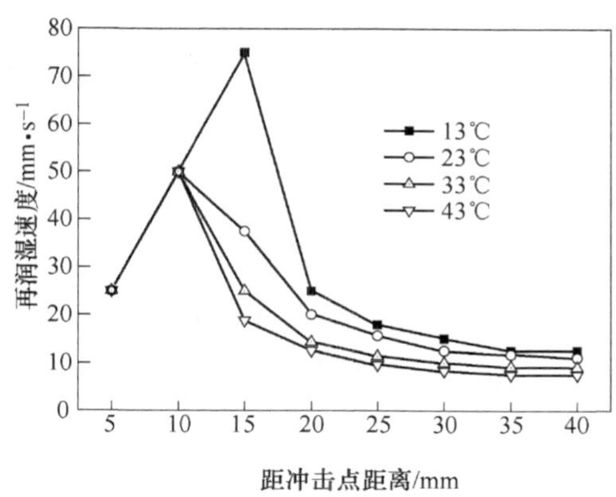


图 4-20 不同水温下再润湿速度曲线

不同水温下的再润湿温度曲线如图 4-21 所示，水温的变化对再润湿温度的影响较小，Mozumder[147] 和 Filipovic[151] 针对再润湿温度给出了同样的数学模型如式（4-1）所示，由此得出再润湿温度几乎不受 $u\Delta T_{sub}$ 影响，但受开冷温度影响较大。

$$T_{rw} = \frac{T_{AR} + T_{\infty}\sqrt{\phi}}{1 + \sqrt{\phi}},\ \phi = (\lambda\rho c_p)_{\infty}/(\lambda\rho c_p)_{w} \tag{4-1}$$

式中 $T_{rw}$——再润湿温度,℃；

$T_{AR}$——典型再润湿温度,℃；

$T_{\infty}$——水温,℃；

$\rho$——材料密度，$kg/m^3$；

$\lambda$——导热系数，W/(m·K)；

$c_p$——比热容，J/(kg·K)；

$\infty$——冷却基体；

w——冷却液。

不同水温下的最大热流密度曲线如图 4-22 所示，在冲击点处水温的变化对 MHF 影响不大，在平行流区域，水温的升高导致过冷度 $\Delta T_{sub}$ 减小，而在平行流区域 MHF 受 $u\Delta T_{sub}$ 影响较大，故而 MHF 减小。结合不同开冷温度、射流速度以及水温下的实验数据，拟合出冲击点处以及平行流区域的最大热流密度数学模型如式（4-2）、式（4-3）所示。其适用于流速在 2～8m/s，过冷度在57~87℃，过热度在100~800℃。

$$(q_{\max})_0 = 1.323u^{0.32}\Delta T_{\text{sub}}^{1.71}\Delta T_{\text{sup}}^{1.12} \tag{4-2}$$

$$\frac{(q_{\max})_r}{(q_{\max})_0} = 1.04\left(\frac{r}{d}\right)^{-0.36} \tag{4-3}$$

式中 0——冲击点处；

$r$——距冲击点距离，mm；

$d$——喷嘴直径，mm；

$u$——射流速度，m/s；

$\Delta T_{\text{sub}}$——过冷度，℃；

$\Delta T_{\text{sup}}$——过热度，℃。

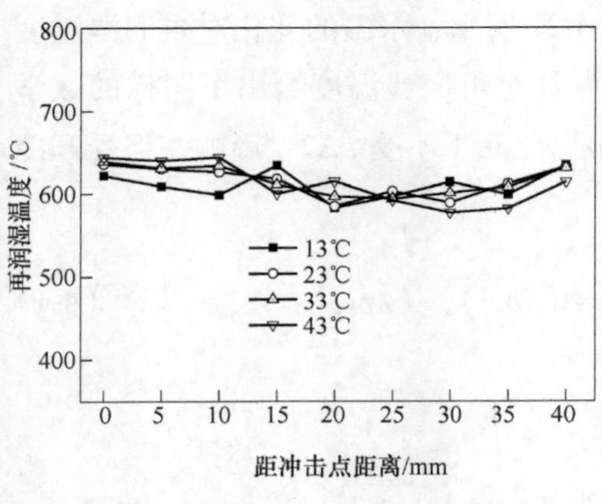


图4-21 不同水温下再润湿温度曲线

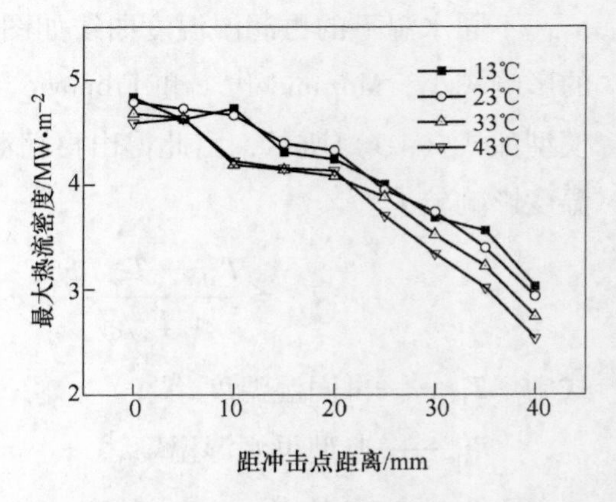


图4-22 不同水温下最大热流密度曲线

### 4.2.4 上下表面换热特性异同

射流冲击点为1号热电偶对应的钢板表面位置时，上、下喷嘴垂直射流冲击冷却实验中（见图4-23），冲击点及距离冲击点45mm位置处钢板表面温度、热流密度随冷却时间变化曲线如图4-24所示。

在冲击点处初始的空冷阶段，上、下喷嘴实验中的热流密度相对较小。随着冷却过程的进行，表面热流密度有所增加，此时射流冷却水开始与钢板接触。随后钢板表面热流密度均急剧增加，达到峰值后开始出现下降趋势。此过程中上、下喷嘴实验中的热流密度变化趋势基本一致，上喷嘴热流密度

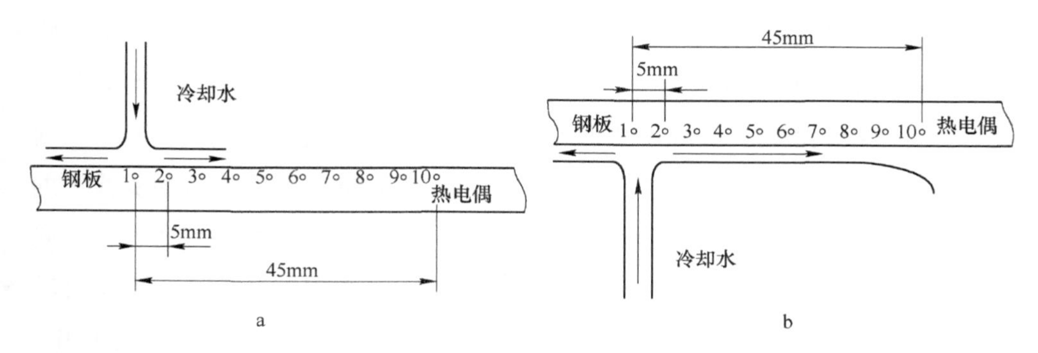


图 4-23 射流冲击冷却实验模型

a—上表面冲击；b—下表面冲击

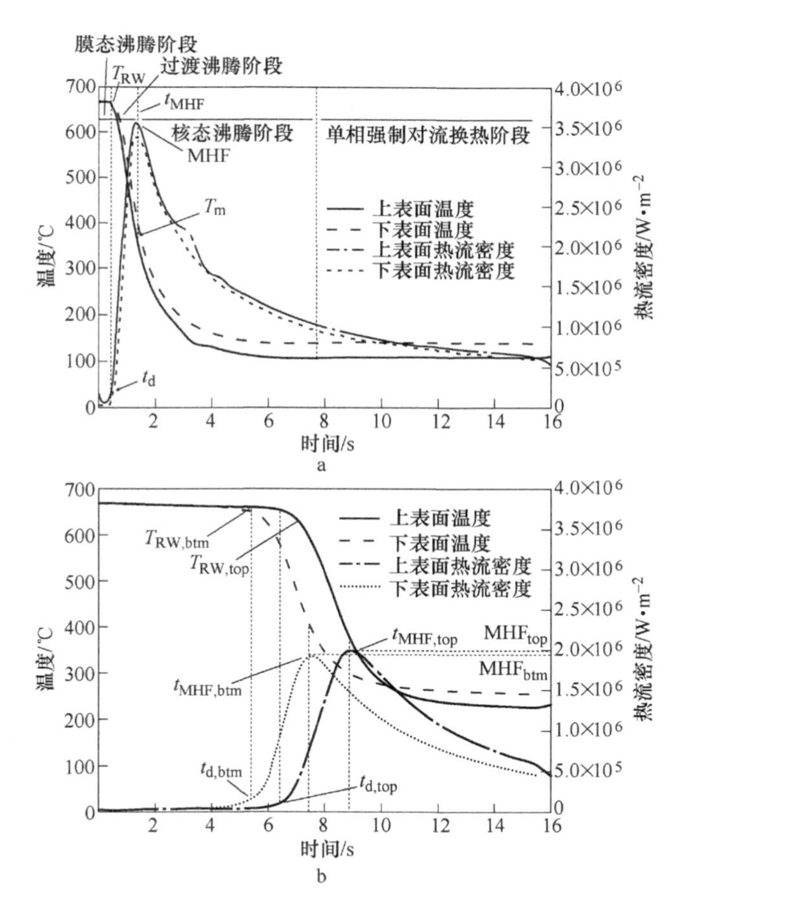


图 4-24 表面温度和热流密度变化曲线

a—冲击点处；b—距离冲击点 45mm 处

峰值为3.54MW/m²，下喷嘴热流密度峰值为3.37MW/m²，冲击点处上喷嘴的热流密度峰值比下喷嘴实验的数值高约5.1%。原因在于在重力的作用下，流体到达钢板表面时，上喷嘴实验中的射流冲击速度大于下喷嘴实验。如前文分析可知，冲击速度越大，冷却水的换热能力更强，因此上喷嘴实验中的热流密度峰值更大。对于非冲击点位置，两种射流条件下的热流密度变化趋势形成较大差异。距离冲击点45mm位置处，下表面润湿区扩展速度相对较快，而上表面的润湿区域扩展速度较慢。原因在于上喷嘴射流冲击过程中，钢板表面的残余水不断沸腾产生大量气泡阻碍了润湿区的扩展。这将对超快速冷却系统上下表面的换热能力产生影响，可用于指导高密快冷集管的喷嘴布置以及冷却工艺参数调节。

## 4.3 射流冲击冷却过程中局部区域换热特性研究

超快速冷却装置广泛的使用多喷嘴阵列的布置形式，其主要的布置形式为顺排式与叉排式。然而，无论对于顺排布置还是叉排布置的高密快冷集管，其最基础冷却单元均可由双束、三束射流冲击表征。对于顺排布置以及叉排布置的冷却单元划分如图4-25所示。建立实验射流方案和热电偶布置如图4-26所示，具体的实验参数见表4-4。研究双束、三束射流冲击冷却局部换热规律。

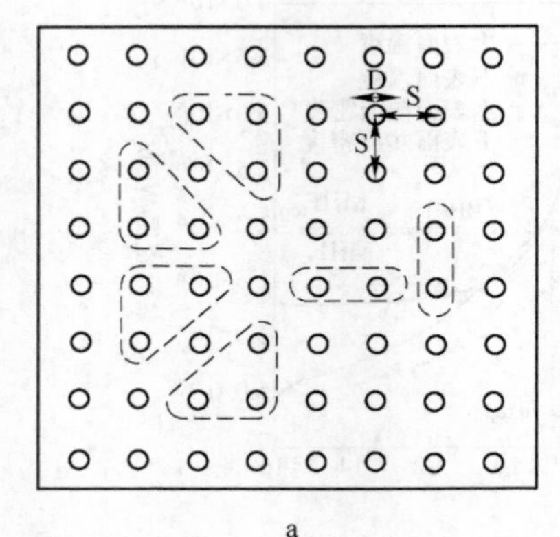


a

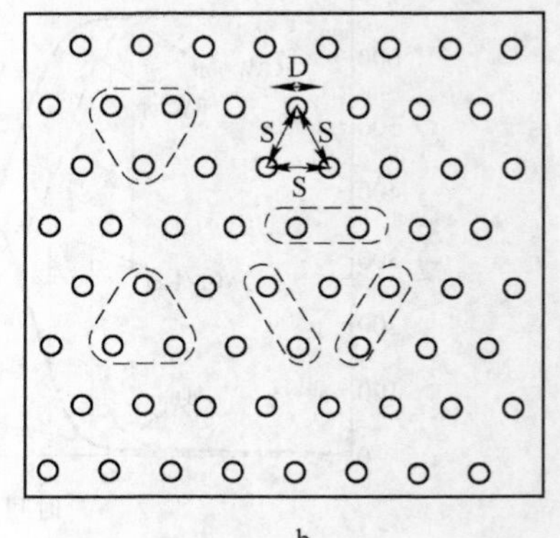


b

图4-25 高密快冷集管的喷嘴排布

a—顺排；b—叉排

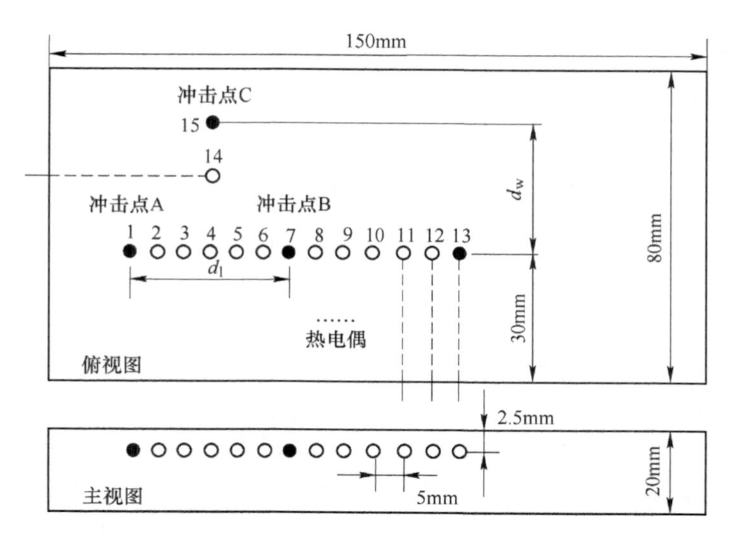


图 4-26 实验方案及热电偶布置

**表 4-4 实验参数**

| 实验序号 | 冲击角度/(°) | 射流速度/m·s$^{-1}$ | 喷嘴间距 $d_1$/mm | 喷嘴间距 $d_w$/mm | 冲击点A | 冲击点B | 冲击点C |
|---|---|---|---|---|---|---|---|
| 1 | 0 | 3.98 | — | — | 1 | — | — |
| 2 | 0 | 3.98 | 20 | — | 1 | 5 | — |
| 3 | 0 | 3.98 | 30 | — | 1 | 7 | — |
| 4 | 0 | 3.98 | 40 | — | 1 | 9 | — |
| 5 | 0 | 1.99 | 40 | — | 1 | 9 | — |
| 6 | 0 | 2.84 | 40 | — | 1 | 9 | — |
| 7 | 0 | 6.63 | 40 | — | 1 | 9 | — |
| 8 | 15 | 3.98 | 40 | — | 1 | 9 | — |
| 9 | 30 | 3.98 | 40 | — | 1 | 9 | — |
| 10 | 45 | 3.98 | 40 | — | 1 | 9 | — |
| 11 | 60 | 3.98 | 40 | — | 1 | 9 | — |
| 12 | 0 | 2.21 | 30 | 30 | 1 | 7 | 15 |
| 13 | 0 | 3.32 | 30 | 30 | 1 | 7 | 15 |
| 14 | 0 | 6.63 | 30 | 30 | 1 | 7 | 15 |

### 4.3.1 局部区域流体属性和换热规律分析

双束射流冲击过程如图 4-27 所示，双束射流冲击的换热规律和单束射流冲击的换热规律不同。双束射流冲击流体之间产生干扰，两束平行流相遇碰撞，形成干涉区。随着射流冷却水与钢板表面的接触，换热区域迅速呈现出润湿区、再润湿前沿扩展区以及未润湿区。随着射流冲击过程的进行，两个黑色的润湿区域不断向外扩展并相交。三束射流冲击过程与双束射流相类似，如图 4-28 所示。在三束流体交汇的干涉区处出现流体堆积现象，各束平行流相互碰撞后由重力作用下分散下落，且在表面堆积的流体沿着冲击射流的间隙流出。

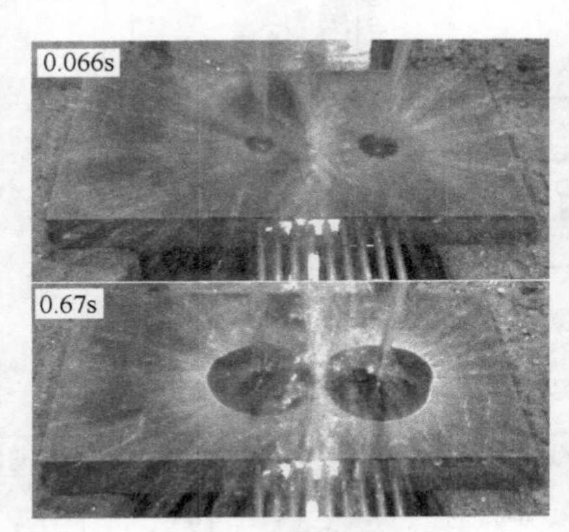

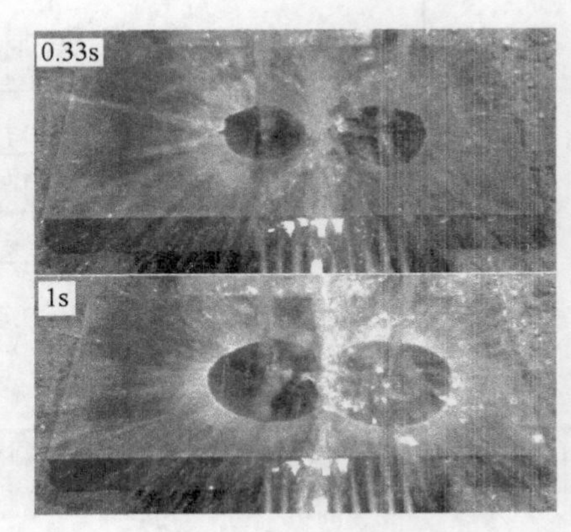


图 4-27　双束射流冲击钢板冷却过程表面状态的变化过程

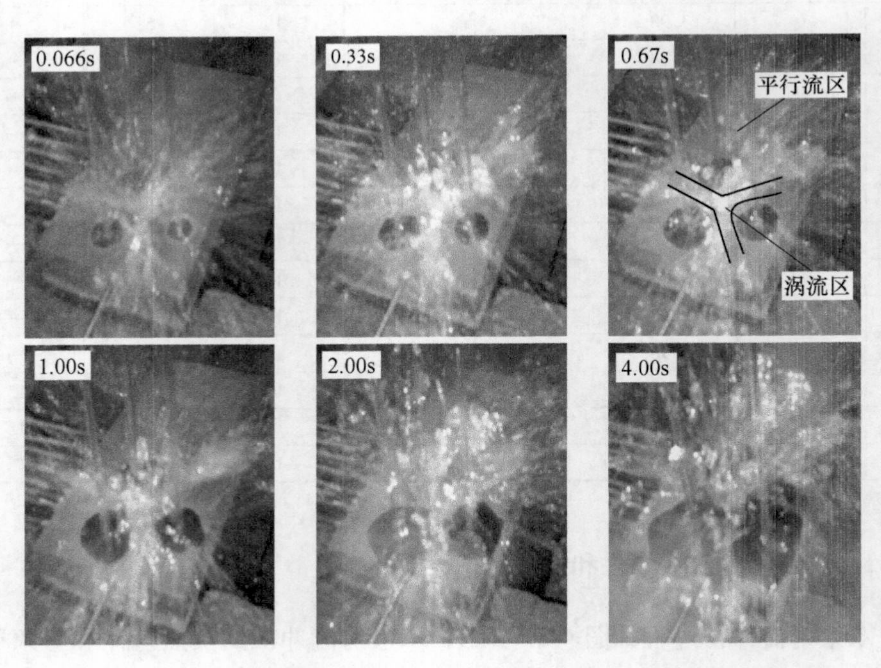


图 4-28　三束射流冲击钢板冷却过程表面状态的变化过程

如图 4-29 所示，带有一定流速的冷却水从喷嘴出口流出，冲击到钢板表面形成滞止区，并转向成为水平方向的平行流。与单束射流相类似，单相强制对流换热区、核态沸腾换热区、过渡沸腾换热区、膜态沸腾换热区、小液态聚集区以及辐射换热区依次分布于外侧区域。而带有一定动量和能量的平行流在喷嘴间相互干扰、向上飞溅，形成干涉区和液滴飞溅区。

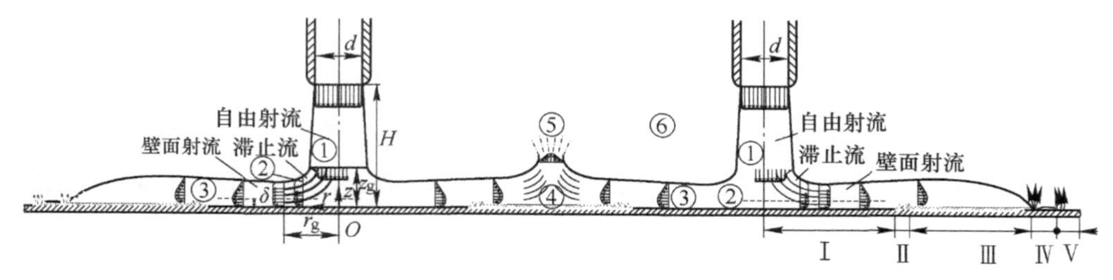


图 4-29　换热区域分布

O—滞止点；δ—流动边界层厚度；H—喷嘴与壁面的距离；$r_g$—沿壁面距离射流中心点的长度；$z_g$—距钢板表面的距离；①—自由射流区域；②—滞止流区域；③—壁面射流区域；④—干涉流区域；⑤—液滴飞溅区域；⑥—空气区域；Ⅰ—单相强制对流区域；Ⅱ—核态-过渡沸腾区域；Ⅲ—膜态沸腾区域；Ⅳ—小液体聚集区域；Ⅴ—辐射换热区域

### 4.3.2　工艺参数对局部换热规律的影响

#### 4.3.2.1　喷嘴间距的影响

双束射流冲击冷却的过程中，干涉区处热流密度峰值明显加强。不同喷嘴间距下的双束射流冲击干涉区处和单束下相应位置的热流密度峰值以及再润湿延迟时间如图 4-30 所示。就热流密度而言，单束射流冲击下 $r=10$mm 处热流密度峰值为 4.94MW/m$^2$，而在喷嘴间距为 20mm 时，干涉区处 $r=10$mm 热流密度峰值为 4.95MW/m$^2$，干涉区处较单束下相同位置处热流密度峰值增加了 0.2%；单束射流冲击下 $r=15$mm 热流密度峰值为 4.46MW/m$^2$，而在喷嘴间距为 30mm 时，干涉区处 $r=15$mm 热流密度峰值为 4.87MW/m$^2$，干涉区处较单束下相同位置处热流密度峰值增加了 6.6%；单束射流冲击下 $r=20$mm 热流密度峰值为 4.24WM/m$^2$，干涉区处 $r=20$mm 热流密度峰值为 4.73WM/m$^2$，干涉区处较单束下相同位置处热流密度峰值增加了 8.2%。就再润湿延迟时间而言，喷嘴间距由 20mm 增加到 40mm，干涉区处再润湿延迟时间依次为

0.15s、0.19s、0.34s，而对于单束射流下相同位置处的再润湿延迟时间依次为0.17s、0.35s、0.59s。即随着喷嘴间距的增大，干涉区处较单束下相同位置处热流密度峰值增强幅度越来越大，再润湿延迟时间减小幅度越来越大。在双束射流过程中，干涉区处流体质量较单束下有所增加，故而双束射流过程中干涉区处会出现较单束射流热流密度峰值增强的效果。同时，由于两束平行流从两侧同时到达干涉区，使得膜态沸腾向过渡、核态沸腾转变更容易，进而相应地减小了再润湿延迟时间。随着喷嘴间距的增大，在干涉区处水平流流速衰减的就越多，因此两束平行流撞击力减小，导致液体飞溅减小，相较而言增大了干涉区处的冷却水的质量，进而导致此处换热强度增加的更为明显。

在不同的喷嘴间距下热流密度峰值的分布如图4-31所示，随着喷嘴间距的减小，干涉区处热流密度峰值越大，当喷嘴间距由40mm减小到20mm时，干涉区处热流密度峰值由4.59MW/m$^2$增加到4.96MW/m$^2$，增加了8.1%。喷嘴间距的增大使水平流流速衰减增大，减小了干涉区处的$u\Delta T_{sub}$，进而减小了热流密度峰值。此外，喷嘴间距越小，在整个内部换热区的换热强度的均匀性越好，在喷嘴间距为20mm时，整个内部换热区最大的热流密度峰值为5.21MW/m$^2$，最小的热流密度峰值为4.96MW/m$^2$，热流密度峰值的变化幅度为5.0%；在喷嘴间距为30mm时，整个内部换热区最大的热流密度峰值为5.19MW/m$^2$，最小的热流密度峰值为4.87MW/m$^2$，热流密度峰值变化了6.6%；在喷嘴间距为40mm时，整个内部换热区最大的热流密度峰值为5.19MW/m$^2$，最小的热流密度峰值为4.74MW/m$^2$，热流密度峰值变化了9.5%。

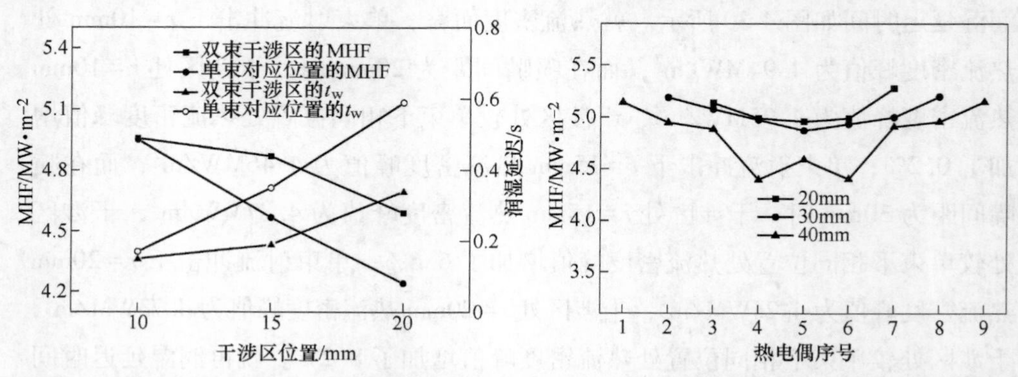


图4-30 热流密度峰值和再润湿延迟时间曲线 图4-31 不同喷嘴间距下的热流密度峰值分布

#### 4.3.2.2 射流速度的影响

如图 4-32 和图 4-33a 所示，流速越大，在整个内部换热区，换热强度的均匀性以及再润湿时间的同步性越好。当流速由 1.99m/s 增加到 6.63m/s 时，换热区内最大的热流密度峰值较最小的热流密度峰值依次增长了 27.2%、23.5%、17.1%、10.7%，再润湿延迟时间的差值由 0.79s 减小为 0.32s。对于再润湿速度而言，如图 4-33b 所示，流速的增大会显著增大再润湿速度，且再润湿速度随着与冲击点距离的增大呈先增大后减小的趋势，这与水平流流速的分布规律相同。

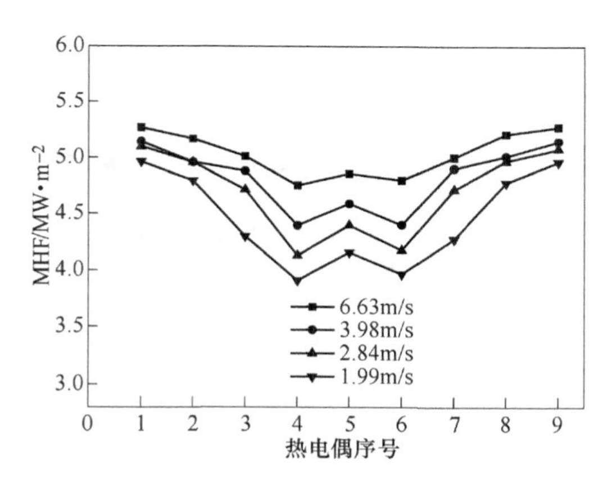


图 4-32 不同射流速度下最大热流密度曲线

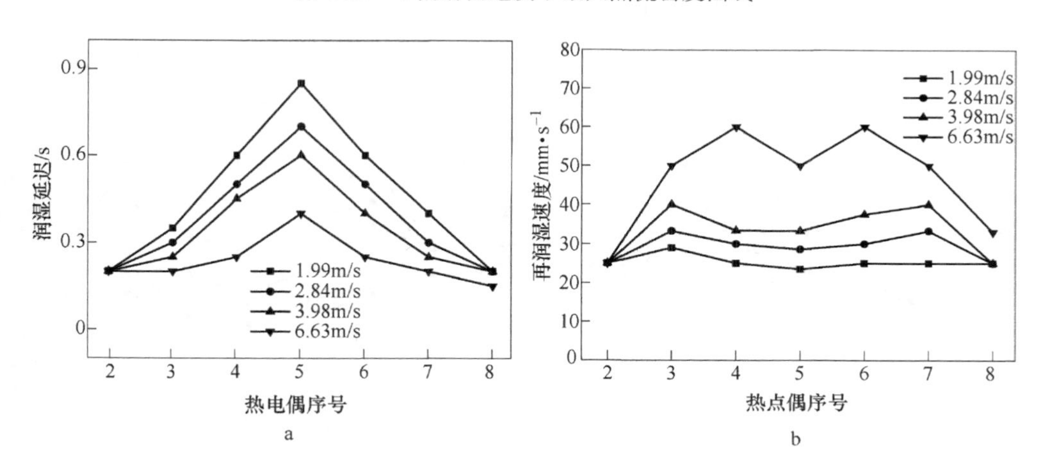


图 4-33 不同射流速度下再润湿延迟时间和再润湿速度曲线

a—再润湿延迟时间分布曲线；b—再润湿速度分布曲线

#### 4.3.2.3 倾斜角度的影响

随着倾斜角度由0°增加到60°，内部换热区MHF有所降低，最大的热流密度峰值较最小热流密度峰值依次增加了17.1%、18.1%、29%、38.5%、47.3%（图3-34）。倾斜角度的增大导致横向水平流流速减小，$u\Delta T_{sub}$的减小也导致了整个内部换热区热流密度峰值的减小。同时，如图4-35所示，水平流流速的减小也导致了再润湿延迟时间的增大，减小了再润湿速度，倾斜角度自0°增加到60°，干涉区处再润湿延迟依次为0.6s、0.85s、1.2s、1.4s、1.8s。

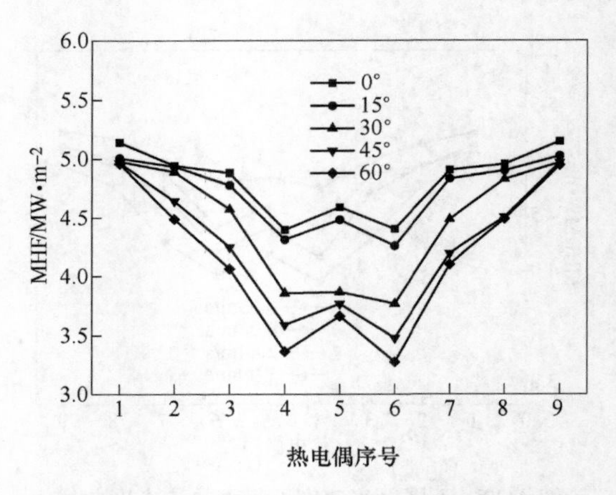


图4-34 不同倾斜角度下最大热流密度曲线

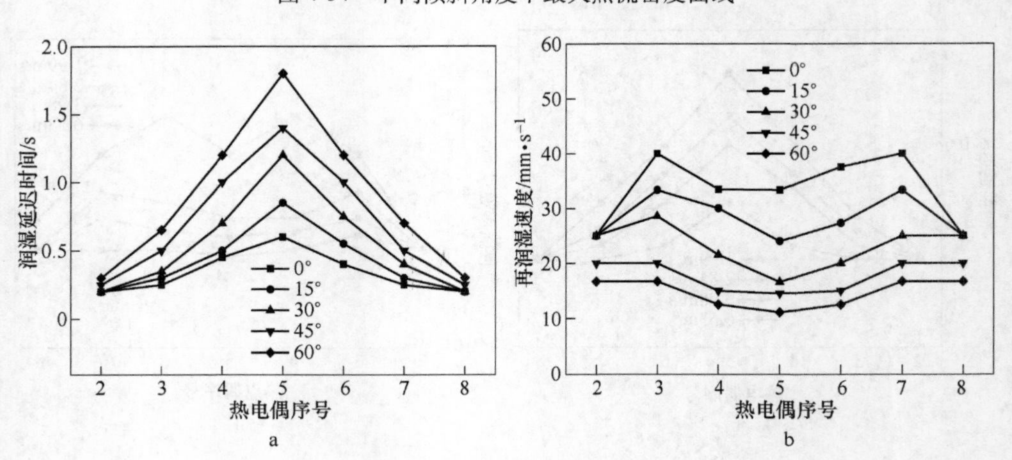


图4-35 不同倾斜角度下润湿延迟时间和再润湿速度曲线

a—润湿延迟时间分布曲线；b—再润湿速度分布曲线

### 4.3.3 局部换热系数与表面温降分析

三束射流条件下不同位置处的换热系数曲线如图 4-36 所示。由图可知，换热系数与表面温度呈非线性关系，且在不同的测量点处，换热系数曲线差异较大。冲击点处（点 1、点 7）换热系数曲线如图 4-36a 所示，在表面温度由 700℃降低到 500℃时，换热系数增长最快，随着壁面温度的降低，换热系数曲线的斜率越来越小。换热系数在表面温度为 170~190℃区间内达到峰值后开始迅速降低。射流速度的增大提升了换热系数。距冲击点 10mm 处的换热系数曲线如图 4-36b 所示，该位置处换热系数曲线与冲击点处类似，但此位置处的换热系数上升速度以及最大换热系数都低于冲击点处，当射流速度为 2.21m/s 时，该位置处在表面温度为 500℃时的换热系数较冲击点处降低了

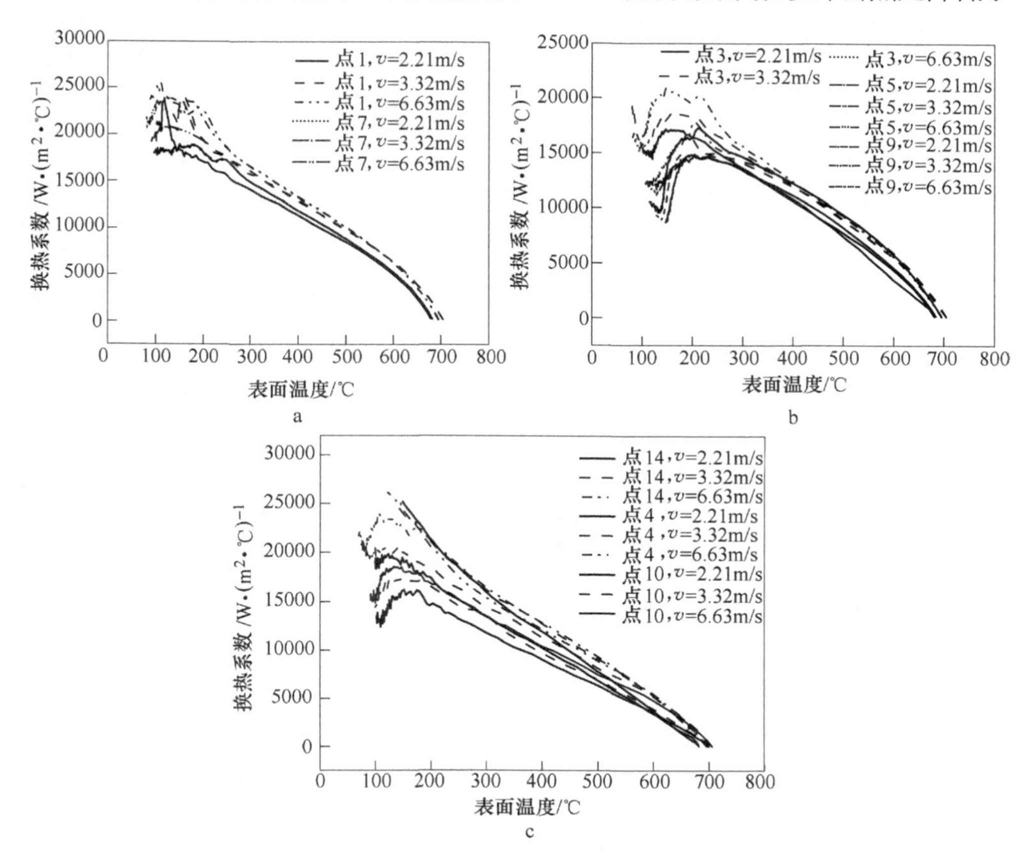


图 4-36 不同空间位置以及不同流速下的换热系数分布

a—点 1、7 换热系数曲线；b—点 3、5、9 换热系数曲线；c—点 4、10、14 热流密度曲线

16%，且于200℃左右达到最大换热系数，略高于冲击点处。距冲击点15mm处的点4与点10以及干涉区位置处的点14的换热系数曲线如图4-36c所示，在表面温度为600~700℃时，换热系数曲线斜率较小，这是由于此时冷却水与高温壁面处于换热效率较低的膜态沸腾机制。因此对于相同的射流速度条件下，位于流体堆积的干涉区处点14的换热系数要高于测量点4、点10处，同时位于喷嘴内部测量点4的换热系数也高于位于喷嘴外部的测量点10。此外，对于所有的测量点位置处，流速的增加都增大了换热系数。

各测量位置处的表面温度随时间变化过程如图4-37所示，在冷却开始后1.0s时，在冲击点处（点1、点7）的温降最大，且测量点1与7的温度降幅基本相同，说明多束射流冲击冷却过程与单束射流时类似，流体之间的干涉并未导致基础冷却过程的改变，此外由温度曲线可以看出距冲击点越远，温度下降越慢。润湿区域均是以冲击点为圆心逐渐向外扩大，而相邻流体之间的干涉行为所引起的涡流并未本质性地改变其润湿规律。而对于测量点4和点10而言，随着冷却过程的进行，测量点4处的温度大幅低于点10，其中点10处的流体状态主要为平行流并伴随着干涉区处排出的冷却水的扰动，而点4处的流体状态主要为平行流与涡流的混合；然而对于完全处于由平行流碰撞产生的上升流与涡流的干涉区位置处点14而言，由于距冲击点距离相对点4、点10略远，故而在冷却初始阶段温度较高，而在再润湿前沿到达后，温度迅速下降，表面温度大大低于点4、点10处，较低的表面温度也说明流体之间的干涉行为产生的流体状态有利于换热的进行与再润湿速度的加快。

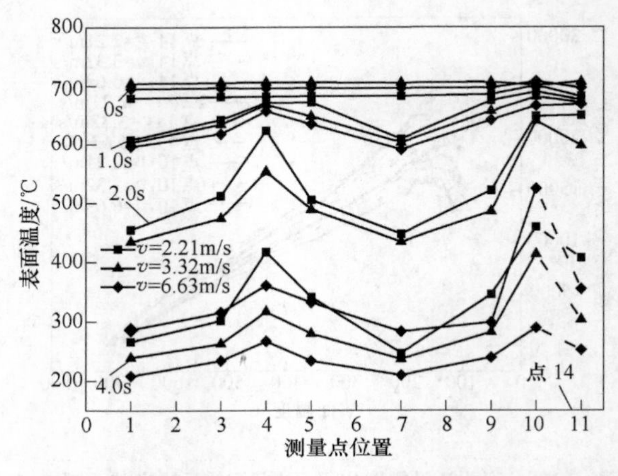


图4-37　不同冷却时刻时表面温度场的变化情况

# 5 多束圆形射流冲击换热原理研究

## 5.1 多束圆形射流换热基本规律研究

多束射流流场的流体特征主要包括自由发展流区、滞止流区、减速流区、上升流区、涡流区等，如图 5-1 所示。当喷嘴间距较大时，平行流区域流体互相冲击产生的上升流会增加冷却能力。气体与液体的流体状态有一定的相似性，很多学者针对气体的多喷嘴射流研究可为本章研究内容提供参考。

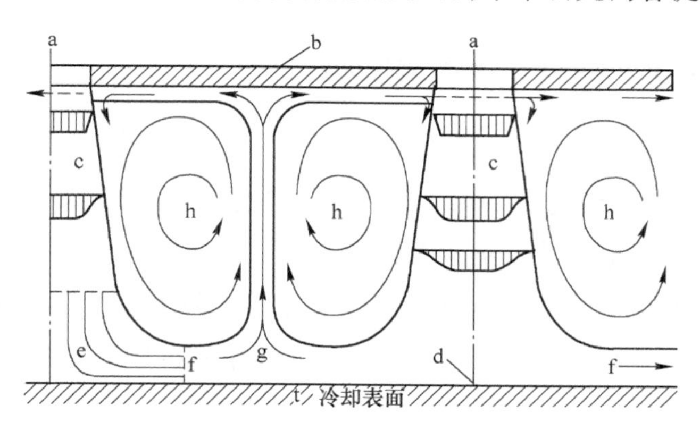


图 5-1 多束喷嘴射流的复杂流体形式

a—喷嘴出口；b—护板；c—自由发展流；d—滞止点；e—滞止流区；f—减速流；g—上升流；h—涡流区

许多学者针对多束射流冲击冷却换热属性开展了研究工作。Jiji 等[152]进行的多束冲击射流实验中发现，随着相邻射流间距的减小，冷却的均匀性有一定的提高。同时当关于喷嘴高度的无量纲参数 $H/d_n$ 在 3~5 范围时，对换热能力没有影响。根据实验数据他们得出了以下公式：

$$Nu = 3.84 Re_{d_n}^{0.5} Pr^{\frac{1}{3}} \left(0.008 \frac{L}{d_n} N + 1\right) \tag{5-1}$$

式中 $L$——加热器长度，mm；

$d_n$——喷嘴直径，mm。

Robinson[153]也设计并进行了自由表面和浸没条件下的多束射流冷却实验，冷却面积为780mm²，水流密度范围为2~9L/min。在此实验条件下得到的 $Nu$ 计算公式为：

$$Nu = 23.39 Re_{d_n}^{0.46} Pr^{0.4} \left(\frac{s}{d_n}\right)^m \left(\frac{H}{d_n}\right)^n \tag{5-2}$$

式中，$m$ 和 $n$ 在不同的实验条件下的对应关系为：

$$\left.\begin{aligned} m &= -0.44200 \\ n &= -0.00716 \end{aligned}\right\} 2 \leqslant \frac{H}{d_n} \leqslant 3,\ 3 \leqslant \frac{s}{d_n} \leqslant 7$$

$$\left.\begin{aligned} m &= -0.121 \\ n &= -0.427 \end{aligned}\right\} 5 \leqslant \frac{H}{d_n} \leqslant 20,\ 3 \leqslant \frac{s}{d_n} \leqslant 7$$

### 5.1.1 不同流速下多束射流冲击规律研究

图5-2中标注的9束射流阵列的冲击点位置，9束射流分三列平行排布，喷嘴间隔为25mm，热电偶的布置形式为相邻采集点间隔为5mm。喷嘴阵列的中心点为9号热电偶的采集位置，这样布置形式可在一次实验中同时获得喷嘴阵列内部及外部的温度信息。实验设计了三种实验条件，其主要变化参数为射流速度，其余参数保持不变。实验条件如表5-1所示。

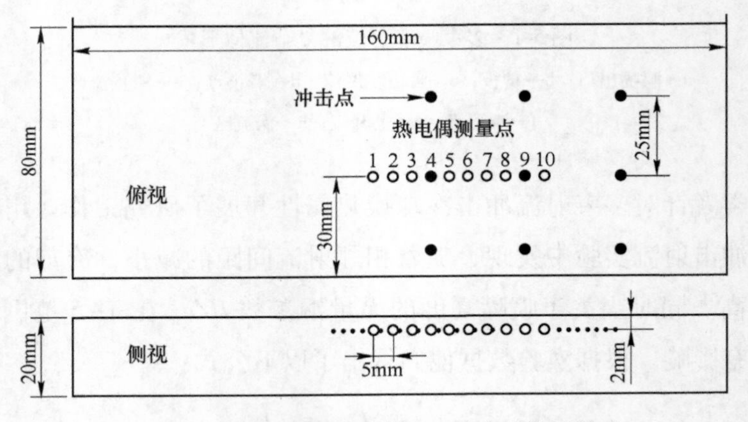


图5-2 实验热电偶测量位置和冲击点位置说明

表 5-1 实验参数说明

| 实验 | $T_i$/℃ | $\Delta T_{sub}$/℃ | $D$/mm | $v$/m·s$^{-1}$ | $H/D$ |
|---|---|---|---|---|---|
| C1 | 700 | 82 | 3 | 3.9 | 30 |
| C2 | 700 | 82 | 3 | 2.6 | 30 |
| C3 | 700 | 82 | 3 | 1.9 | 30 |

为减小多流速之间差异的干扰，本文基于 SolidWorks®三维机械设计软件设计了具备阻尼结构的均流装置。经多次验证性实验，最终喷嘴结构如图 5-3 所示。该均流装置采用 3D 打印增材制造的方式加工而成，加工精度为 0.1mm，进水口采用直径 15mm 的 M35 螺纹。均流装置内的阻尼板上布置有 4 个直径 10mm 的通水孔，稳定的供水量可以保证喷嘴出口的腔体维持均匀的压力状态，从而确保各喷嘴的流速均匀性。喷嘴伸出长度为 20mm，内径为 3mm，各喷嘴的流速偏差在±5%以内。

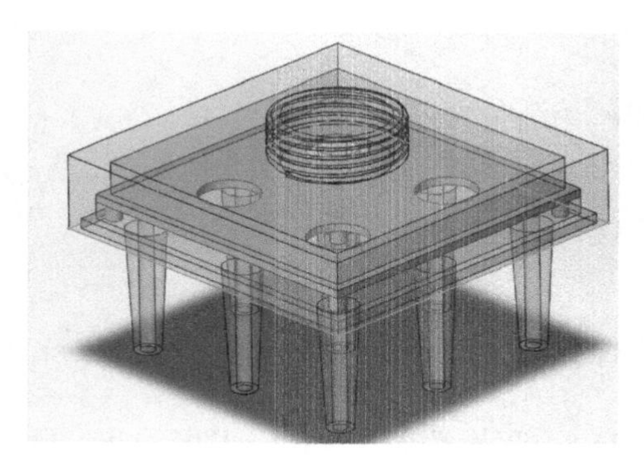

图 5-3 均流装置结构示意图和实物照片

模拟计算的主要区域是喷嘴阵列下方边长为 100mm 的立方体，如图 5-4 所示。立方体的底面为试样所在平面，立方体的四周及上方平面为压力出口边界条件，可认为其对应的是真实世界中开放平面。在此并未根据对称结构来简化模拟模型，因为此实验条件下紊流状态较强，在对称边界条件中可能会因为丢失部分信息而影响计算精度。模拟条件为气态和液态混合条件，采用了 VOF（Volume of Fluid）模型来计算稳定流场状态，采用了 $k$-$\varepsilon$ 模型来计算紊流强度等信息。入口边界条件选用流速入口边界，液相比例设置为 1，代表着喷嘴入口充满了水。出口界面选择压力为 0 的压力边界条件，表示流体可以自由的流出。对流和扩散控制方程的离散使用二阶迎风算法。在计算物理学中，迎风算法表示一类解决双曲偏微分方程的数值离散化方法，并使用一种自适应有限差分模板来计算流场的传播方向信息。压力场的求解则采用了 SIMPLE 算法。

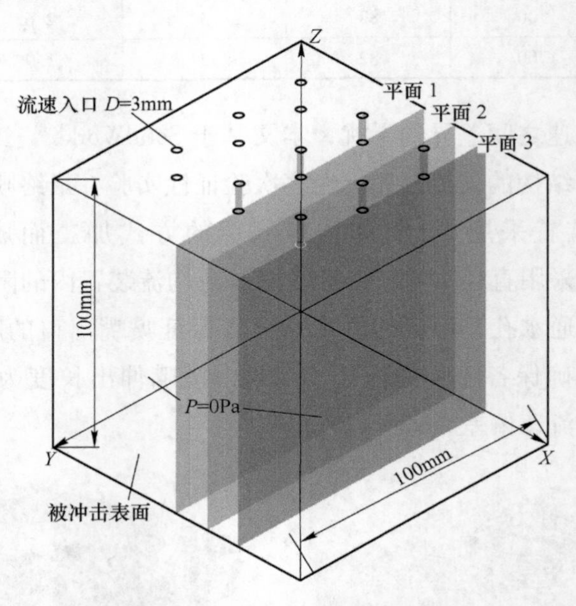


图 5-4 模拟计算区域及边界条件

### 5.1.2 冷却过程流体属性数值模拟和影像分析

图 5-5a 为冷却水冲击至钢板表面 0.1s 时的表面流体状态。可以看出，飞溅的液滴发生强烈的撞击，流体状态并不稳定。在冲击点位置，可观测到直径约为 1.5*D* 的润湿区域。在相邻平行流碰撞的区域，并未观察到润湿区域，同时在喷嘴间流体堆积的区域也未观测到沸腾气泡。

图 5-5b、c 显示了冷却水冲击至钢板表面 0.34s 和 0.67s 时的流体状态。可看出润湿区域由各束射流的冲击点位置逐渐扩大，说明多束射流的再润湿规律与单束射流相似。此时溅射的液滴明显减少，在喷嘴间形成了较稳定的平行于表面的流出射流。但此时在相邻平行流碰撞的区域依然观察不到再润湿现象。

图 5-5d 为冷却水冲击至钢板表面 1s 时的表面流体状态。此时流体状态较为稳定，在喷嘴间隙中央位置可见流体堆积现象。表面的平行流发生碰撞后

变为与钢板表面垂直的射流，并在重力作用下分散下落，在流体堆积区域可观测到气泡混合在流体中。在表面堆积的流体沿着冲击射流的间隙流出，润湿区域已相互连接，在排出流体的流动区域并未观测到明显的再润湿现象。

图 5-5e 为冷却水冲击至钢板表面 2s 时的表面流体状态，此时流体的冲击高度略有下降。在流体堆积区域观察到的沸腾气泡直径变小，冲击区域外围的润湿区域进一步扩大，在排出流体的流动区域仍未观测到明显的再润湿现象。

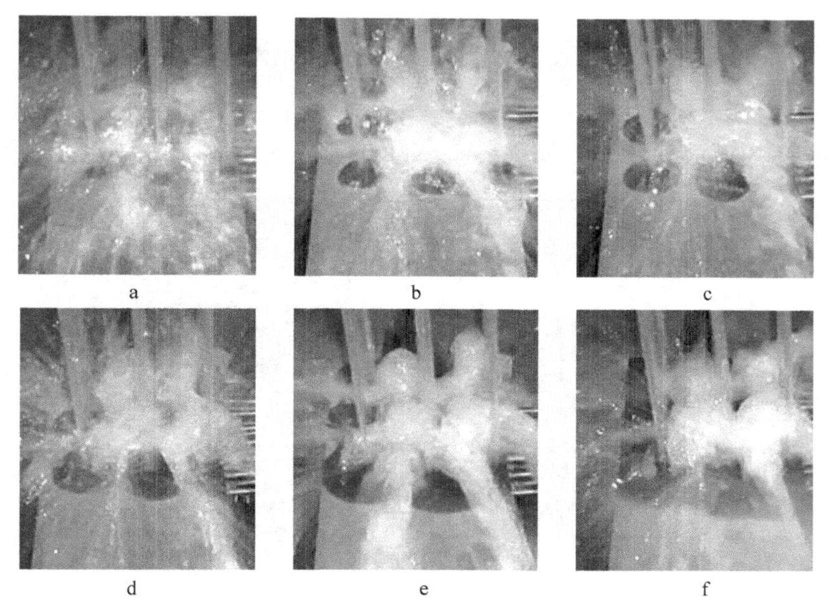

图 5-5　C2 实验条件下，不同冷却时间时表面流场状态和润湿区域照片

a—0.1s；b—0.34s；c—0.67s；d—1.00s；e—2.00s；f—3.00s

图 5-6 为流速矢量图，对应 VOF 大于 0.1 的位置。可以看出模拟流体状态与实际流体状态接近。喷嘴间可观察到明显的流体堆积现象，堆积流体沿着喷嘴间隙流出。在相邻喷嘴间的平行流产生碰撞，碰撞后的流体方向变为垂直于冷却表面。在重力的作用下，冷却水最终会跌落并与上升的冷却水碰撞后沿着喷嘴的间隙流动。在图 5-6a 中可见，中心喷嘴和外侧喷嘴间的上升流位置并不在物理中心位置，而是更接近外侧喷嘴。冲击至表面的流体在接近表面位置处对应着很薄的流层。图 5-6b 为俯视角度所示的各喷嘴附近存在的空隙区域，这是上升流与堆积水相互平衡的结果。

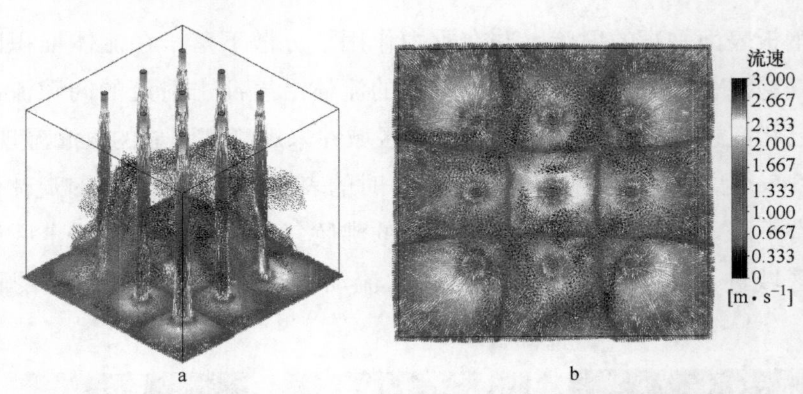


图 5-6 在水容量大于 0.1%的区域内的流速矢量图

a—标准视角；b—俯视

图 5-7 为紊流动能 $k$（Turbulence Kinetic Energy）和流速矢量在各测量面

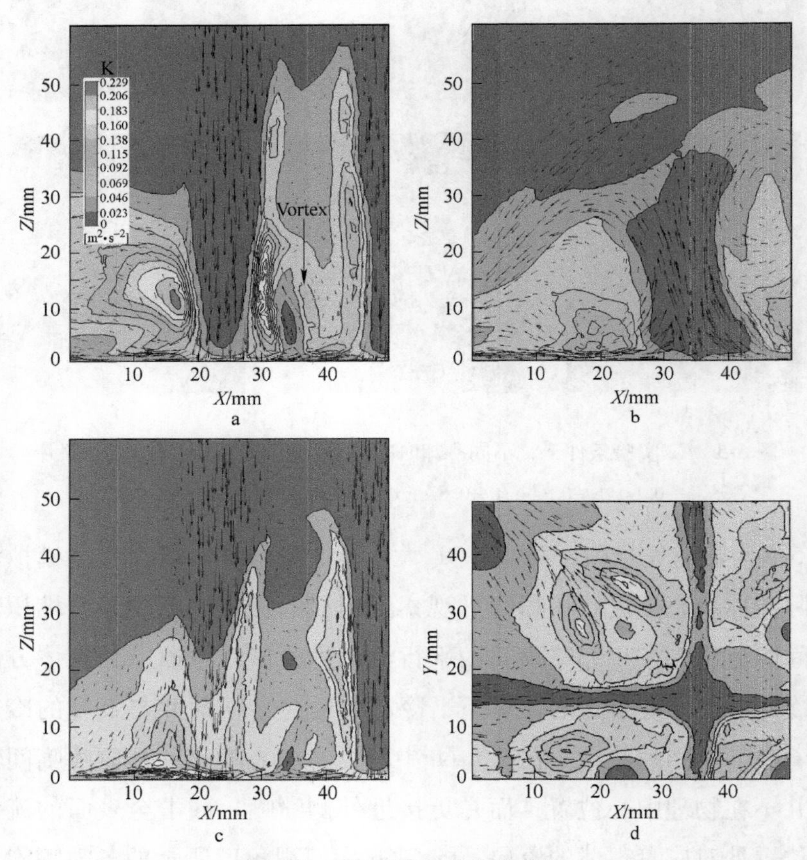


图 5-7 $k$ 和流速矢量分布截图

a—平面 1；b—平面 2；c—平面 3；d—平面 4$H=D$

上的分布信息。$k$ 是考虑到涡流状态的单位质量内的平均动能，可以理解为测量点的均方根（RMS）速度波动，各测量面的位置如图 5-4 所示。因为多束射流结构的对称性，沿喷嘴中心线的两侧模拟结果非常接近，故只选取其中一侧进行分析。图 5-7a 中射流路径区域的 $k$ 都非常小，说明流速的连续性很好。在 35mm 位置处可观察到上升流，上升流连续区域约为 17mm 高。上升流位置距离外侧喷嘴为 10mm 而距离中心喷嘴为 15mm。$k$ 较大的区域主要分布在射流区域的两侧，此区域较大的速度波动主要为喷嘴间的堆积流体卷入向下射流的过程。在喷嘴外侧存在一定的流体堆积现象，部分堆积流体与外侧射流接触形成涡流，大部分流体在涡流上方流走。图 5-7b 位置为两相邻喷嘴的中间位置，可观察到明显的上升流区域，流速稳定的上升流高度约为 38mm，$k$ 较高的区域对应着相邻流体冲击的区域，沿着流体堆积层的上方流出。图 5-7d 为 3.5mm 高度处数据平面的俯视图，从中可看出 $k$ 较高的区域主要分布在各喷嘴靠外侧的区域，说明堆积流体在此区域的跌落与平行流的撞击使流速产生较大变化。

### 5.1.3 温度和热流密度分析

图 5-8 所示为冷却过程中表面温度与热流密度随时间的变化趋势。可以看出在冲击点处（点 4 和点 9），热流密度的变化趋势非常接近。在点 9 处，冷却开始 0.5s 后即达到热流密度的峰值 4.52MW/m$^2$，此位置处的热流密度也是整个冷却区域中最大的。结合图 5-6 中对应时刻的流体状态，可知此时

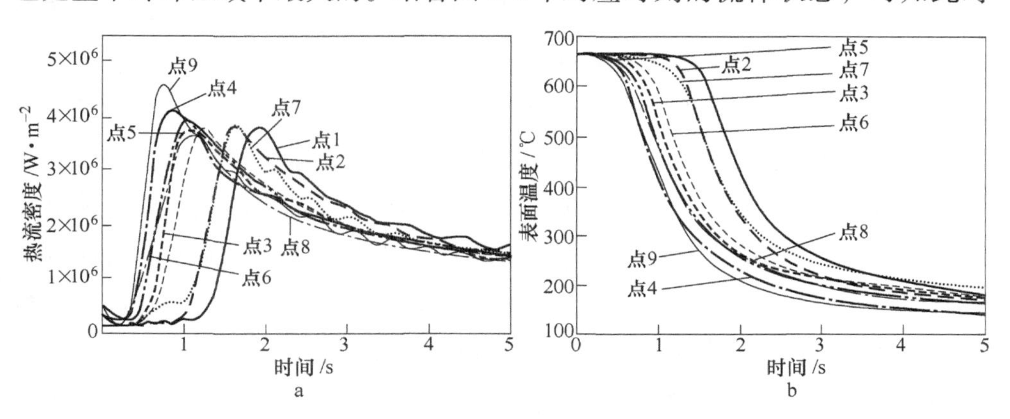


图 5-8 C1 实验中不同位置处表面热流密度和表面温度随冷却时间的变化规律

冲击至表面的流体尚未形成稳定状态。因此在一定流量条件下，冲击点在冷却开始时并未受多喷嘴流场干涉的影响，且对应着最大的 MHF。

在距离冲击点 5mm 的测量点处（3 点、5 点、8 点），仅用 0.1s 润湿区域便扩大至此区域，基本与冲击点开始润湿时间相同。但此位置处的热流密度增大速度明显低于冲击点处。从温度数据上可看出，在此位置处温度下降的时间与冲击点处非常接近。此位置处热流密度的峰值约为 3.75MW/$m^2$，比冲击点处的峰值低 17%左右，且热流密度到达峰值的时间也慢 0.3s。

距离冲击点 10mm 的测量点（6 点、7 点、2 点）处，其中 6 点、7 点位于喷嘴阵列内部，2 点位于喷嘴阵列外侧。在 7 点处，可观察到在冷却开始初期，热流密度会有一段时间的缓慢增长。这是由于冷却初期溅射的水滴在此位置碰撞并残留，而此时点 7 处表面尚未润湿，处于膜沸腾状态，故热流密度较低。点 6 处的再润湿速度快于点 7 和点 2 处，这可能是因为上升流的中心位于点 6 处，说明上升流对再润湿过程有加速效果。点 2 处位于阵列射流的外侧，其热流密度到达峰值的时间慢于在阵列内部的对应位置，说明阵列喷嘴内部的流体堆积有利于润湿区域的扩大。

图 5-9 所示为不同位置处热流密度峰值及其对应时刻及表面温度，其中 $t^*$ 为到达 MHF 时对应的时间，$T^*$ 为到达 MHF 时对应的表面温度。可看出较大的流速对应较大的 MHF。MHF 越大，$T^*$ 越高，$t^*$ 越短。在瞬态冷却过程中，热流密度到达峰值时为瞬态沸腾向核沸腾转变的时刻，较大的 MHF 说明其对应着更高的沸腾强度。在冲击点处（点 4 和点 9 处），MHF 最大。在其余位置处，MHF 随着距冲击点距离的增加而减小，润湿区域的扩大速度随着流速的增加而增加。在流速为 3.9m/s 时，喷嘴阵列中心位置点 6、点 7 处到达热流密度峰值的时间比流速为 2.6m/s 时的对应数值小 0.7s（~43.7%），但在喷嘴外侧点 2 处，该提升效果则不明显，对应时间仅缩小 0.1s（~7.1%）。结合之前研究结果可知，流速对换热能力的提高主要体现为更快的再润湿速度，在单位面积内带走更多热量。多束射流条件流速的增加可以起到相同的效果。但流速对换热能力的提高效果会受到喷嘴间距的影响，当喷嘴间距减小时流速对换热能力的提高效果也会减弱。

图 5-10 为冲击区域测量位置处表面温度随冷却时间的变化过程。在 0.5s 时，在冲击点位置处（点 4 和点 9）温降最大。点 4 和点 9 两处的温降幅度基

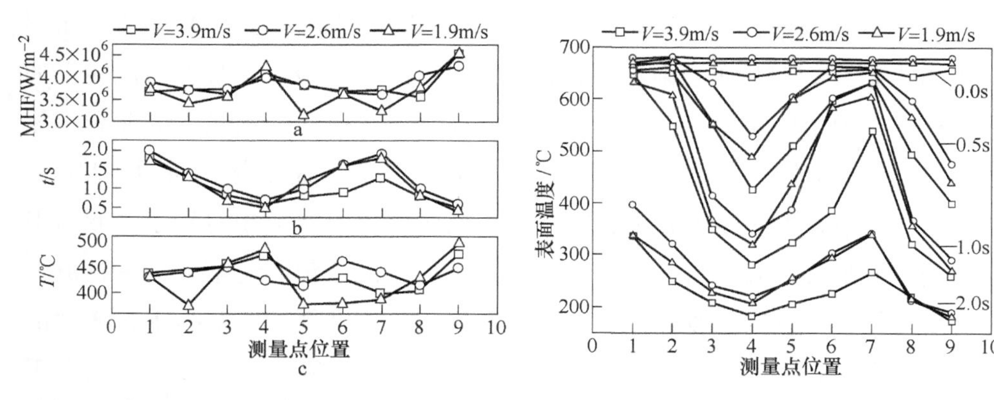


图 5-9　射流速度对不同位置处参数的影响　　图 5-10　不同冷却时刻时表面温度场变化

本一致，说明多束射流的冷却过程与单束射流时相似，多束射流流场的干扰并未改变其基础冷却过程。温度曲线的分布说明，距离冲击位置越远，温度下降越慢。多束射流间的上升流与涡流并未本质性地改变再润湿规律。

测量点 2、点 6 和点 7 距离其最近冲击点位置都为 10mm，在此对其温度曲线进行对比分析。在 1.0s 时，点 6 和点 7 处的温度大幅低于点 2 处。点 2 处的流体状态主要为平行流，并伴随着排出冷却水的扰动。点 6 和点 7 处的流体状态主要为平行流碰撞产生的上升流和涡流。在点 6 和点 7 处，较低的表面温度说明多束射流间的碰撞产生的流体结构有利于再润湿速度和沸腾强度的提高。此时，钢板表面的温度梯度最大，点 7 和点 9 之间的温差为 280.8℃，而这两点的温差在冷却时间为 2.0s 时急剧下降到 95.1℃。点 7 与点 9 的温差逐渐缩小的主要原因是热流密度随着表面温度降低而下降。随着冷却时间的增加，冲击区域的温度快速下降，此时射流换热效率会明显降低。

## 5.2　多束圆形喷嘴倾斜射流冲击流体属性和换热特征研究

### 5.2.1　静止条件下多束倾斜射流流体属性研究

#### 5.2.1.1　顺排条件下流体流动特性

设定顺排条件下射流高度 $H=50$mm，喷嘴内径 $D=3$mm，喷嘴出口速度 $V=10$m/s，排间距 $S_1=100$mm，排内喷嘴间距 $S_2=100$mm。研究倾角分别为 0°（垂直）、15°、30°、45°条件下的流体流动特性。

图 5-11 是倾斜角度 $\theta=0°$ 和 $\theta=45°$ 时的压力和水流速度矢量图。如图 5-11a和 b 所示，对于垂直射流而言，冲击点处的压力最大，其次为流体干涉区域；随着倾角从 0°增至 45°，干涉区位置发生偏移，由直线变成曲线，相应流体干涉区对钢板表面的压力区域也由直线状变为曲线状。如图 5-11c 所示，流体与钢板表面形成滞止流区，滞止流区域内的流速相对较小。冲击射流外侧区域平行流流速明显增大。但随着距离冲击点距离的增大，平行流流速有所降低，多束流干涉区，水平方向的流速显著降低，转变为垂直方向的上升流。图 5-11d 所示，倾斜射流条件下的顺向平行流流速明显大于逆向平行流，并且上游喷嘴的平行流与下游喷射流体产生干涉，对喷射压力和流体分布产生影响。在其他实验相同的条件下，雷诺数 $Re$ 主要受流速影响，与流速呈正比，因此雷诺数的分布与流速的分布趋势相近。

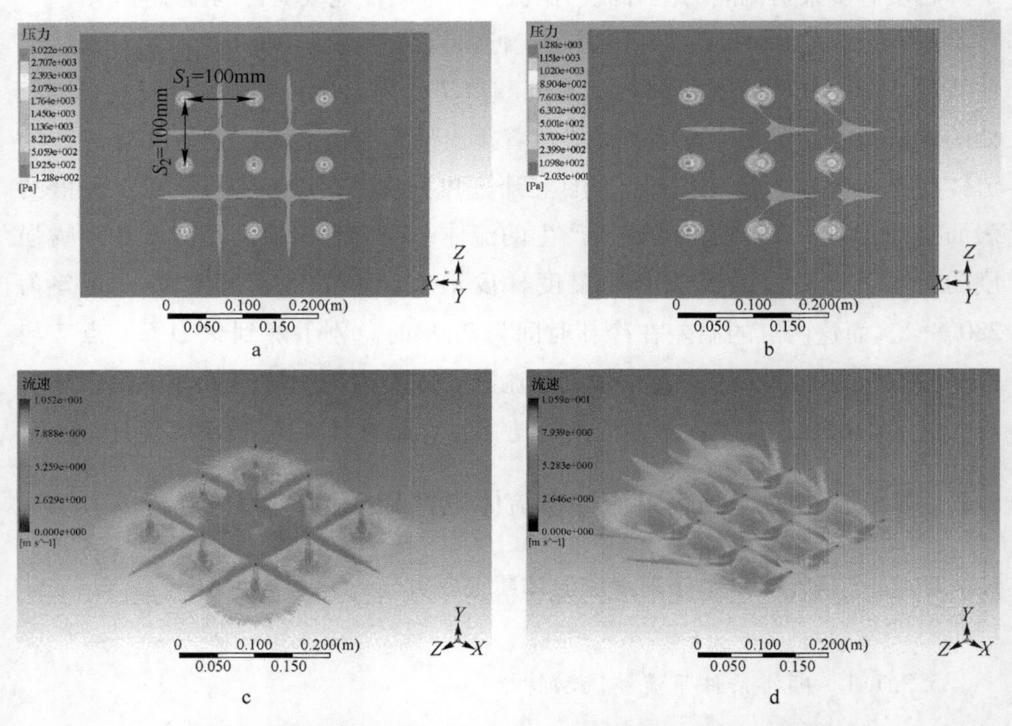


图 5-11 倾斜角度 $\theta=0°$ 和 $\theta=45°$ 时的压力和水流速度矢量图

a—$\theta=0°$ 的压力示意图；b—$\theta=45°$ 的压力示意图；c—$\theta=0°$ 的水流速度矢量图；d—$\theta=45°$ 的水流速度矢量图

#### 5.2.1.2 叉排条件下流体流动特性

设定叉排条件下射流出口速度为 10m/s、射流高度为 50mm，排间距 $S_1$ = 50mm，排内喷嘴间距 $S_2$ = 100mm，对不同倾角的叉排模型分别进行仿真模拟研究。图 5-12a 所示为倾角 0°条件下（垂直）的流速分布示意图。垂直的射流冲击钢板表面后形成沿钢板表面的平行流，平行流流速沿冲击点向外对称分布。图 5-12b 中倾角为 45°时，顺向流速明显大于逆向流速，且干涉区的流速有所增大。湍流动能分布与流速相类似，如图 5-13 所示。图 5-14 分别为 0°和 45°时钢板表面压力。由图可知，倾角增加，干涉区冲击压力以及冲击面积明显增大。

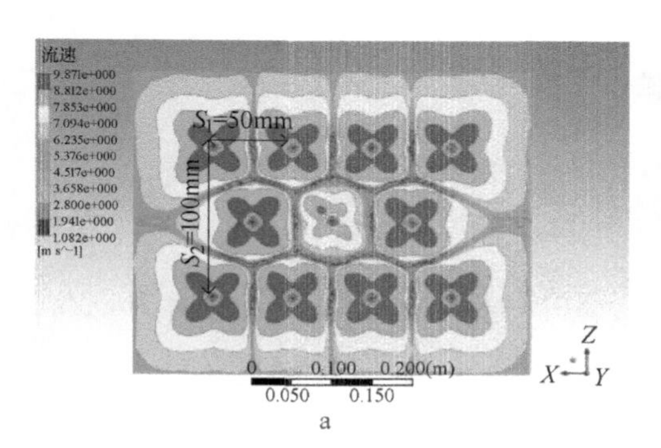

a

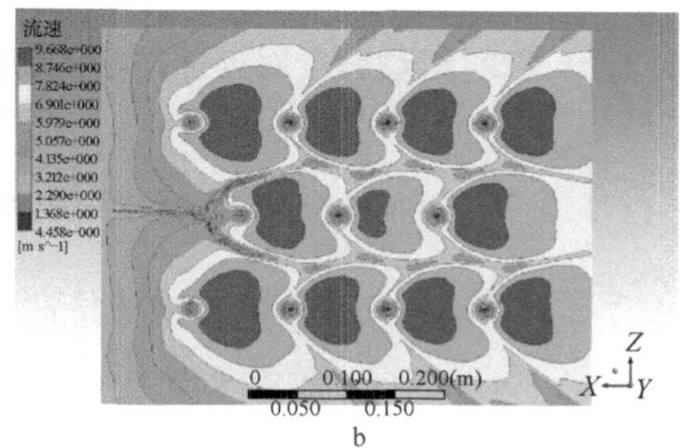

b

图 5-12 0°和 45°时叉排多束射流冲击的水平流速

a—0°；b—45°

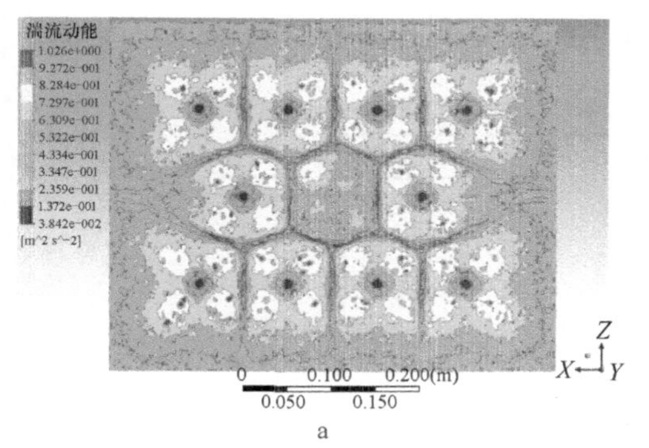

a

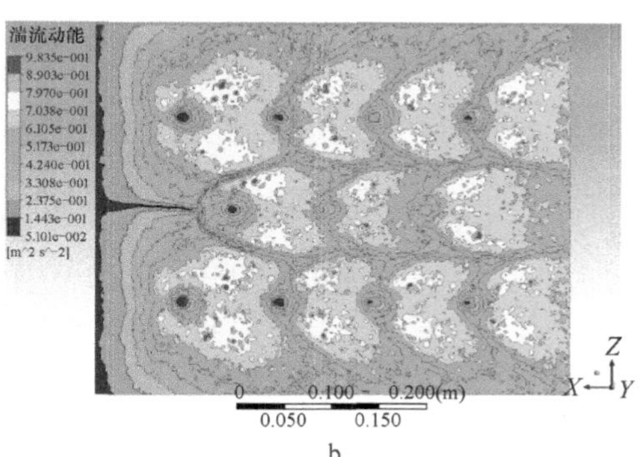

b

图 5-13 0°和 45°时叉排多束射流冲击的湍流动能

a—0°；b—45°

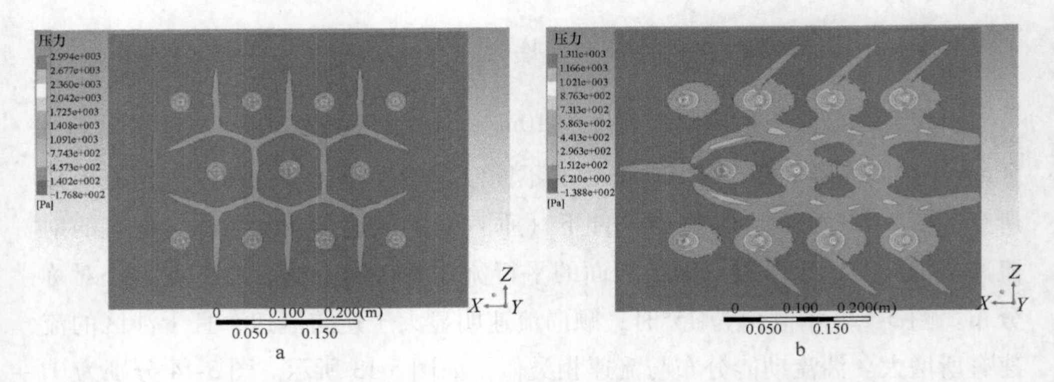


图 5-14 0°和 45°时叉排多束射流冲击的表面压力

a—0°；b—45°

## 5.2.2 相对运动速度对换热属性的影响

### 5.2.2.1 顺排倾斜射流换热属性研究

针对不同运动速度开展换热特性进行研究。相对运动速度分别为 7mm/s、10mm/s、13mm/s，射流角度为 15°，流量为 10L/min，开冷温度均为 700℃，冲击实验及热电偶分布示意图如图 5-15 所示。

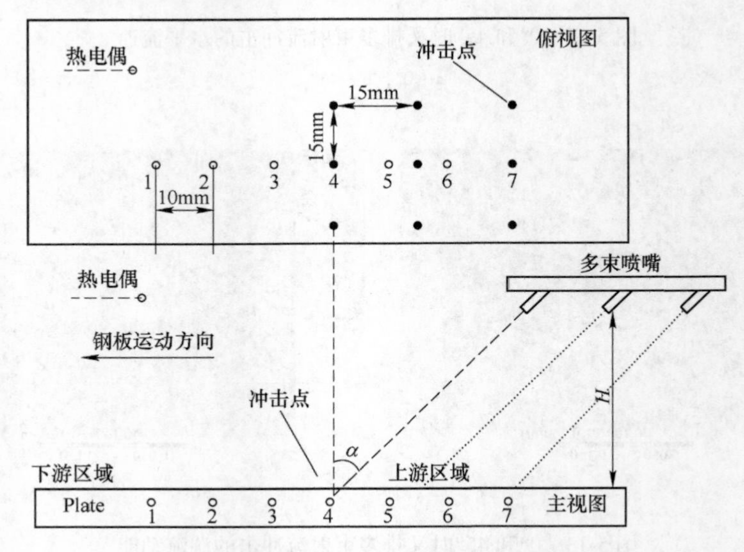


图 5-15 顺排喷嘴射流冲击实验方案及热电偶分布

不同运动速度下的热流密度曲线如图 5-16 所示。随着运动速度从 7mm/s 增至 13mm/s，相邻热流密度曲线峰值的时间间隔的平均值分别为 1.32s、0.84s 和 0.8s。之后冷却水与高温钢板表面发生强度较高、换热相对稳定的核态沸腾和单相对流强制换热。图 5-17 所示为不同运动速度下的 MHF 值。随着运动速度增加，MHF 由 3.75~4.05MW/m$^2$降低为 3.34~3.6MW/m$^2$，变化幅度为 11%。相应的，达到热流密度峰值的时间 $t_{MHF}$有所减小，如图 5-18 所示，喷嘴顺排布置条件下，$t_{MHF}$从 1.65~9.63s 减小为 0.98~5.2s，减小幅度达到 40.6%~46%。这与运动条件下狭缝喷嘴射流冲击换热特征相同。运动速度降低，固/液接触时间延长，再润湿前沿处的润湿面积越大，钢板表面温降越快[154]，$u\Delta T_{sub}$增大，再润湿延迟时间缩短，提高换热效率[155]。

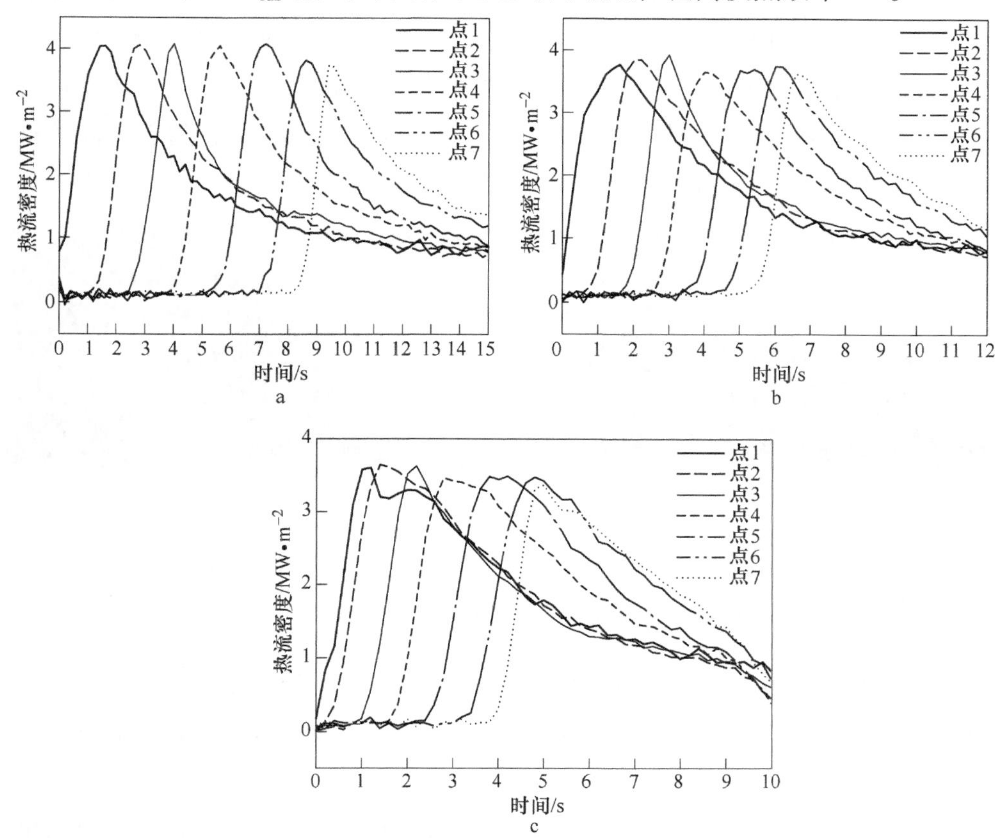


图 5-16 不同运动速度下的热流密度曲线

a—7mm/s 时的热流密度；b—10mm/s 时的热流密度；c—13mm/s 时的热流密度

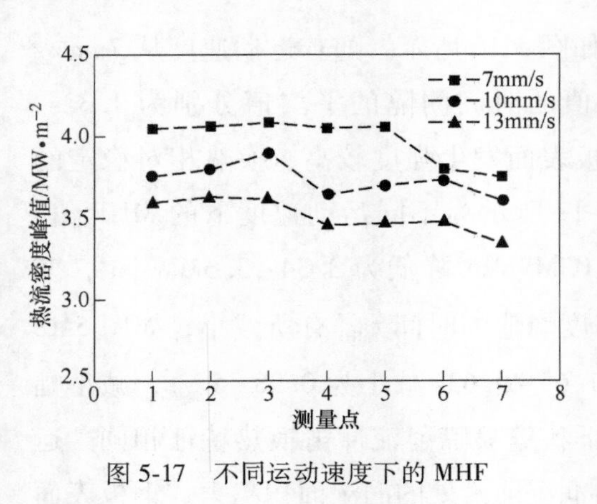


图 5-17 不同运动速度下的 MHF

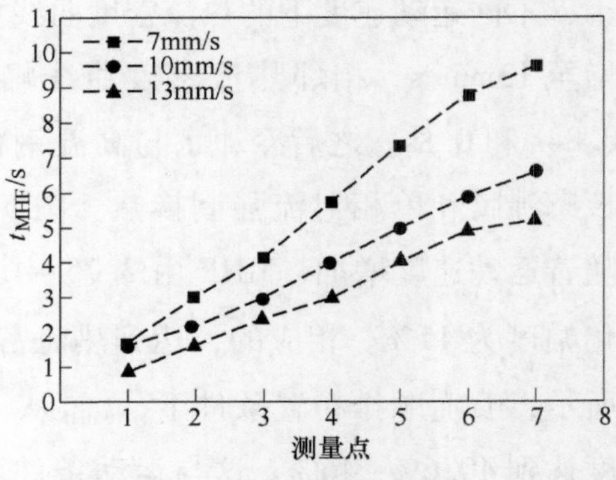


图 5-18 不同运动速度下的 $t_{MHF}$

如图 5-19 所示为运动条件下顺排多束圆形喷嘴射流冲击钢板后的冷却水恢复过程。观察可知，射流冲击冷却水流束离开钢板表面后的很短时间内，钢板表面残留水处于核态沸腾或单相强制对流换热状态。钢板内部热流量持续传导至钢板表面，致使钢板表面温度迅速升高，发生沸腾，随着时间的推移，冷却水蒸发殆尽。这与典型的池沸腾现象相同[156]。

图 5-19 射流冲击后冷却水恢复过程

#### 5.2.2.2 叉排倾斜射流换热属性研究

射流角度设置为 15°，喷嘴流量为 10L/min，运动速度分别为 7mm/s、10mm/s、13mm/s，开冷温度为 700℃，冲击实验及热电偶布置如图 5-20 所示。

不同运动速度下的热流密度曲线如图 5-21 所示，可以看出相邻热流密度曲线的间距分布均匀。随着运动速度从 7mm/s 增至 13mm/s，热流密度曲线间距减小，换热均匀性提高。

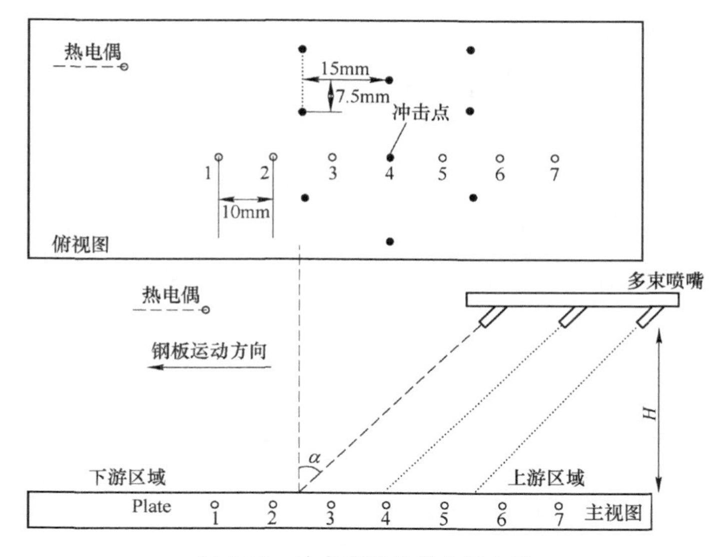


图 5-20 冲击实验及热电偶布置

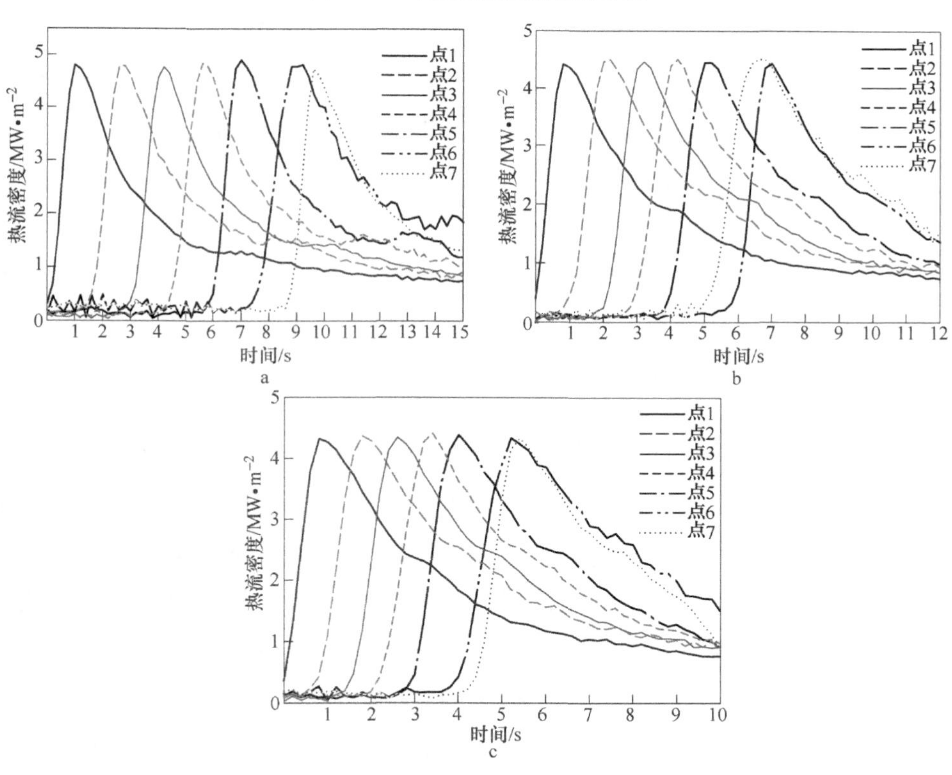


图 5-21 不同运动速度下的热流密度曲线

a—7mm/s 时热流密度；b—10mm/s 时热流密度；c—13mm/s 时热流密度

图 5-22 为不同运动速度下的 MHF。随着运动速度增加，MHF 逐渐降低，MHF 从 4.74～4.77MW/m$^2$变化为 4.3～4.34MW/m$^2$，变化幅度为 9%。如图 5-23所示，$t_{MHF}$从 1～9.63s 变化为 0.78～5.4s。

对比分析可知，叉排条件下获得了较高的 MHF，并且叉排条件下热流密度峰值受到相对运动速度的影响较小。同时，叉排条件下热流密度曲线的稳定性更好，说明相对于顺排布置的喷嘴，叉排布置喷嘴有利于提高冷却强度，改善局部换热均匀性。

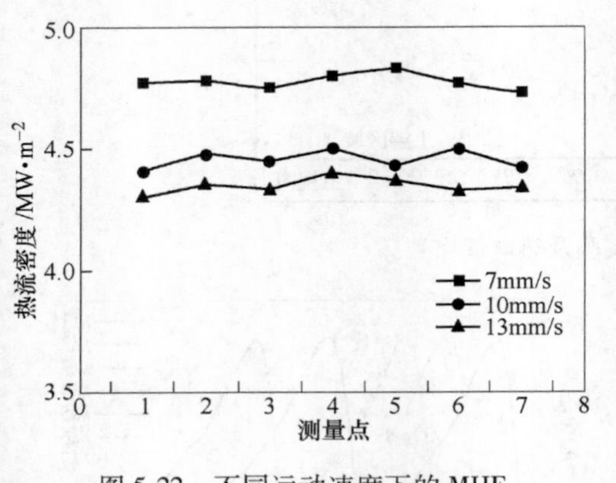


图 5-22 不同运动速度下的 MHF

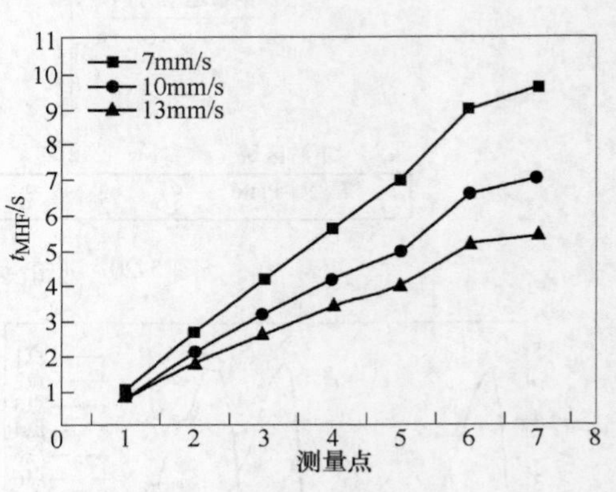


图 5-23 不同运动速度下的 $t_{MHF}$

## 5.2.3 倾角对换热属性的影响

### 5.2.3.1 倾角对顺排射流冲击换热属性的影响

在运动速度为 10mm/s，流量为 10L/min 的条件下，实验研究 0°、15°、30°和 45°四种倾角下的换热规律，实验布置如图 5-15 所示。图 5-24 为不同角度下的热流密度曲线。在垂直（0°）射流条件下，热流密度峰值相对较低，且热流密度分布不均。随着倾角的增大，热流密度曲线分布趋于平行，交叉现象有所缓解，换热均匀性得到改善。

图 5-25 所示为不同倾角下的 MHF。随着倾角增大，MHF 呈逐渐先增大后减小的趋势。在 15°时最大，相对于垂直射流顺排布置时的 MHF 从 3.76～4MW/m$^2$增到 4.14～4.5MW/m$^2$，增加了 10%～12.5%。相对于垂直射流，倾角增加，顺向流区域的质量通量增大。由于相对运动的存在，热流密度峰值

发生时的过渡沸腾和核态沸腾临界区域处于顺向流区域内，因此热流密度峰值有所增大。E. A. Silk 等人[157]则指出倾角在一定范围内增大，减少了平行流在钢板表面的停滞，可能是热流密度增加的原因。而另一方面，随着倾角进一步增大，冷却水的冲击钢板表面的冲击力变小，降低了到达临界沸腾强度。因此，热流密度峰值也出现减小的趋势。如图 5-26 所示，随着倾角的增加，$t_{MHF}$逐渐增大。相对垂直射流，随着倾角的增大，逆向平行流流速大幅降低，再润湿速度降低，再润湿时间 $t_w$ 和 $t_{MHF}$ 延长。相对而言，其受到相对运行速度的影响更为显著。

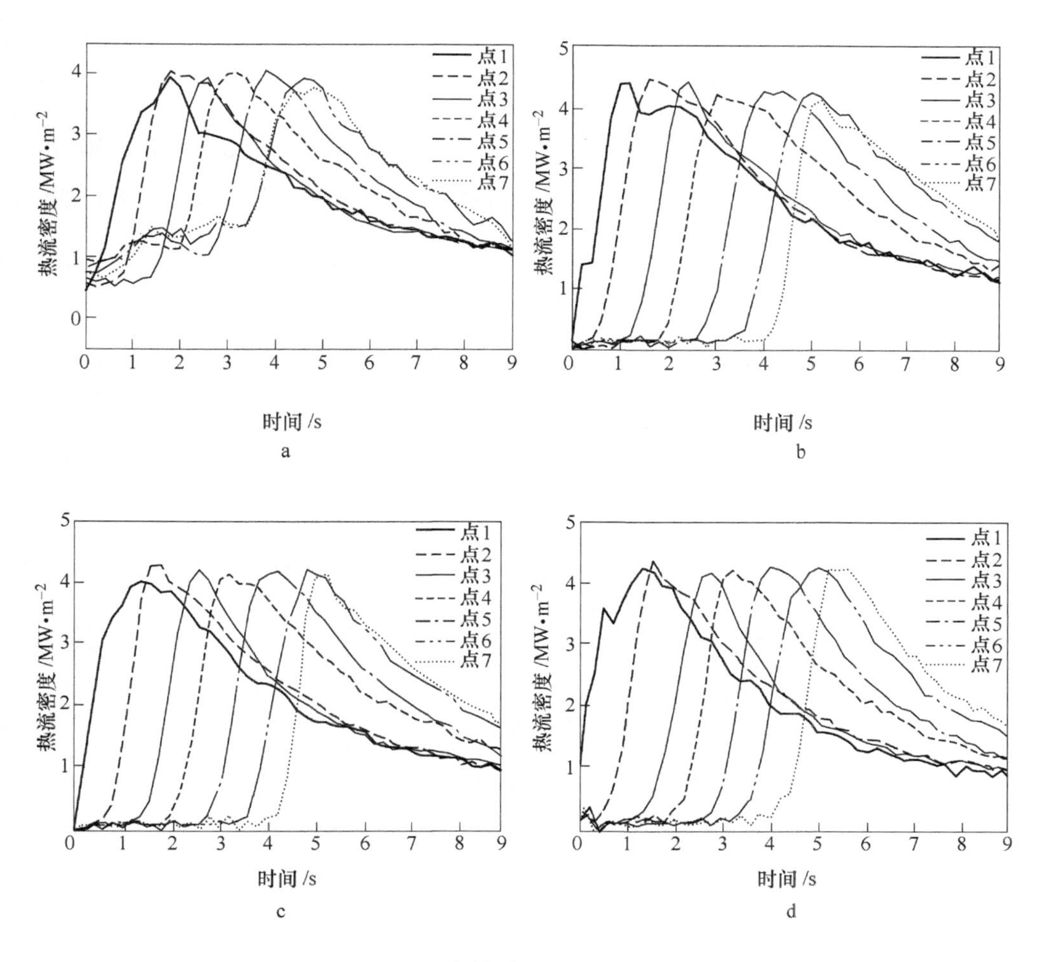


图 5-24　不同角度下的热流密度曲线

a—0°；b—15°；c—30°；d—45°

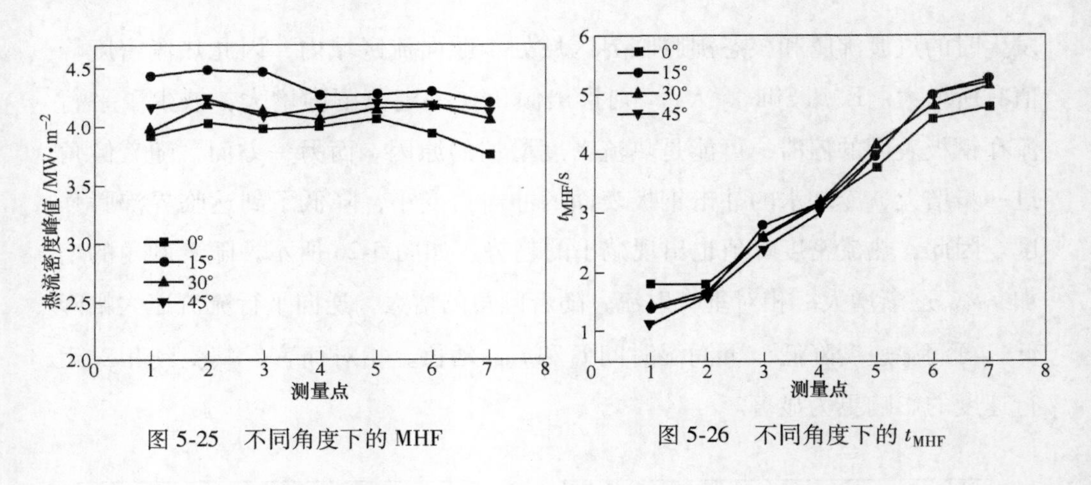


图 5-25 不同角度下的 MHF　　　图 5-26 不同角度下的 $t_{MHF}$

#### 5.2.3.2 倾角对叉排射流冲击换热属性的影响

在运动速度为 10mm/s，流量为 10L/min 的条件下，分析 0°、15°、30°和 45°四种倾角条件下的换热规律，实验布置如图 5-20 所示。图 5-27 为不同倾

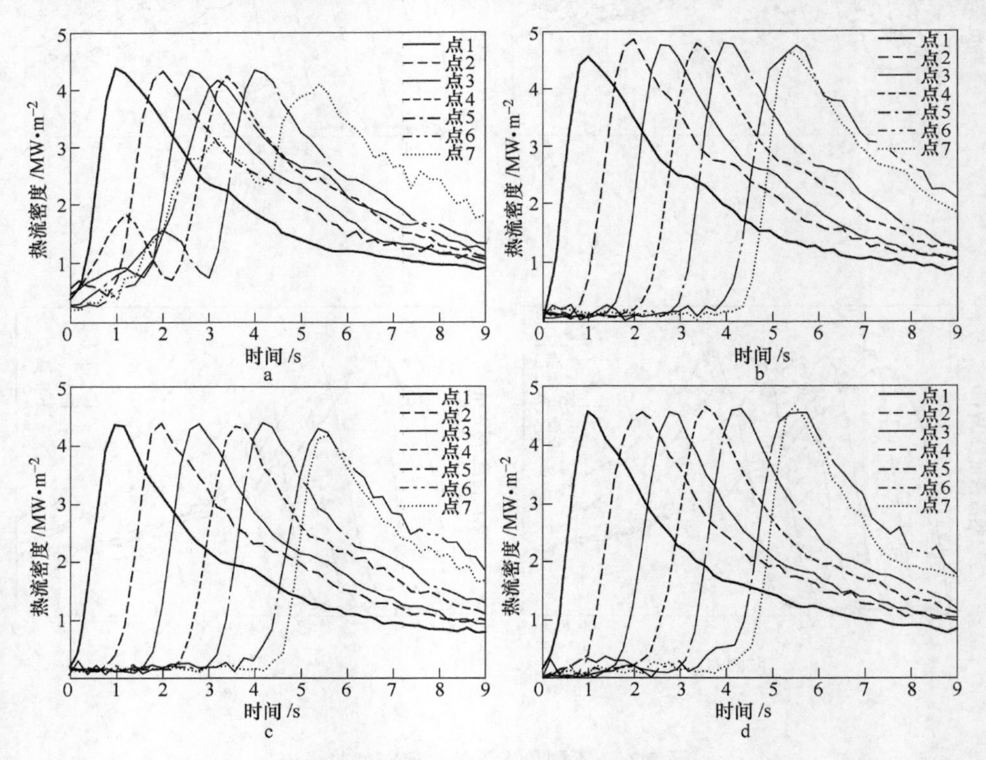


图 5-27 不同角度下的热流密度曲线

a—0°；b—15°；c—30°；d—45°

角下的热流密度曲线。与顺排相似，在垂直射流（0°）条件下，热流密度曲线的均匀性较差。而在15°、30°和45°的倾斜射流条件下，热流密度曲线间的平行性较好。

不同角度下的MHF如图5-28所示。倾角从0°增至45°，MHF呈先增大后减小的趋势，这与喷嘴顺排布置时的趋势相同。但很显然，叉排条件下热流密度峰值MHF显著大于喷嘴顺排布置，这表明喷嘴叉排布置有利于提高换热强度。此外，叉排条件下热流密度曲线分布更加均匀，有利于提高换热均匀性（图5-29）。

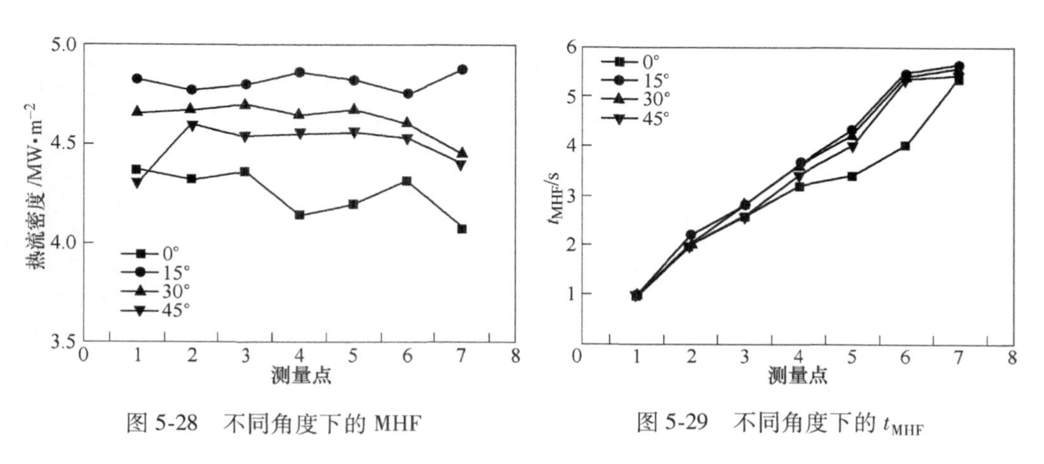


图5-28 不同角度下的MHF

图5-29 不同角度下的$t_{MHF}$

## 5.3 超快冷工艺装备优化和模型开发

在热轧中厚板生产过程中，其冷却状态与静态射流冲击过程在较大差异，主要区别为钢板处于快速运动状态，一块钢板的冷却过程中会经历多次冲击，对应多次温度下降、回升的过程。同时，钢板表面流场的状态也较为复杂。本节的实验针对表面流场和换热的耦合问题，结合数值模拟和现场实验数据，对不同流速下的冲击区域流场状态、冲击压力、平均换热系数等参数进行了研究。

国内某钢厂5000mm生产线上使用的中厚板轧后先进冷却系统，设备外观如图5-30所示，其主要结构包括可提升的框架结构、供水结构、喷嘴集管、输送辊道等。中厚板轧后先进冷却系统在生产线的布置形式如图5-31所示，冷却区入口距离轧机中心线距离为46m，共有24组喷嘴，其中前4组为狭缝喷嘴。本实验未使用狭缝喷嘴，只针对数量较多的高密快冷喷嘴。喷嘴倾斜方向与钢板法线方向的夹角可调节。这样的排布形式可减少表面冷却水的无序流动，将其约束在喷嘴间的区域内。每两组喷嘴间布置有侧喷吹扫装置用以清除表面残水，提高冷却均匀性。钢板在冷却过程的温度信息由 $P_1$ ~ $P_4$ 高温计进行测量（LAND $LSP_{HD}$ 21），其测量范围为 300 ~ 1000℃，精度为 ±2℃。高温计的布置位置如图 5-31 所示。冷却过程中的相关数据，如钢板温度、各组集管的流量、辊道速度等信息都由基础控制系统传至工艺过程控制系统进行记录。

图 5-30 国内某 5000mm 生产线超快冷设备照片

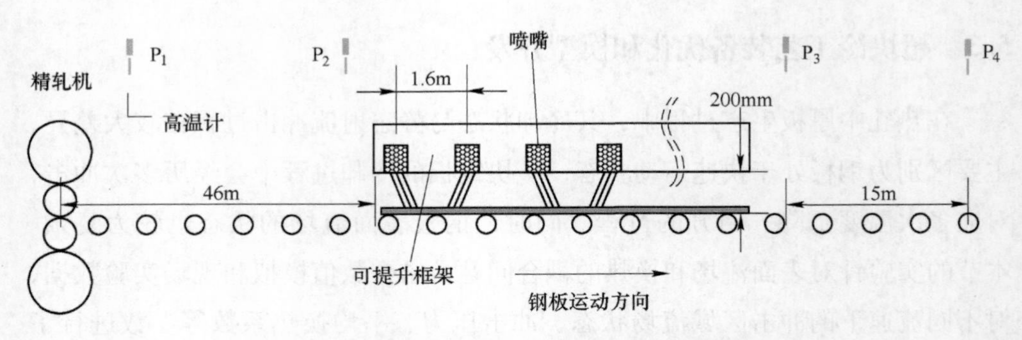


图 5-31 先进冷却系统的布置形式及温度采集点位置

实验所选用的钢板规格为 18742mm × 2173mm × 30mm，厚度的偏差小于 3%。钢种为 Q345B，其化学成分如表 5-2 所示。在计算过程中认为其密度为 7800kg/m$^3$ 且分布均匀。在实验过程中钢板在辊底式热处理炉中加热至 1200℃，出炉后经过高压水除鳞工序，进入轧机进行轧制，目标终轧温度为

860℃±20℃。在本实验中共使用了6块钢板，每块钢板都保证相同的工艺流程，包括加热时间、轧制道次和轧制除鳞道次等。这样可最大限度的降低钢板表面状态对冷却过程的干扰。常见的干扰因素包括氧化铁皮厚度和钢板板形。

**表 5-2 实验钢种元素成分** （wt. %）

| 钢种 | C | Mn | Si | Cu | Cr | Ni | Mo | Ti | Nb | V |
|---|---|---|---|---|---|---|---|---|---|---|
| Q345B | 0.183 | 1.34 | 0.171 | 0.0167 | 0.049 | 0.038 | 0.004 | 0.003 | 0.01 | 0.005 |

各次实验的实验条件如表5-3所示，前四组实验开启8组集管，流速变化范围为4.92~9.84m/s，辊道速度1.4m/s。为了观察辊道速度对流速的影响，后两组实验辊道速度降为0.7m/s，为了保证冷却时间相同，只开启了4组喷嘴。

**表 5-3 实验条件**

| 实验 | 水流密度 /L·(min·m²)$^{-1}$ | 流速 /m·s$^{-1}$ | 辊速 /m·s$^{-1}$ | 水温 /℃ | 冷却区长度 /m | 开启集管数 |
|---|---|---|---|---|---|---|
| C4 | 14.63 | 4.92 | 1.4 | 19.4 | 6.4 | 8 |
| C5 | 19.51 | 6.56 | 1.4 | 19.4 | 6.4 | 8 |
| C6 | 24.38 | 8.2 | 1.4 | 19.4 | 6.4 | 8 |
| C7 | 29.26 | 9.84 | 1.4 | 19.4 | 6.4 | 8 |
| C8 | 24.38 | 8.2 | 0.7 | 19.4 | 3.2 | 4 |
| C9 | 34.14 | 11.57 | 0.7 | 19.4 | 3.2 | 4 |

ANSYS®Workbench环境下的FLUENT流体模拟软件。模型的建立使用了SolidWorks®三维结构设计软件。由于喷嘴集管的宽度较大，计算成本非常大，因此对模拟计算的主要区域进行了简化处理。在此选取了宽度为149mm的喷嘴喷射区域，其两侧设定为周期性边界条件，可较好的模拟整体流体状态。喷嘴高度为200mm，与现场状态相对应。模拟区域的四周及上方平面为压力出口边界条件，可以认为其对应的是真实开放平面。底面代表钢板表面，加载了与实际相同的运动速度。采用了VOF模型来计算稳定流场状态，采用$k$-$\varepsilon$模型来计算紊流强度等信息。入口边界条件选用了流速入口边界，液相的比例设定为1（图5-32）。出口界面选择了压力为0的压力边界条件，代表着

流体可以自由的流出。对流和扩散控制方程的离散使用二阶迎风算法。压力场的求解采用了 SIMPLE 算法。

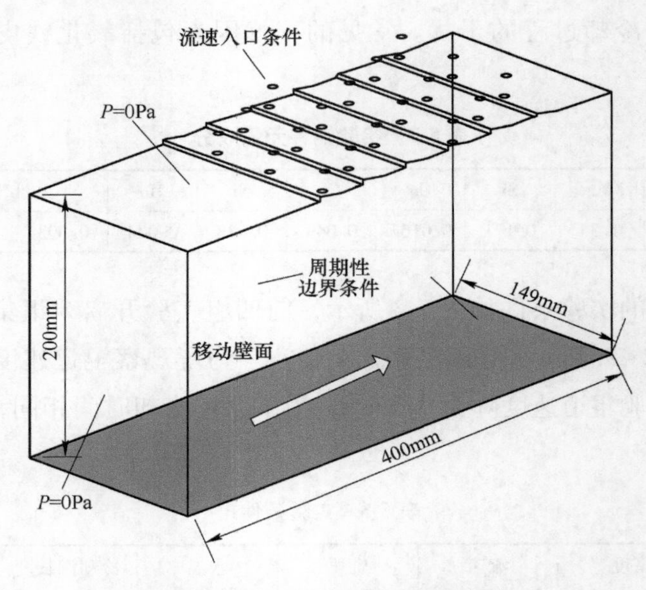


图 5-32 模拟计算区域及边界条件

冷却过程中的能量平衡方程如式（5-3）所示

$$-\rho \cdot C \cdot S \cdot \frac{\Delta T}{\Delta t} = \dot{q}_{\mathrm{i}} + \dot{q}_{\mathrm{R}} + \dot{q}_{\alpha} \tag{5-3}$$

式中 $\rho$——钢板密度，$\mathrm{kg/m^3}$；

$C$——比热容，J/(kg · K)；

$S$——钢板厚度，mm；

$\dot{q}_{\mathrm{i}}$——钢板降低的总流量包括射流冲击产生的热流密度，$\mathrm{W/m^2}$；

$\dot{q}_{\mathrm{R}}$——热流密度，$\mathrm{W/m^2}$；

$\dot{q}_{\alpha}$——热传导换热，$\mathrm{W/m^2}$。

计算过程忽略了相变潜热的影响，冷却过程的计算基于中厚板轧后先进冷却系统 L2 控制系统，采用了有限元算法。由于在实际生产过程中钢板长度方向存在着温度不均匀的现象，在此将钢板长度方向的平均温度作为代表钢板温度的特征温度进行计算。在钢板长度方向的温度偏差在 25℃以内。

平均换热系数的计算流程如图 5-33 所示，主要的计算思路是通过将计算温度结果与实际温度结果进行对比，调整换热系数，减小计算温度与实际温度的差值，最终得到平均换热系数。在计算过程中，首先根据钢板的开冷温度修正钢板的空冷换热系数，保证空冷段温度的计算精度。在计算过程中考虑到了辐射换热与热传导的影响。作为最终判断标准的温度为 $P_4$ 高温计采集到的温度。$P_4$ 高温计距离冷却区出口 15m，钢板在到达此位置时已经历了一段时间，在热传导的作用下温度分布较为均匀，可更好的表征钢板的温度。

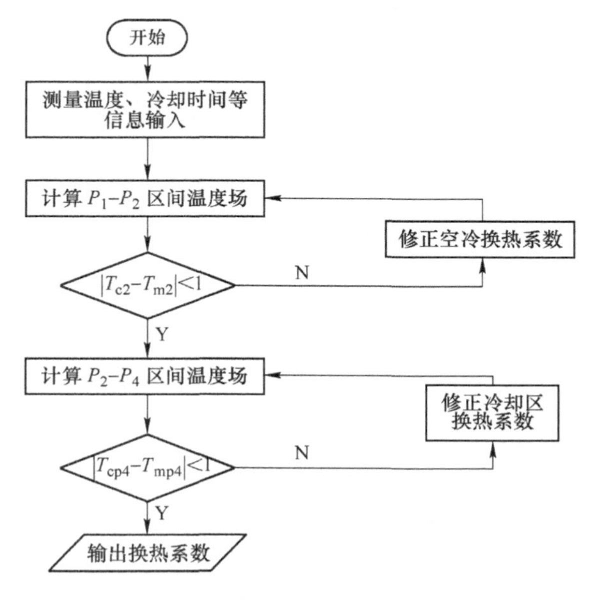


图 5-33 平均换热系数计算流程图

图 5-34 所示为入口流速 4.92m/s 时的流线图。流线代表了流体速度矢量的瞬时切线方向的曲线，代表了流体单元将前进的方向，流线图可很好的表明流场的运动特点。在垂直方向，流速较为稳定，在接近冲击表面时有急剧的衰减。但各组喷嘴的衰减强度不同，总体趋势为在喷嘴阵列中部的喷嘴衰减更明显。1、2 排喷嘴的射流受到后方流体的干扰，在接近表面时倾斜角度有着强烈的变化。说明其冲击点处垂直方向的速度分量较小，冷却能力也较弱。3、4 排喷嘴的流线冲击至表面后并不是全部转变为平行流，部分冷却水形成前倾的上升流并沿着 1、2 排喷嘴的间隙流出，在喷嘴阵列外侧可观察到明显的分层现象。

图 5-35 所示为不同射流速度下表面压力的分布状态，其中左侧为第 1 排

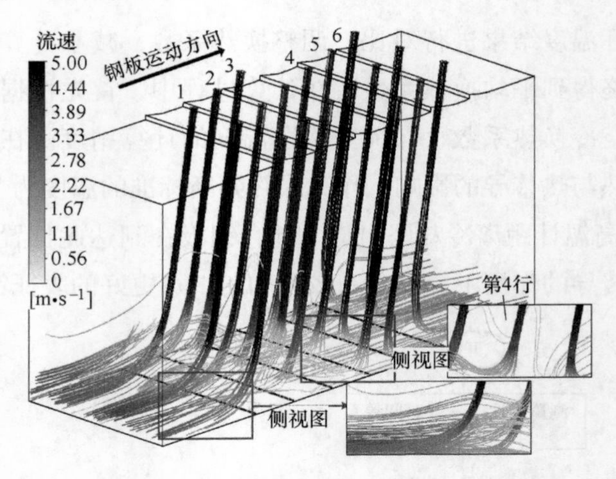


图 5-34 $v_i = 4.92\text{m/s}$ 条件下流线分布图

喷嘴。较强的压力代表着较强的射流对表面冲击力，经过对单束射流流体状态的研究可知，较大的流速下有着更高的 MHF 和润湿区域扩大速度，有着更强的冷却能力。图中虚线为各排喷嘴沿 30°方向延伸线的理论冲击位置。可看出，实际压力峰值与理论位置存在一定的偏差，与喷嘴阵列中心越远的喷嘴偏差越明显。在钢板运动方向可以看到，各排喷嘴的压力分布呈现周期性变化规律。前三排喷嘴位置处，压力呈逐渐增大的趋势。后三排喷嘴位置处，压力变化规律则与前三排类似。图中每束射流的压力影响区域呈六边形，与图 5-36 中实际流体状态吻合。

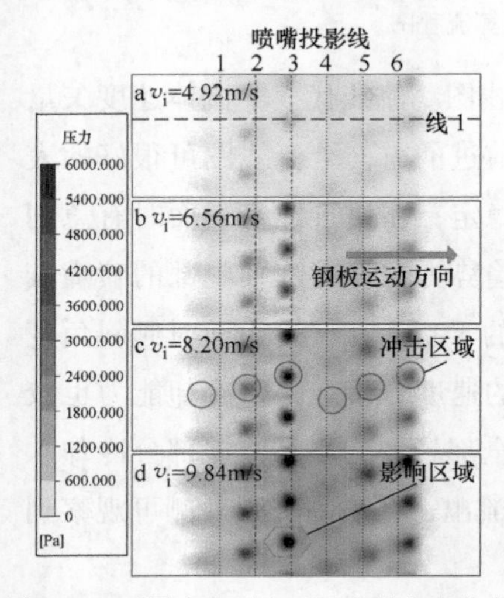


图 5-35 不同流速下表面压力的分布状态

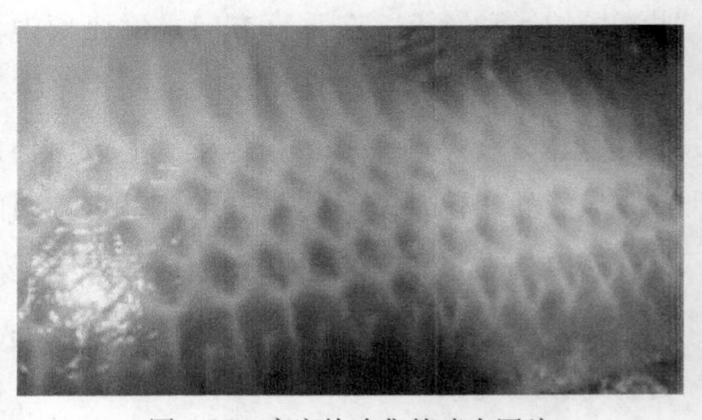

图 5-36 高密快冷集管喷水图片

在图 5-37 中所示为线 1 位置压力变化规律。可以看到压力最大的区域为第 3 行喷嘴对应位置。在此位置压力的增加幅度随着流速的增加而减小，当流速 $v_i$ 从 4.92m/s 增至 6.56m/s 时，压力增加比例为 279.6%，但当流速继续由 6.56m/s 增至 8.2m/s 时，压力的增加比例仅为 37.9%。这是由于流速增加时流体体积也相应增加，在喷嘴阵列内部形成的流体堆积会减弱射流的动能。在实际冷却装置设计过程中，应选择合理的流速区间，过大的流速产生的流场干扰会降低冷却效率。在第 6 排喷嘴所在位置压力的增加则与流速的增加比例较为一致，这是由于喷嘴倾斜角度的关系造成此位置的平行流体积较小，故对射流的干扰作用较小。

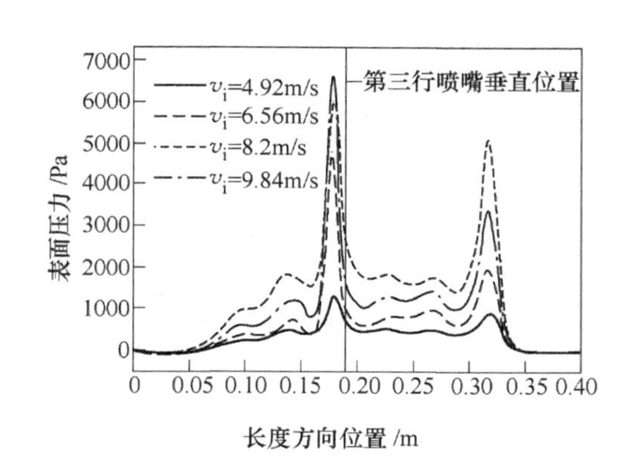


图 5-37 在线 1 位置处的不同流速下压力分布

图 5-38 所示为计算温度场与实测温度数据的对比数据。图 5-39 对比了射流速度为 8.2m/s 时两种辊道速度（$v_p$）条件下的温度场数据。温度场开始位置为冷却区入口位置，对应高温计为 $P_2$。在冷却区内集管未开启的区域作为空冷区域计算。可以看出，在冷却开始时冷却温度急剧下降，在两种辊道速度下其温度的下降位置都为 540℃左右。由于辊速为 1.4m/s 时开启的 8 组集管中间存在间隔，故在冷却过程中会出现温度回升的现象。当钢板离开冷却水冲击区域后，在钢板心部热传热的作用下温度快速回升。在冷却区出口位置处（$P_3$）的计算温度与实测温度的差值在 10℃内，较小的温度偏差说明了钢板导热系数和换热系数较为准确，也证明了反算平均换热系数算法的可靠性。

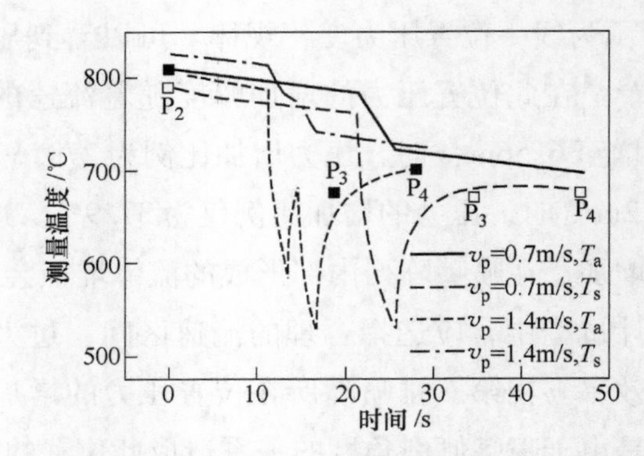


图 5-38　不同辊速下计算温度与实测温度的对比

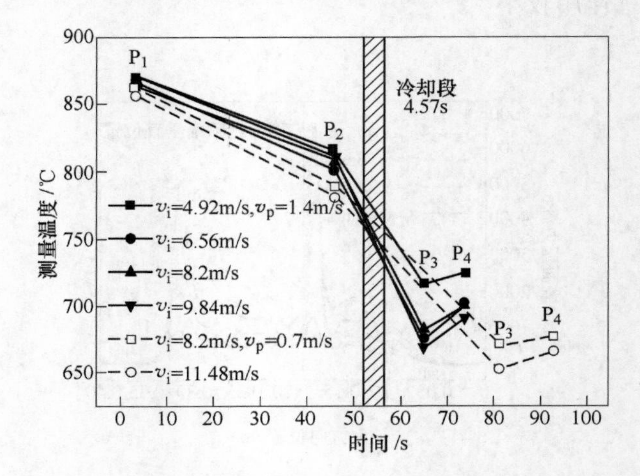


图 5-39　不同实验条件下各位置处

# 6 空气增压气雾冷却换热原理研究

## 6.1 实验平台简介

为了研究空气增压式气雾喷射冷却高温板带钢过程中的换热机理，结合相关文献的论述，在东北大学 RAL 建立了一套完整的实验平台，用来模拟工业用冷却设备，探究气雾冷却过程中的钢板瞬态温度、热流密度以及换热区域流体分布状态。实验平台具有较高的加热效率，可以精确地控制钢板的加热温度，如图 6-1 所示，整个实验平台包括加热系统、供水系统、供气系统、数据采集系统、实验钢板、实验喷嘴以及相关仪器仪表等部分。

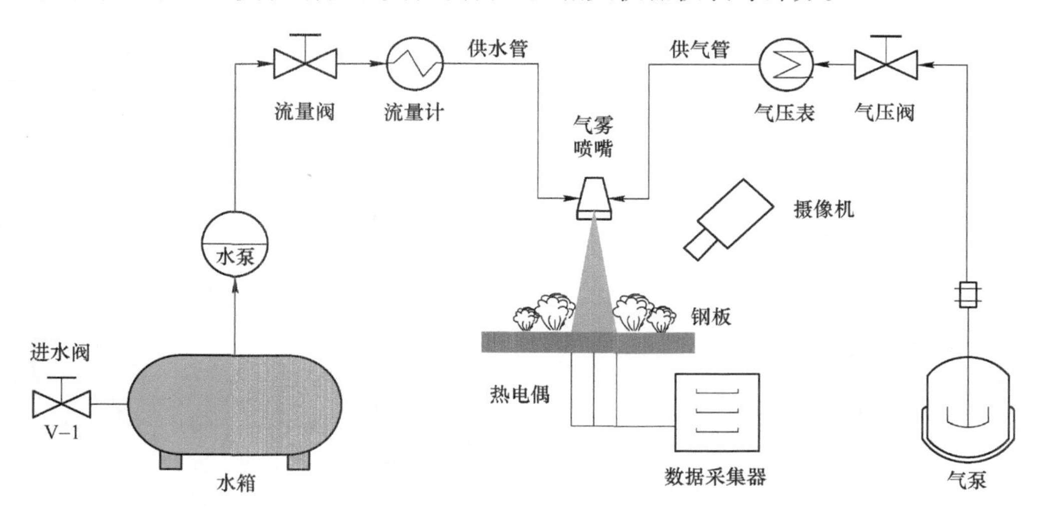


图 6-1　实验平台示意图

供水系统由水箱、供水泵、橡胶集管及阀门组成。其中，水箱容量为 50L，水箱内配套测温装置，可将水温维持在 0~70℃，温度误差范围为±1℃。供水泵具有耐腐蚀、低噪声、结构紧凑、重量轻及良好的气密性等特点，具体参数如表 6-1 所示。

表 6-1 供水泵参数

| 型号 | 功率/W | 电源/V | 转速/r·min$^{-1}$ | 最大流量/L·min$^{-1}$ | 最大扬程/m | 吸程/m | 重量/kg |
|---|---|---|---|---|---|---|---|
| HJY-128A | 125 | 220 | 2860 | 25 | 25 | 9 | 8.4 |

供气系统由空气压缩机、橡胶管、阀门组成。其中，空气压缩机容量为50L，压缩机与喷嘴之间由气压控制阀连接，用于调节控制空气压缩机的压力，空气压缩机压力范围为0～0.8MPa，气压误差范围为±0.01MPa。具体参数如表6-2所示。

表 6-2 空气压缩机参数

| 型号 | 功率/kW | 电源/V | 转速/r·min$^{-1}$ | 公称排量/L·min$^{-1}$ | 额定压力/MPa | 汽缸/mm$^2$ | 重量/kg |
|---|---|---|---|---|---|---|---|
| SV-0.21 | 1.1 | 220 | 1040 | 120 | 0.8 | 51 | 64 |

实验采用韩国NTK公司生产的商用空气增压式虹吸喷嘴（型号：1/4-2004-SS+SU11-SS），该喷嘴为内部混合式喷嘴，在实验室条件下可以达到的液滴尺寸为20～40μm，喷嘴的喷射角约为20°。喷嘴及其内部结构如图6-2所示。

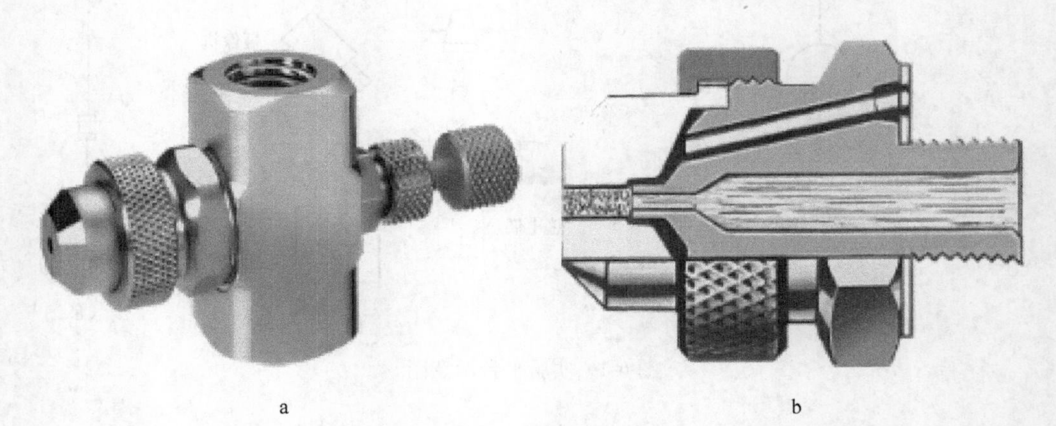

图 6-2 内部混合式喷嘴及喷嘴内部结构示意图

a—外部示意图；b—内部示意图

在实验过程中所用的额定水压（$P_w$）为0.2MPa，通过实验测得在水压为0.2MPa时，喷嘴出冷却液流量随气压（$P_a$）变化的折线图。如图6-3所示。

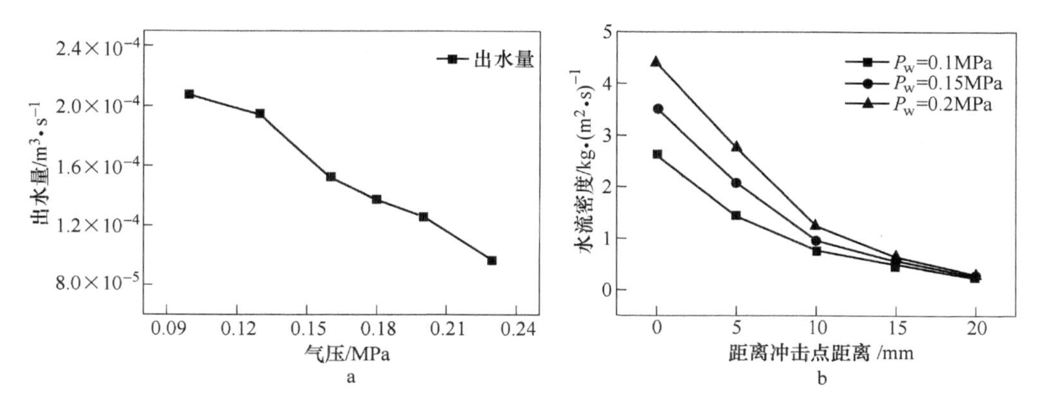


图6-3 不同气压条件下喷嘴出口水流量分布图

如图6-3a所示，由图可知，内混式气雾喷嘴出口水流量随着气压的逐渐增加而逐渐减少，这是由于随着气压的增加，气液混合腔体内部的湍流作用加剧[158]，较大的腔体压力会阻碍冷却液的流出。在气压为0.2MPa条件下，喷射高度为150mm时，气雾覆盖区域内各个位置处的水流密度分布如图6-3b所示，分析可知，气雾喷嘴的水流密度最大位置为喷嘴中心处，即冲击驻点位置，随着距离冲击点距离的增加，水流密度急剧减小[159]，在距离冲击点20mm处，水流密度基本一致。

## 6.2 纳米流体的制备

本文采用“二步法”制备实验所需的纳米流体，图6-4是纳米流体的制备的详细流程。先用电子天平称取一定质量的Cu、CuO及$Al_2O_3$纳米粒子，粒子的颗粒度为20~50μm，然后量取一定量的去离子水与粉体进行混合，之后对混合液进行搅拌振荡，在超声振荡的同时加入适量的Tween20表面活性剂，最后辅以超声振荡1个小时左右，这样就完成了整个纳米流体的制备过程。利用上述方法，分别制备体积分数为0.1%、0.5%的Cu、CuO及$Al_2O_3$的纳米流体，以及在体积分数为0.5%的Cu纳米流体中加入浓度分别为$1\times10^{-4}$、$3\times10^{-4}$以及$6\times10^{-4}$的表面活性剂Tween20。具体实验参数如表6-3所示。

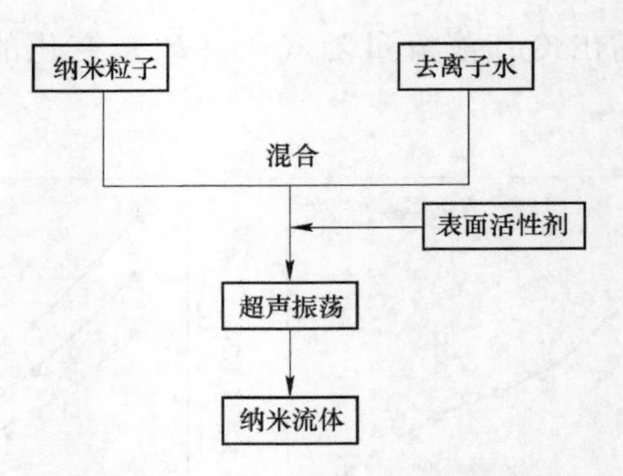


图 6-4 纳米流体制备流程图

**表 6-3 不同类型的纳米流体配置表**

| 溶质 | 溶剂 | 体积分数/% | 表面活性剂浓度/% |
|---|---|---|---|
| Cu | 去离子水 | 0.1 | — |
| Cu | 去离子水 | 0.5 | — |
| CuO | 去离子水 | 0.1 | — |
| CuO | 去离子水 | 0.5 | — |
| $Al_2O_3$ | 去离子水 | 0.1 | — |
| $Al_2O_3$ | 去离子水 | 0.5 | — |
| Cu | 去离子水 | 0.5 | $1\times10^{-4}$ |
| Cu | 去离子水 | 0.5 | $3\times10^{-4}$ |
| Cu | 去离子水 | 0.5 | $6\times10^{-4}$ |
| — | 去离子水 | — | — |
| — | 去离子水 | — | $6\times10^{-4}$ |

液体表面最基本的特征就是总会倾向于收缩，主要表现为当外力比较小时，形成的小液滴（如水滴、水银球）呈现球形，使液滴收缩呈球形的力就是表面张力，即液体表面任意两相邻部分之间垂直于它们的单位长度分界线相互作用的拉力。表面张力的产生是液体内部各个分子之间进行相互作用的结果。对于平面上的一个液滴，其势能最低的时刻一定是液体分子处在平均距离时，当分子之间的距离小于平均距离时则排斥力占优势，当分子之间的距离大于平均距离时则吸引力占优势，所以无论分子间距离大于或小于平均距离，液滴的势能都会升高。

### 6.2.1 接触角与表面润湿之间的关系

由于液体表面张力的存在，当液体与固体接触时会产生润湿现象，即液体与固体表面接触或与互不相容的液体表面接触，其体系自由能或 Gibbs 自由能降低的现象。在实验过程中，由于固体表面张力及固-液界面表面张力不易测量，一般利用杨氏方程测量接触角（或称润湿角）的方法计算润湿程度，如图 6-5 所示。

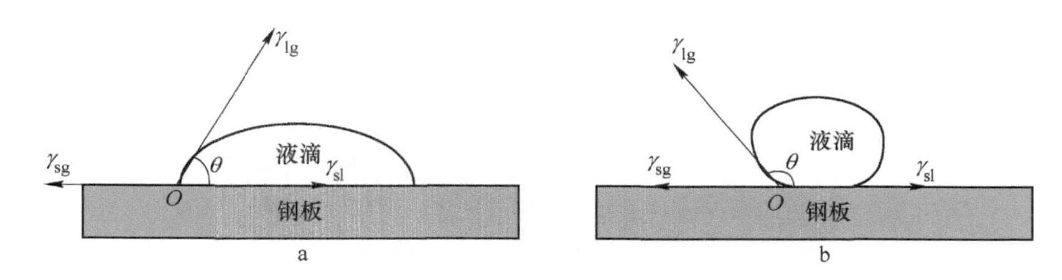


图 6-5 接触角与各个界面之间张力关系图

a—润湿状态；b—未润湿状态

当液体滴附着在固体表面（或其他不相容的液体表面）达到平衡时，会出现气-液-固 3 个界面张力呈现平衡的现象。在三相的交界处，如图 6-5 所示的 $O$ 点，气-液界面之间的切线与液-固界面之间的切线的夹角称之为润湿角，以 $\theta$ 表示，当处于平衡状态时，三相交界处 $O$ 点所示的各个界面的张力之和为零。

当 $\theta=90°$时，如果液体对固体界面润湿，则要使界面扩大必须克服液体表面自由能或克服表面张力，此时液体与固体接触面不可能扩大，所以此时液体或润滑剂对固体不润湿。当 $0° < \theta < 90°$ 时，如图 6-5a 所示，此时体系增大液-固表面，有利于 Gibbs 自由能的降低，润湿现象可以自发进行，并且接触角越小，润湿程度越大。当 $\theta > 90°$ 时，如图 6-5b 所示，液体在润湿的过程中，势必将扩大接触面积，因而会对界外做功。若要对外界做功，则必须是体系能克服液体表面张力降低体系自由能，这一过程无法自发进行，因此，此时体系不是扩大接触面而是减少接触面，使液体的小球变得更圆，因此，$\theta > 90°$ 时液滴处于不润湿状态。

### 6.2.2 不同纳米流体的接触角对比

为分析纳米流体的润湿性，针对实验室所制备的不同类型的纳米流体，采用接触角测量仪对其进行分析实验，如图 6-6 所示，本实验在中国科学院金属研究所功能薄膜与界面研究部完成。

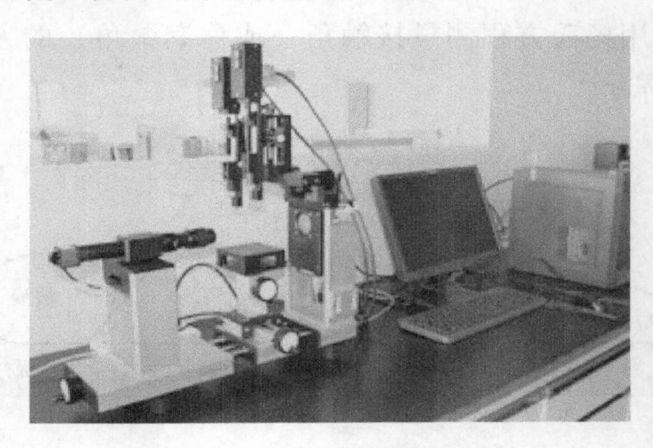

图 6-6 接触角测量仪

经过测量分析，得到体积分数分别为 0.1%与 0.5%的不同类型的纳米流体以及加入不同浓度的表面活性剂 Tween20 后形成的不同类型的纳米流体的润湿角，具体测量参数如表 6-3 所示。得到各纳米流体润湿角随时间变化的情况，如图 6-7 所示。将其绘制成图线如图 6-8 所示。

通过观察图 6-7g 发现，去离子水在整个实验过程中，其润湿角在最开始与钢板表面接触时略微有些增大，然后减小，到一定时间后，其接触角维持不变的状态，在整个过程中 $\theta$ 接近于 90°，即去离子水与钢板接触后处于润湿的临界状态，润湿效果较差，这是因为去离子水在润湿过程中，接触面对外做功与其表面自由能十分接近，因此液体与固体的接触面不可能扩大，而是维持在一个稳定的状态。

通过观察图 6-7a~f 以及图 6-8a 可知，不同类型及不同体积分数的纳米流体在整个实验过程中，其润湿角在刚开始与钢板表面接触时均有不同程度的减小，经过一段时间后，其接触角维持不变的状态，在整个过程中 $\theta$ 大于 90°，这表明液体在润湿过程中，接触面是逐渐减小的，同时外界对液体做功增大了液滴的表面张力。通过横向对比图 6-7a 与 b，c 与 d，f 与 g 可以发现，随着纳米流体中纳米粒子体积分数的增加，溶液的接触角也会增加，这是因

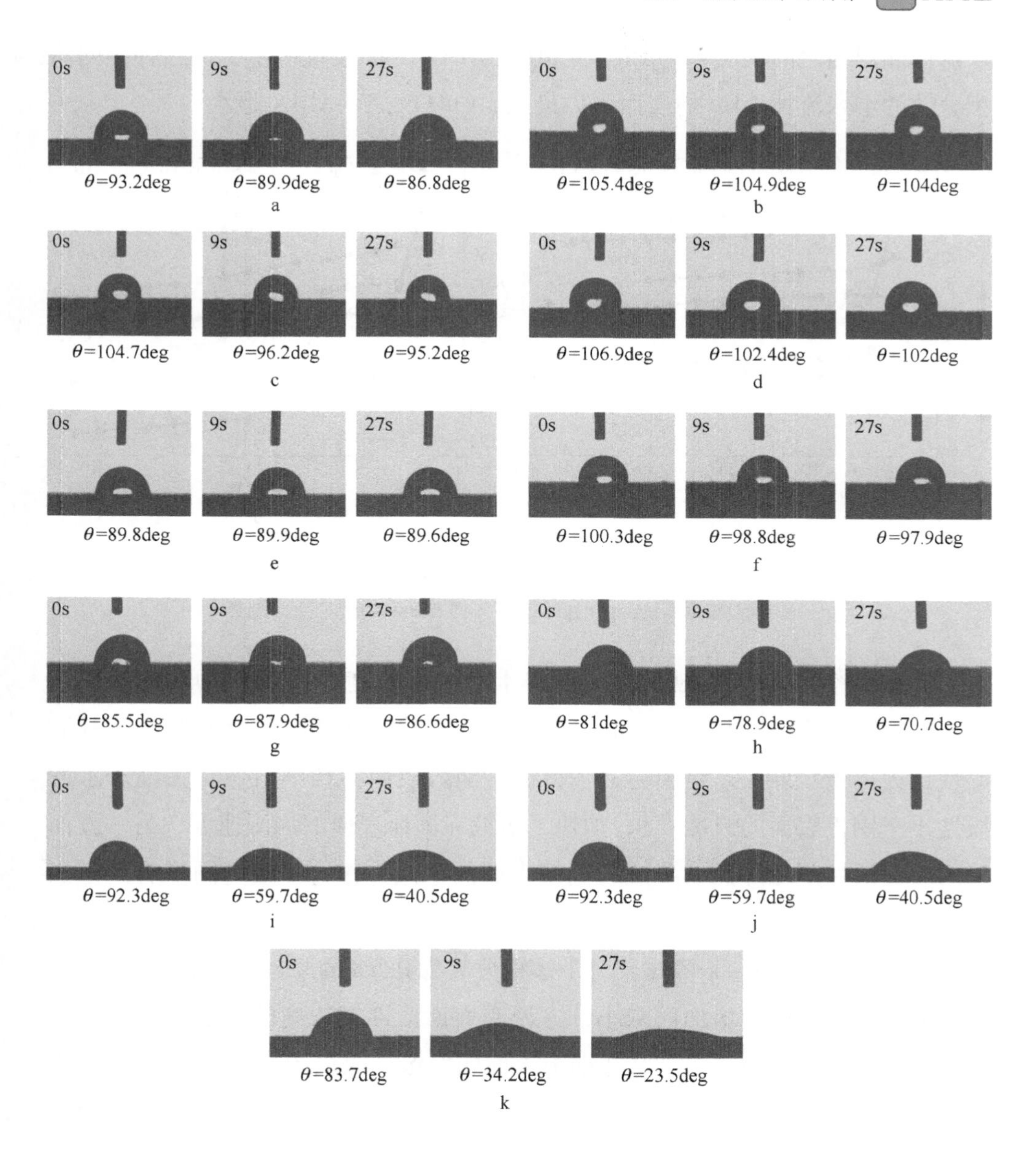


图 6-7　不同类型纳米流体接触角示意图

a—0.1%Cu；b—0.5%Cu；c—0.1%CuO；d—0.5%CuO；e—0.1%$Al_2O_3$；f—0.5%$Al_2O_3$；g—去离子水；h—去离子水-$6\times10^{-4}$；i—0.5%Cu-$1\times10^{-4}$；j—0.5%Cu-$3\times10^{-4}$；k—0.5%Cu-$6\times10^{-4}$

为，纳米流体的相对黏度会随着纳米粒子体积分数的增加而增加[160]，较大的黏度会增加溶液中胶粒间的作用力，从而加大其表面张力，使得纳米流体更难润湿。通过分析图 6-8 可知，当体积分数较大时（体积分数为 0.5%），纳米流体润湿角之间的关系为 Cu > CuO > $Al_2O_3$，间接说明了，这三种相同体积分数的纳米流体，Cu 的表面张力最大，CuO 次之，$Al_2O_3$ 最小。

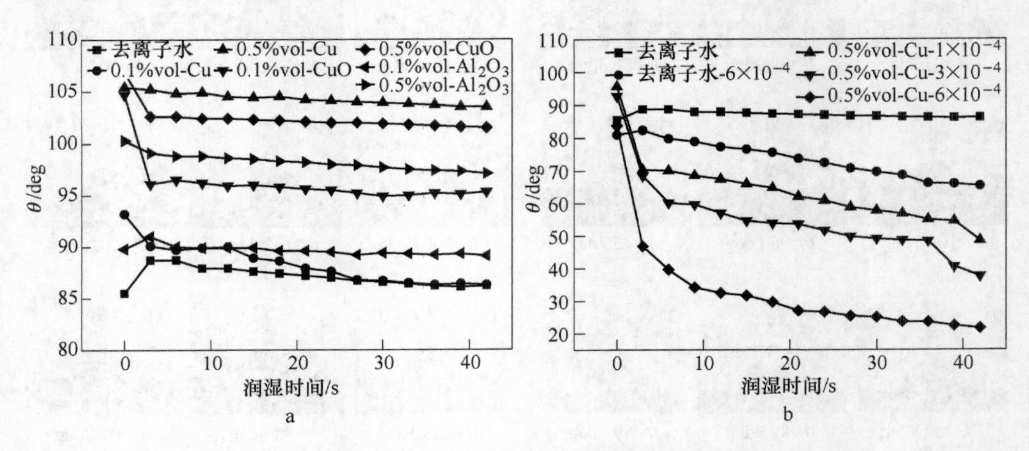


图 6-8 不同类型纳米流体接触角随时间变化图

a—不同类型体积分数纳米流体；b—不同表面活性剂浓度纳米流体

通过观察图 6-7h 发现，当去离子水中加入浓度为 $6\times10^{-4}$ 的表面活性剂 Tween20 时，在整个实验过程中，其润湿角随着时间的推移逐渐减小，其润湿性比去离子水好，这是因为，一方面，加入表面活性剂后使得去离子水的极性小于钢板表面的极性[161]，加快了溶液在固体表面的润湿速度，另一方面加入表面活性剂后降低了溶液与钢板表面的摩擦力，这一改变同样有助于润湿的进行。

通过对比图 6-7i ~ k 可知，对于体积分数为 0.5% 的 Cu 纳米流体，其接触角随着表面活性剂的增加而减小，这说明表面活性剂浓度的增加有利于减小纳米流体的表面张力，促进其在钢板表面的润湿。通过图 6-7k 可知，对于浓度为 $6\times10^{-4}$ 的 Cu 纳米流体，当润湿时间达到 27s 时，其润湿角减小为 23.5°，这表明，较大浓度表面活性剂配制的纳米流体可以自发地在钢板表面铺展成极薄的润湿膜，甚至能形成分子级润湿膜，此外，如果钢板表面粗糙度较小，也可以加快纳米流体在其表面的润湿速度。由此可知，铺展过程的形成首先在于被润湿物体的表面分子必须有极强的表面张力，从而克服润湿剂表面分子间的作用力，使润湿剂表面分子在被润湿物体表面扩散、铺展成极薄的润湿膜，被润湿物体表面张力越大或润湿剂的表面张力越小，越容易铺展成润湿膜，润湿剂与被润湿物体形成的界面张力越小，铺展过程对外做的功越大，即铺展过程体系自由能降低得越多，越有利于润湿的进行。

## 6.3　不同体积分数及不同类别纳米粒子对换热过程的影响

由于不同纳米颗粒自身的物理属性不一样，因此采用不同的纳米粒子所配置的纳米流体属性也存在一定的差异，此外，不同体积分数的纳米流体其换热属性同样存在一定的差异。本节将针对不同类型及不同体积分数的纳米流体进行相关实验研究，探究其对换热过程的影响，为此，本节设计了7组实验，调节水流量为0.3L/min，气压为0.2MPa，开冷温度为700℃，实验参数如表6-4所示。

**表6-4　不同类型及不同体积分数纳米流体的实验参数**

| 实验编号 | 溶质 | 溶剂 | 体积分数/% | 流量/L·min$^{-1}$ | 气压/MPa | 开冷温度/℃ |
|---|---|---|---|---|---|---|
| E1 | Cu | 去离子水 | 0.1 | 0.3 | 0.2 | 700 |
| E2 | Cu | 去离子水 | 0.5 | 0.3 | 0.2 | 700 |
| E3 | CuO | 去离子水 | 0.1 | 0.3 | 0.2 | 700 |
| E4 | CuO | 去离子水 | 0.5 | 0.3 | 0.2 | 700 |
| E5 | $Al_2O_3$ | 去离子水 | 0.1 | 0.3 | 0.2 | 700 |
| E6 | $Al_2O_3$ | 去离子水 | 0.5 | 0.3 | 0.2 | 700 |
| E7 | — | 去离子水 | — | 0.3 | 0.2 | 700 |

### 6.3.1　热流密度曲线的分析

为了更清晰地分析不同类型及体积分数的纳米流体喷射高温钢板过程中，冷却区域内热流密度变化情况，选取了该区域内4个具有代表性的测量点进行单独分析，其中$P_1$点为冲击点，相邻两个质点之间的距离为10mm。经过实验分析，得到不同测量点的热流密度随时间变化的曲线，如图6-9所示。其中$P_1$点与$P_4$点的最大热流密度以及达到最大热流密度的时间如表6-5所示。

由图6-9可以看出，无论是在冲击点处还是冲击点区域以外，纳米流体均能提高最大热流密度，当加入体积分数为0.5%的Cu纳米粒子，在冷却过程中，冲击点处热流密度峰值由3MW/m$^2$变化为3.48MW/m$^2$，增加了16%，而对于距离冲击点30mm位置处，换热过程中，热流密度峰值由2.13MW/m$^2$变化为2.83MW/m$^2$，增加了32.8%。通过对比0.5%Cu与0.1%Cu纳米流体、0.5%CuO 与 0.1%CuO 以及 0.5%$Al_2O_3$ 与 0.1% $Al_2O_3$ 可知，对于相同的纳米流体，其冲击点以及冲击点区域以外的换热区，最大热流密度均随着纳米流体体积分数的增加而增加。

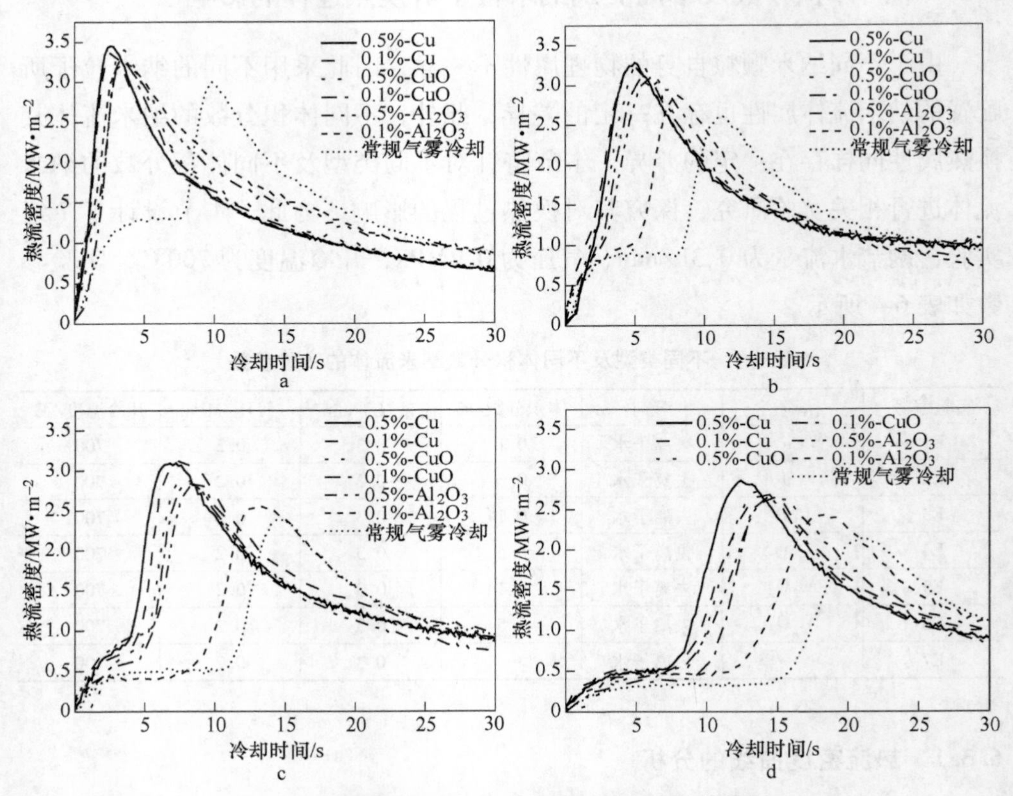


图 6-9 不同测量点处热流密度随时间变化曲线图

a—$P_1$点；b—$P_2$点；c—$P_3$点；d—$P_4$点

**表 6-5 不同类型不同位置处的最大热流密度值及达到最大热流密度所用时间**

| 实验编号 | 纳米流体类型 | 冲击点 MHF /MW·$m^{-2}$ | 冲击点处 $t_{MHF}$/s | 30mm 处 MHF /MW·$m^{-2}$ | 30mm 处 $t_{MHF}$/s |
|---|---|---|---|---|---|
| E1 | 去离子水 | 3 | 9.8 | 2.13 | 20.2 |
| E2 | 0.5%Cu | 3.48 | 2.8 | 2.83 | 12.8 |
| E3 | 0.1%Cu | 3.38 | 2.8 | 2.7 | 14.2 |
| E4 | 0.5%CuO | 3.39 | 3.4 | 2.72 | 13.6 |
| E5 | 0.1%CuO | 3.26 | 3.6 | 2.64 | 14.4 |
| E6 | 0.5%$Al_2O_3$ | 3.26 | 3.4 | 2.63 | 14.8 |
| E7 | 0.1%$Al_2O_3$ | 3.21 | 3.6 | 2.42 | 18.2 |

分析原因，在去离子水中加入纳米粒子制备成纳米流体后，冷却液的导热系数显著增大[162,163]，加快钢板表面与冷却液体之间的换热效率，根据有效介质理论[164]可知，纳米流体内部导热系数的增大有两个原因：一方面，纳米粒子加入去离子水中后，填充了基液分子内部的剩余空间，从而改变了基液的内部结构特征，由于固体的导热系数远大于液体的导热系数，因而纳米粒子的加入增加了热量在流体内部的传递速率，进而增大了流体的有效导热系数；另外一方面，由于悬浮液中纳米粒子的尺寸较小，基液中的纳米颗粒在分子间作用力的作用下作无规则的布朗运动，这种微运动使得粒子与液体间产生微对流现象，加快了流体内部能量的传递效率，从而大大增加了纳米流体的导热系数。在纳米流体内部，随着溶质体积分数的增加，发生微运动粒子的数目也随之增加，粒子与液体间产生微对流效果也会增加，因此，最大热流密度随着纳米流体体积分数的增加而增加。

通过对冷却区域的再润湿进程分析，当使用纳米流体作为冷却液时，在冲击点处，再润湿能够很快地进行，对于不同的纳米流体，再润湿过程发生在冷却水接触钢板表面后的 1.2~1.8s，并且，对于不同类型以及不同体积分数的纳米流体，热流密度在 2.8~3.6s 的时间内达到峰值。对于只使用去离子水作为冷却液时，其冲击点处的润湿延迟较为明显，达到最大热流密度所用时间为 9.8s。这是因为，钢板表面气泡的生成、长大和脱离是直接影响其强化沸腾传热的主要原因[165]，当使用纳米流体作为冷却液时，当气雾冲击到钢板表面，冷却介质中的纳米粒子有利于打破钢板表面的蒸汽膜，加快钢板表面沸腾气泡的形核与长大。

通过对比实验 E2、E4 以及 E6 可知，对于体积分数为 0.5%的不同类型的纳米流体，Cu 纳米流体、CuO 纳米流体以及 $Al_2O_3$ 纳米流体在冲击点处的最大热流密度分别为 3.48MW/$m^2$、3.39MW/$m^2$、3.26MW/$m^2$，在距离冲击点 30mm 处，达到最大热流密度所用时间分别为 12.8s、13.6s、14.8s，这说明三种纳米流体的换热效果为：Cu 纳米流体>CuO 纳米流体>$Al_2O_3$ 纳米流体，这是由于纳米流体本身的属性所决定的，Cu 的热导率为 377W/($m^2$·K)，CuO 的热导率为 78W/($m^2$·K)，$Al_2O_3$ 的热导率为 35W/($m^2$·K)，热导率较大的粒子更有利于换热的进行。

为了探究钢板表面换热系数的变化，得到钢板表面温度与热流密度之间的曲线，如图 6-10 所示。由图 6-10 可知，无论是在冲击点处还是冲击点区域以外，热流密度曲线随着钢板表面温度的降低呈现先增大后减小的趋势，并且对于相同的纳米流体，随着体积分数的增加，热流密度峰值以及达到最大热流密度时的表面温度都会增加。分析其原因为：在冷却介质与高温钢板接触的一瞬间，会在钢板表面形成一层蒸汽膜，蒸汽膜阻碍了冷却介质与钢板之间换热的进行，即此时钢板表面处于换热效率低下的膜沸腾换热阶段，此外，在冷却的开始阶段，钢板表面的气泡处于成长初期，“二次成核”所引起的核态沸腾效果不明显，而随着冷却的逐步进行，冷却水与高温壁面之间逐渐由膜态沸腾换热机制转变为核态沸腾以及过渡沸腾换热机制，并且随着液滴数量的增加，钢板表面的“二次形核”换热过程加剧[166]，进而换热效率迅速提高，直至达到热流密度峰值，在达到峰值后由于钢板表面温度降低导致过热度降低，热流密度开始下降。

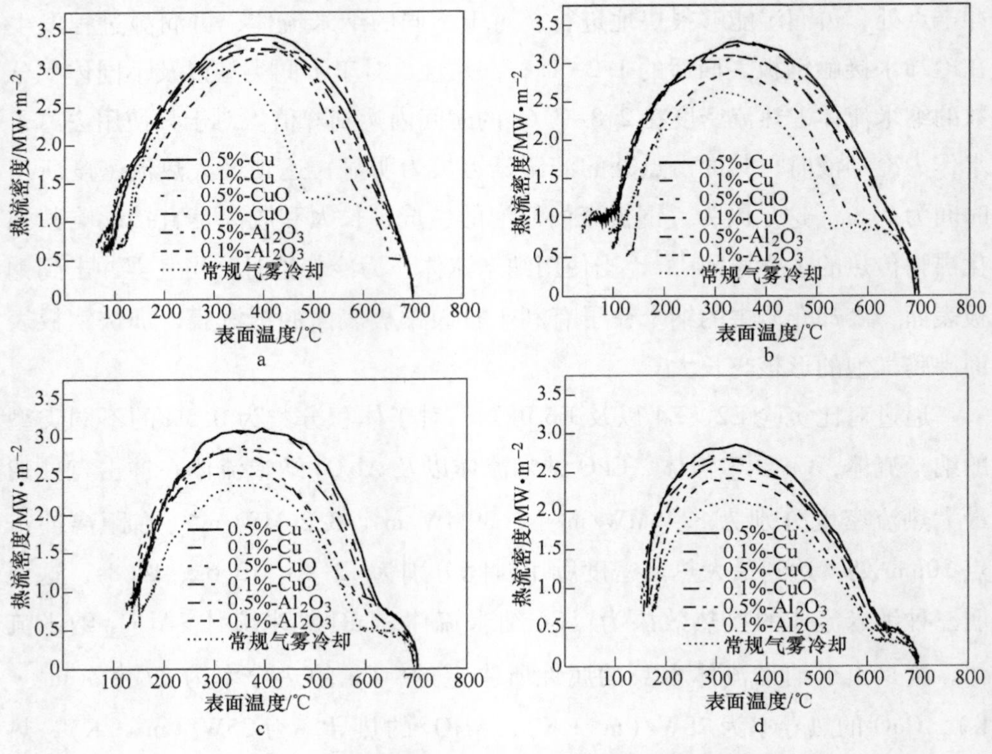


图 6-10 不同测量点处热流密度随表面温度变化曲线图

a—$P_1$点；b—$P_2$点；c—$P_3$点；d—$P_4$点

### 6.3.2 热流密度峰值的分析

在本节实验过程中，采用摄像机采集整个实验过程，得到当冷却水流量为 0.3L/min，气压为 0.2MPa，开冷温度为 700℃条件下，不同类型及不同体积分数的纳米流体喷射冲击 8s 后钢板表面的润湿状态，如图 6-11 所示。8s 时刻，体积分数为 0.5%的 Cu 纳米流体的润湿区域面积略大于体积分数为 0.1%的 Cu 纳米流体的润湿区域面积。由图 6-11e、f 可知，8s 时刻，体积分数为 0.5%的 $Al_2O_3$ 纳米流体其润湿区域的半径约为 15mm，而对于体积分数为 0.1%的 $Al_2O_3$ 纳米流体，此时在钢板表面还未出现润湿区域，同样，此时以去离子水为冷却介质的钢板表面，如图 6-11g 所示，同样未出现润湿区域，这说明钢板与冷却介质之间的蒸汽膜尚未被打破，整个钢板表面依然处于膜沸腾换热阶段。

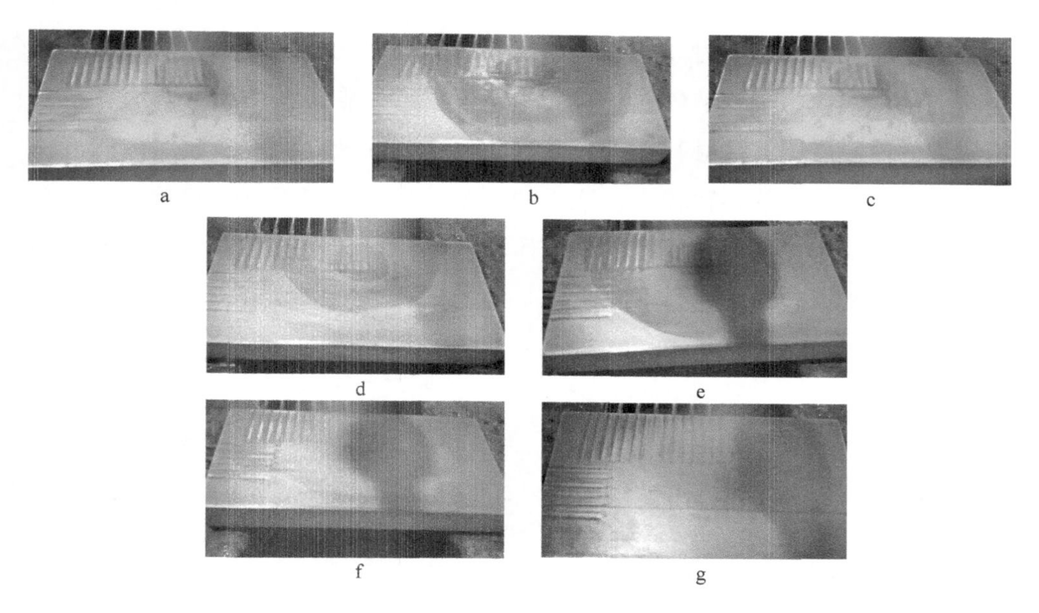


图 6-11 不同类型及不同体积分数纳米流体 8s 时气雾喷射冷却过程钢板表面润湿状态

a—0.5%Cu；b—0.1%Cu；c—0.5%CuO；d—0.1%CuO；e—0.5%$Al_2O_3$；f—0.1%$Al_2O_3$；g—去离子水

图 6-12a 为不同类型及不同体积分数纳米流体，不同测量位置处的达到最大热流密度对应的时间变化趋势。由图可知，只要在冲击点处出现再润湿区域，润湿前沿就会向外扩展，而润湿前沿向外扩展的过程中，其阻力主要

来源于润湿前沿平行流区域内产生的沸腾气泡，因此随着与冲击点距离的增加，在整个换热区域内润湿延迟不断增大，直至在极限位置处 $r=30$mm 达到最大值。

图 6-12b 为不同测量位置处的最大热流密度变化趋势。通过分析可知，最大热流密度随着距离冲击点距离的增加而呈现出逐渐减小的趋势，一方面，这是由于润湿延迟的存在，随着钢板表面换热质点与冲击点距离的增大，以及冷却液滴与钢板表面接触后在不断扩展过程中被钢板加热，温度升高，导致其过热度及过冷度减小，钢板表面的摩擦及纳米流体的黏性导致水平流速度 $u$ 减小，此外，液滴冲击到钢板表面与周围环境流体不断进行质量、动量和能量的交换，随着与冲击点距离的增加，动量、能量损失也会越来越多，致使换热效率降低；另一方面，在冷却的开始阶段，纳米流体中的纳米粒子与钢板表面接触，此时纳米粒子的尺度较小，由于颗粒迁移引起的钢板表面的热量传递较大，随着时间的推移与钢板表面高温的作用，钢板表面会集聚更多的纳米颗粒，一些纳米粒子会发生团聚，产生颗粒团聚时，两个颗粒表面附着的液膜层相互接触甚至部分重叠，而这些固液界面处液膜层内的液体分子趋于固相，导热系数较小，这样的两个纳米颗粒间相当于直接接触，有效换热面积减小，从而减弱了纳米流体内部的能量传递，降低了纳米流体的有效导热系数，致使换热效率降低[167]。

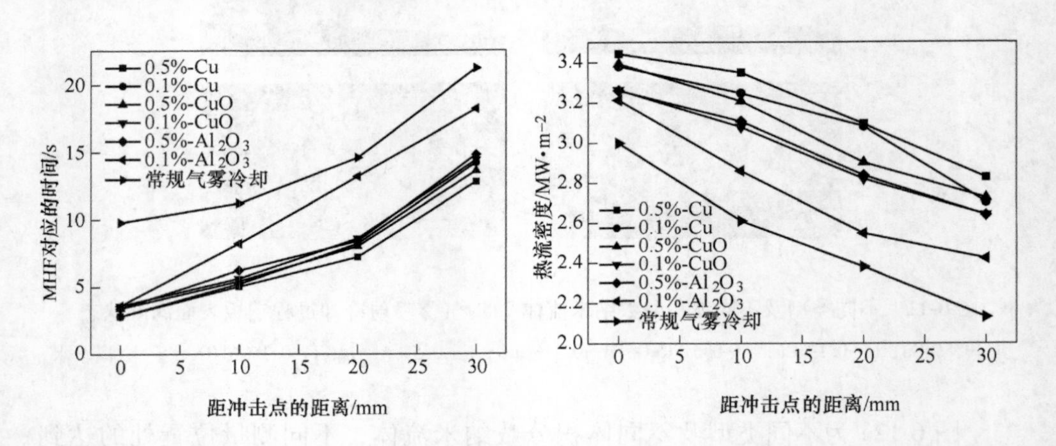


图 6-12 不同类型及不同体积分数纳米流体各点 MHF 及达到 MHF 时对应的时间

a—不同类型纳米流体 MHF 对应的时间；b—不同类型纳米流体对应的 MHF

### 6.3.3 换热区域内平均热流密度与表面温度分析

在不同类型及不同体积分数的纳米流体喷雾冷却过程中，半径 30mm 区域内面积权重所影响的平均热流密度和平均表面温度变化规律如图 6-13 所示。

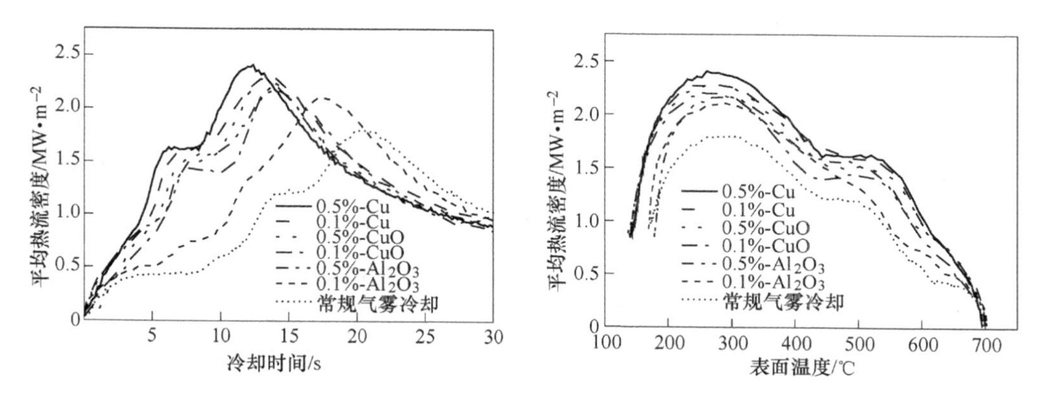


图 6-13 不同类型及不同体积分数纳米流体换热区域内平均热流密度与平均表面温度变化规律
a—平均热流密度随时间变化；b—平均热流密度随表面温度变化

换热区域内，平均热流密度的变化趋势与图 6-9 中的热流密度曲线变化趋势基本一致，随着冷却时间的延长，热流密度呈现出先增加再减小的趋势。由图 6-13a 可知，在半径 30mm 的圆形区域内部，随着纳米流体体积分数的增加，平均热流密度也随之增加，达到峰值所用的时间减少。分析图 6-13b 可知，平均热流密度随着表面温度的升降而呈现先增加后减少的变化趋势，在冷却的初始阶段（700℃），钢板表面平均热流密度为 0.09MW/$m^2$，此时整个冷却区域都处于膜态沸腾换热阶段，换热效率低下。当温度降到 450～550℃范围内，热流密度曲线产生了一定的波动，在这一阶段内，对应着钢板表面发生了核态沸腾与二次核态沸腾换热，换热效率增加，当温度低于 200℃时，平均热流密度急剧下降，此时，由于钢板表面温度较低，使得气泡在表面形核没有足够的过热度，无法产生沸腾气泡。

由于平均热流密度可以反映钢板整个换热区域内的换热效率，由此，分析图 6-13 可知各种纳米流体换热效率由大到小依次为：0.5%Cu、0.5%CuO、0.1%Cu、0.5%$Al_2O_3$、0.1%CuO、0.1%$Al_2O_3$、去离子水。

## 6.4 表面活性剂对纳米流体换热过程的影响

在纳米流体的实际应用中，表面活性剂对其稳定性起着重要作用，稳定性较好的纳米流体不会发生团聚现象，因而粒子的比表面积大，换热效率高，当纳米流体内部发生团聚时，会降低其换热效率。工业生产中，常用的表面活性剂分为阳离子表面活性剂、阴离子表面活性剂、非离子表面活性剂以及混合型表面活性剂。本节为了探究表面活性剂对纳米流体换热过程的影响，选用非离子表面活性剂 Tween20 配制体积分数为 0.5%，不同浓度的纳米流体，为此，本节设计了 6 组实验，调节水流量为 0.3L/min，气压为 0.2MPa，开冷温度为 700℃，实验参数如表 6-6 所示。

表 6-6 不同浓度表面活性剂纳米流体的实验参数

| 实验编号 | 溶质 | 溶剂 | 活性剂浓度 /‰ | 流量 /L·min$^{-1}$ | 气压/MPa | 开冷温度/℃ |
|---|---|---|---|---|---|---|
| E1 | — | 去离子水 | — | 0.3 | 0.2 | 700 |
| E2 | — | 去离子水 | 0.6 | 0.3 | 0.2 | 700 |
| E3 | 0.5%Cu | 去离子水 | — | 0.3 | 0.2 | 700 |
| E4 | 0.5%Cu | 去离子水 | 0.1 | 0.3 | 0.2 | 700 |
| E5 | 0.5%Cu | 去离子水 | 0.3 | 0.3 | 0.2 | 700 |
| E6 | 0.5%Cu | 去离子水 | 0.6 | 0.3 | 0.2 | 700 |

### 6.4.1 热流密度曲线的分析

为了更清晰地分析加入不同浓度表面活性剂制备而成的纳米流体在喷射高温钢板过程中，冷却区域内热流密度变化情况，选取了该区域内 4 个具有代表性的测量点进行单独分析，其中 $P_1$ 点为冲击点，相邻两个质点之间的距离为 10mm。经过实验分析，得到不同测量点的热流密度随时间变化的曲线，如图 6-14 所示。其中 $P_1$ 点与 $P_4$ 点的最大热流密度以及达到最大热流密度的时间如表 6-7 所示。

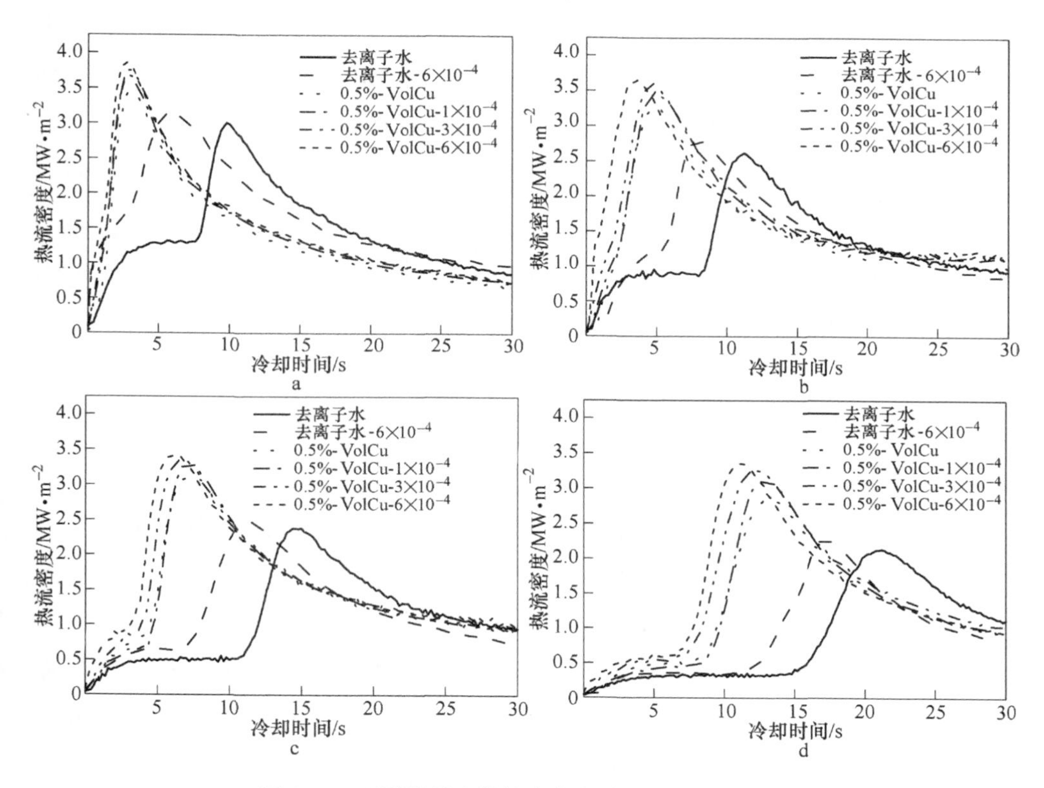


图 6-14 不同测量点处热流密度随时间变化曲线图

a—$P_1$点；b—$P_2$点；c—$P_3$点；d—$P_4$点

**表 6-7 不同纳米流体在不同位置处的最大热流密度值及达到最大热流密度所用时间**

| 实验编号 | 纳米流体类型 | 冲击点处 MHF /$MW \cdot m^{-2}$ | 冲击点达到 MHF 时间/s | 30mm 处 MHF/$MW \cdot m^{-2}$ | 30mm 处 $t_{MHF}$/s |
|---|---|---|---|---|---|
| E1 | 去离子水 | 3 | 9.8 | 2.13 | 20.2 |
| E2 | 去离子水-$6\times10^{-4}$ | 3.17 | 5.8 | 2.27 | 17 |
| E3 | 0.5%Cu | 3.48 | 2.8 | 2.83 | 12.8 |
| E4 | 0.5%Cu-$1\times10^{-4}$ | 3.66 | 2.8 | 3.13 | 12.8 |
| E5 | 0.5%Cu-$3\times10^{-4}$ | 3.75 | 2.8 | 3.25 | 12.6 |
| E6 | 0.5%Cu-$6\times10^{-4}$ | 3.94 | 2.6 | 3.39 | 11 |

通过分析图 6-14 可知，无论是在冲击点处还是冲击点区域以外，纳米流体均能提高最大热流密度，由图 6-14a 可以看出，加入表面活性剂后，热流

密度上升的峰值和上升速度均大于没有加入表面活性剂的纳米流体。当纳米流体中加入浓度为$6\times10^{-4}$的 Tween 后，在冷却过程中，较未加入表面活性剂的纳米流体而言，冲击点处热流密度峰值由 3.48MW/m$^2$变化为 3.94MW/m$^2$，增加了 13.2%，较常规气雾冷却而言，冲击点处热流密度峰值增加了 31.3%，而对于距离冲击点 30mm 位置处，加入$6\times10^{-4}$表面活性剂的纳米流体，较未加入表面活性剂的纳米流体而言，热流密度峰值由 2.83MW/m$^2$ 变化为 3.39MW/m$^2$，增加了 19.8%，较常规气雾冷却而言，冲击点处热流密度峰值增加了 59.2%。通过对比加入不同浓度表面活性剂的纳米流体可知，其冲击点及冲击点区域以外的换热区，随着表面活性剂浓度的增加，最大热流密度均也随之增加。

分析其原因可知，由于纳米粒子的比表面积很大，因此实验室制备的纳米流体极易发生团聚现象，团聚现象的产生对于换热过程是极为不利的。当在纳米流体中加入表面活性剂后，表面活性剂吸附在纳米颗粒表面，与之形成一层吸附层，不但增加了粒子之间的距离，减小了 Hamaker 常数，而且吸附层的重叠会产生一种新的斥力，从而降低纳米粒子之间的范德瓦尔斯引力势能[168]，进而对纳米粒子的团聚起到阻碍作用。当纳米粒子在基液内部不发生团聚或很少发生团聚时，对于体积分数相同的纳米流，其体内部的粒子分散度大，单位体积内的有效碰撞粒子数目增多，作为纳米流体内部能量传递主要介质的纳米粒子微运动的强度加剧，粒子与粒子、粒子与液体间碰撞的频率加大，能量传递的速率加快，使得纳米流体导热系数增大，在宏观上的表征即为热流密度升高。

图 6-15 为不同表面活性剂浓度的纳米流体冲击钢板过程中，钢板表面温度与热流密度之间的曲线。由图 6-15 可知，无论是在冲击点处还是冲击点区域以外，热流密度曲线随着钢板表面温度的降低呈现先增大后减小的趋势，并且对于相同的纳米流体，随着表面活性剂浓度的增加，热流密度峰值以及达到最大热流密度时的表面温度均增加。其原因为：随着表面活性剂的增加，纳米流体的分散性越好，在冷却过程中，纳米粒子与钢板表面的碰撞频率增加，更加有利于打破钢板表面的蒸汽膜，加速钢板表面由膜态沸腾向核态沸腾以及二次核态沸腾换热过程的转变，进而提高换热效率。

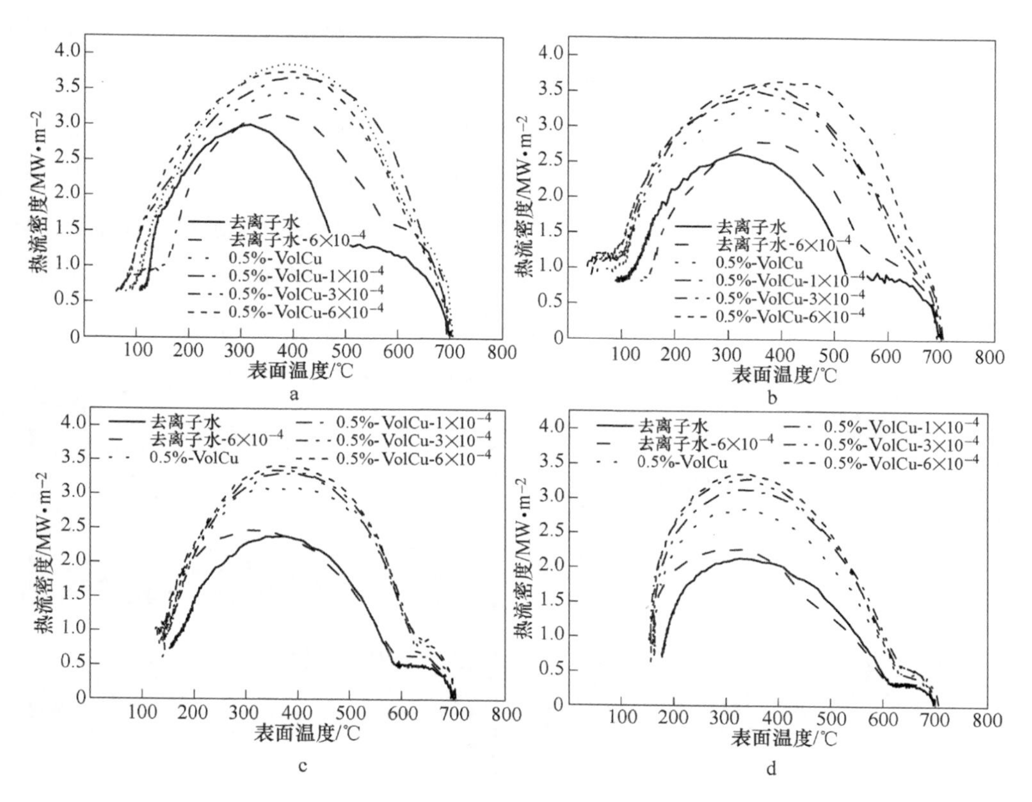


图 6-15 不同测量点处热流密度随表面温度变化曲线图

a—$P_1$点；b—$P_2$点；c—$P_3$点；d—$P_4$点

由图 6-15a 可知，在冲击点处，加入表面活性剂的纳米流体达到最大热流密度所对应的钢板表面温度为 450℃左右，不加表面活性剂的纳米流体达到最大热流密度所对应的钢板表面温度为 400℃左右，只加入表面活性剂而不加入纳米粒子时，达到最大热流密度所对应的钢板表面温度为 350℃左右，而常规气雾冷却达到最大热流密度所对应的钢板表面温度为 300℃，这一点进一步说明，加入表面活性剂的纳米流体的整体换热效果优于不加表面活性剂的纳米流体，优于常规气雾冷却。

### 6.4.2 热流密度曲线峰值的分析

本节实验过程中，同样采用摄像机记录整个实验过程，得到冷却水流量为 0.3L/min，气压为 0.2MPa，钢板初始为 700℃条件下，不同表面活性剂浓度的 0.5%Cu 纳米流体喷射冲击 8s 后钢板表面的润湿状态，同时，设置了常规气雾冷却以及在去离子水中加入 $6\times10^{-4}$ 的 Tween20 作为对比实验，如图 6-16所示。通过分析图 6-16a 可知，在 8s 时刻，常规气雾冷却过程中，钢板表面处于未润湿状态，冷却液滴尚未打破高温壁面的蒸汽膜，钢板表面处于膜沸腾换热阶段。通过对比图 6-16c ~ f 可知，润湿区域面积随着表面活性剂浓度的提高而增加。这说明，随着表面活性剂浓度的增加，0.5%Cu 纳米流体的再润湿速度增加，再润湿速度的提高有利于加快钢板表面润湿。

图 6-16 不同表面活性剂浓度的纳米流体 8s 时汽雾喷射冷却过程钢板表面润湿状态

a—去离子水；b—去离子水-$6\times10^{-4}$；c—0.5%Cu；d—0.5%Cu-$1\times10^{-4}$；e—0.5%Cu-$3\times10^{-4}$；f—0.5%Cu-$6\times10^{-4}$

图 6-17a 为不同表面活性剂浓度的纳米流体，在不同测量位置处达到最大热流密度对应的时间变化趋势。由图可知，随着表面活性剂浓度的增加，

纳米流体的润湿延迟呈现逐渐减小的趋势，与常规气雾冷却相比，在冲击点处达到最大热流密度所用的时间由 9.8s 减短到 2.6s，润湿延迟降低了 7.2s，在距离冲击点 30mm 处的润湿延迟则降低了 9.2s，这也说明了，随着与冲击点距离的增加，在整个换热区域内润湿延迟不断增大，在测量位置 $r=30$mm 处达到最大值。

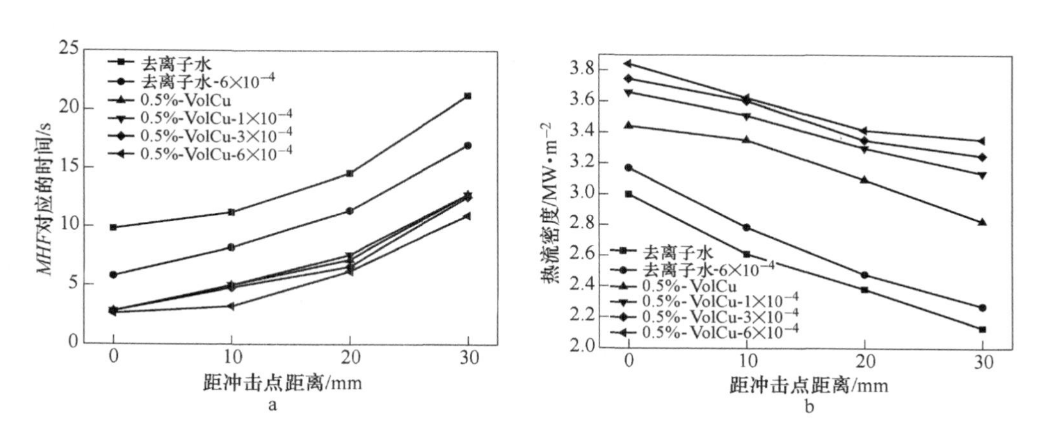


图 6-17 不同表面活性剂浓度的纳米流体各点 MHF 及达到 MHF 时对应的时间

a—不同表面活性剂浓度纳米流体 MHF 对应的时间；

b—不同表面活性剂浓度纳米流体对应的 MHF

图 6-17b 为冷却过程中不同测量位置处的最大热流密度变化趋势。通过分析可知，最大热流密度随着距离冲击点距离的增加而呈现出逐渐减小的趋势，其原因前文已述及。对于加入不同浓度表面活性剂浓度的纳米流体，各位置处的最大热流密度随着表面活性剂浓度的增加而增加，分析其原因为，一方面，表面活性剂能够抑制纳米流体内部颗粒之间的团聚，从而增加纳米流体的换热系数，强化沸腾换热过程，另一方面，纳米流体中加入表面活性剂后，表面活性剂抑制了液滴的表面张力，且浓度越大，抑制作用越强，较小的表面张力可以增加钢板表面的润湿性，促进液体以更快的速率在钢板表面传播，其结果是，液滴从钢板表面蒸发的速率增加，提高换热效率[168,169]。此外，表面张力的减小导致更小尺寸液滴的形成，较小尺寸的液滴可以更迅速地从钢板表面蒸发，使蒸汽膜的厚度减小，这样更加有利于钢板表面向核态沸腾换热的转变[170]。

### 6.4.3 换热区域内平均热流密度与表面温度分析

在不同表面活性剂浓度的纳米流体喷雾冷却过程中，面积权重所影响的平均热流密度和平均表面温度，曲线如图 6-18 所示。

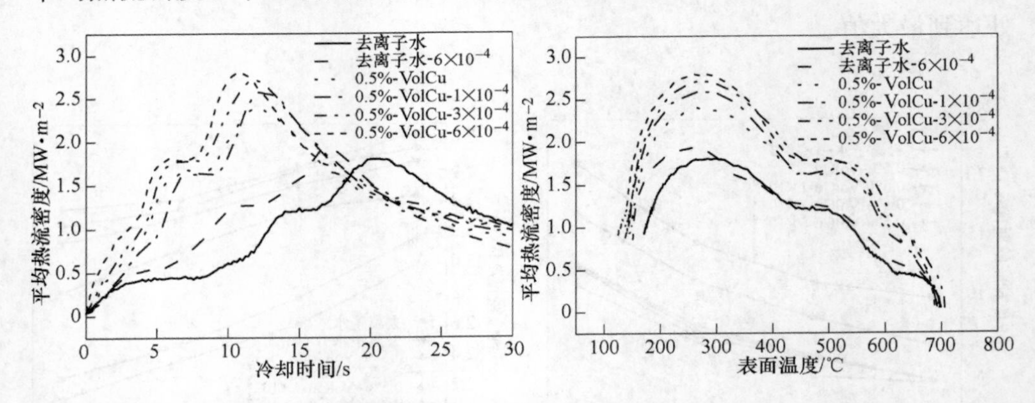


图 6-18 不同表面活性剂浓度的纳米流体换热区域内平均热流密度与平均表面温度

a—平均热流密度随时间变化；b—平均热流密度随表面温度变化

在整个换热区域内，平均热流密度的变化趋势与图 6-14 中各热流密度曲线变化趋势一致，随着冷却时间的延长，热流密度呈现出先增加再减小的趋势。由图 6-18a 可知，当表面活性剂浓度为 $6\times10^{-4}$时，平均热流密度峰值为 $2.79\text{MW/m}^2$，对应的冷却时间为 10.6s，而未加入表面活性剂时，平均热流密度为 $2.35\text{MW/m}^2$，其对应的冷却时间为 12.6s，热流密度的峰值增加了 18.7%，其对应的冷却时间减少了 18.9%。这说明，在半径 30mm 的圆形冷却区域内部，随着纳米流体内表面活性剂浓度的增加，平均热流密度也随之增加，润湿延迟减小，达到最大平均热流密度所用的时间集中在 10~13s 之间，说明在这一段时间内换热效果最佳。

分析图 6-18b 可知，平均热流密度随着表面温度的升降先缓速升高，然后急剧下降，在冷却的初始阶段（650~700℃），表面活性剂浓度的增加对于平均热流密度的提高没有明显的效果，这是因为这一时间段内，润湿区域面积较小，纳米流体的冷却作用有限。在使用不同浓度表面活性剂的纳米流体冷却实验过程中，最大热流密度达到峰值时所对应的平均表面温度均为 260℃左右，这说明，表面温度决定了冷却区域内的换热变化情况，虽然达到最大热流密度所用的时间不同，但是，相同的表面温度状态下冷却区域内换热区域的分布状态比较接近。此外，分析图 6-18 可知各种纳米流体换热效率由大到小依次为：0. 5% Cu - $6\times10^{-4}$、0. 5% Cu - $3\times10^{-4}$、0. 5% Cu - $1\times10^{-4}$、0. 5%CuO、去离子水-$6\times10^{-4}$、去离子水。

# 7 快速冷却条件下的板带钢内部温度演变规律研究

## 7.1 开冷温度对厚度方向换热的影响

对不同开冷温度下的换热特性研究可以更好地设计生产工艺，选择合理的开冷温度，为了研究开冷温度对厚度方向换热的影响，设计了 4 组实验，开冷温度变化区间为 400~700℃，热电偶布置形式如图 7-1 所示，其中 $P_3$ 为冲击点，具体实验参数如表 7-1 所示：

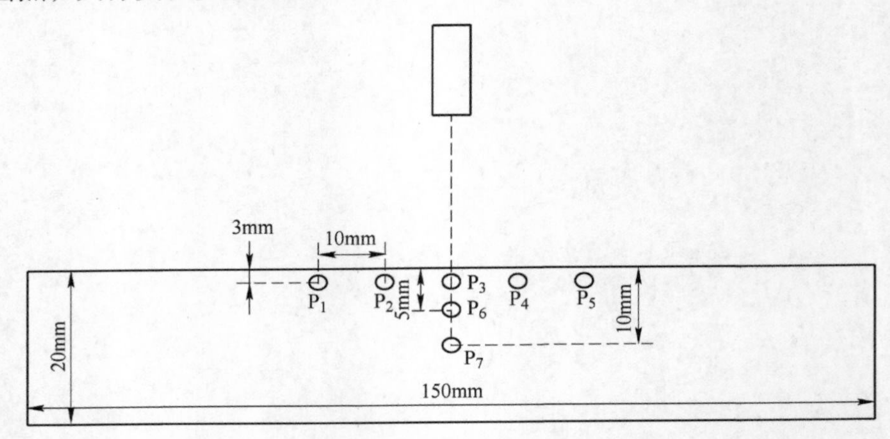


图 7-1　热电偶布置形式

表 7-1　不同开冷温度下的实验参数

| 序号 | 开冷温度/℃ | 流量/L · $min^{-1}$ | 狭缝宽度/mm | 水温/℃ | 冲击高度/mm |
|---|---|---|---|---|---|
| 1 | 400 | 33 | 1 | 20 | 150 |
| 2 | 500 | 33 | 1 | 20 | 150 |
| 3 | 600 | 33 | 1 | 20 | 150 |
| 4 | 700 | 33 | 1 | 20 | 150 |

### 7.1.1 不同开冷温度下钢板厚度方向的温降分析

图 7-2 所示为开冷温度 700℃时在冲击线 $P_3$ 处不同时刻厚度方向各测量

点处三维温度曲线，在射流冲击过程中，在相同位置处，温度随射流的不断冲击而逐渐下降；在相同时刻，随着距钢板表面距的增加，温度越高。

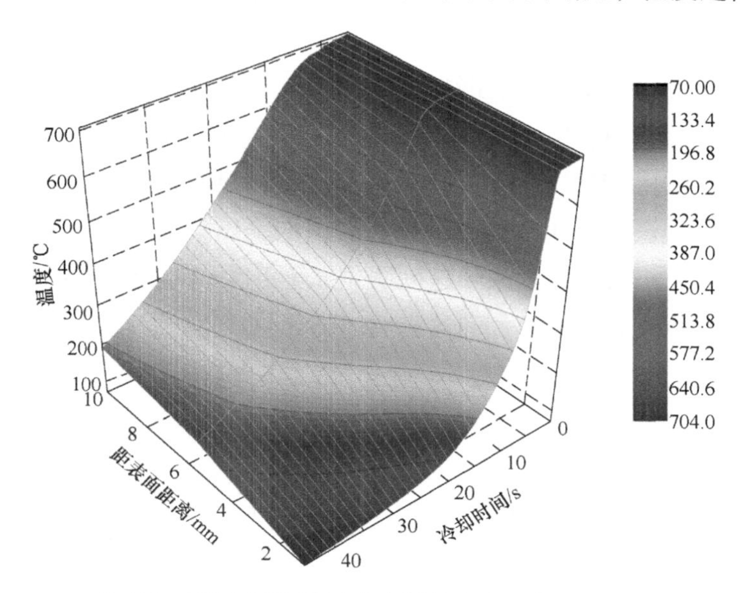


图 7-2 不同时刻厚度方向各测量点处三维温度曲线

研究了不同开冷温度下 20mm 厚钢板在厚度方向上的温降曲线，根据如图 7-4 和图 7-6 所示的温降速率曲线心部和表面冷却速率的大小，将温降曲线分为四个阶段（如图 7-3 所示）：Ⅰ：初始冷却阶段，当钢板从加热炉内取出放置在绝缘平台的过程，此时尚未有射流冲击，温降和冷却速率极小；Ⅱ：快速冷却阶段，在冲击过程中，将表面冷却速率大于心部冷却的冷却过程；Ⅲ：缓慢冷却阶段，将心部冷却速率大于表面冷却速率的冷却过程定义为缓慢冷却阶段；Ⅳ：终冷阶段，此时表面冷却速率很低，表面温度的表面很小，基本处于稳定。其中心-表温差在快速冷却阶段达到最大值，心-表温差的存在会导致钢板表面产生残余应力，钢板心部存在拉应力，最终影响钢板的机械性能。随着开冷温度从 400℃增至 700℃，相应快速冷却阶段（Ⅱ）的时间基本相同，而缓慢冷却阶段（Ⅲ）时间从 6s 增至 15s，在缓慢冷却阶段，心-表温差较大，心部的冷却速率主要取决于表面温度。开冷温度增大，心部温度越大，心-表温差越大。

当快速冷却阶段（Ⅱ）向缓慢冷却阶段（Ⅲ）转变时，即表面冷却速率等于心部冷却速率时，出现最大心-表温差，开冷温度为 700℃、600℃、

500℃和400℃时，最大心-表温差分别为383℃、331℃、289℃和216℃。开冷温度增大，最大心-表温差增大，主要是由于开冷温度越大，钢板心部温度越高，射流冲击钢板时，钢板表面温度迅速下降，而此时的心部温度变化较小，开冷温度越高，此时的心部温度越高。

当开冷温度为700℃、600℃、500℃和400℃时，钢板心部降至100℃所需时间分别为58s、53s、49s和39s，随着开冷温度升高，心部冷却至相同温度所需时间更长。射流冲击高温钢板，表面温降以对流换热为主，内部温降以热传导为主，近表面处的温降速度明显大于1/4*H*和心部的温降速度。开冷温度通过影响钢板表面换热，间接影响内部导热。

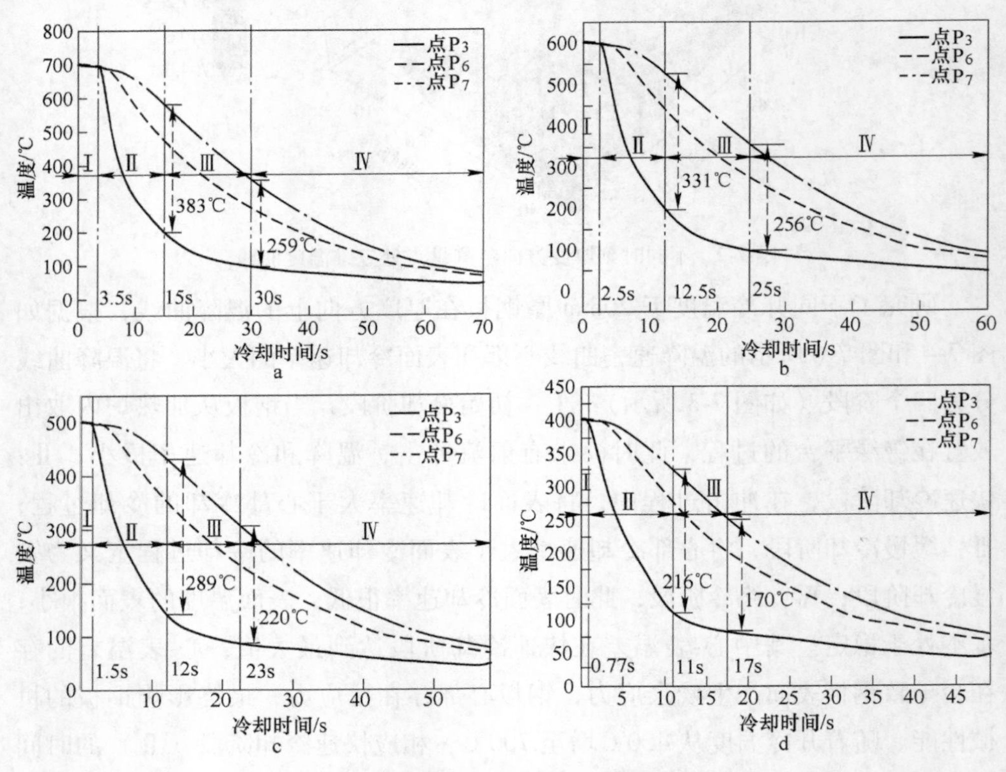


图7-3 不同开冷温度下温降曲线

a—700℃；b—600℃；c—500℃；d—400℃

图7-4所示为不同开冷温度下近表面处的冷却速率和温降曲线，不同开冷温度下的温降曲线，冷却速率均先增大后减小，主要是随着冷却的进行钢板表面温度逐渐降低，开冷温度增加，钢板厚度方向的过冷度增大，钢板厚

向冷却速度增加。在近表面处，开冷温度从400℃升高至700℃时，最大冷却速率由47℃/s升至100℃/s，提高了约一倍；在1/4*H*处，最大冷却速率从15.7℃/s增至26℃/s，提高了65.6%；在心部，最大冷却速率从11.4℃/s增至16.5℃/s，提高了44.7%。可见，开冷温度对表面的影响最大。

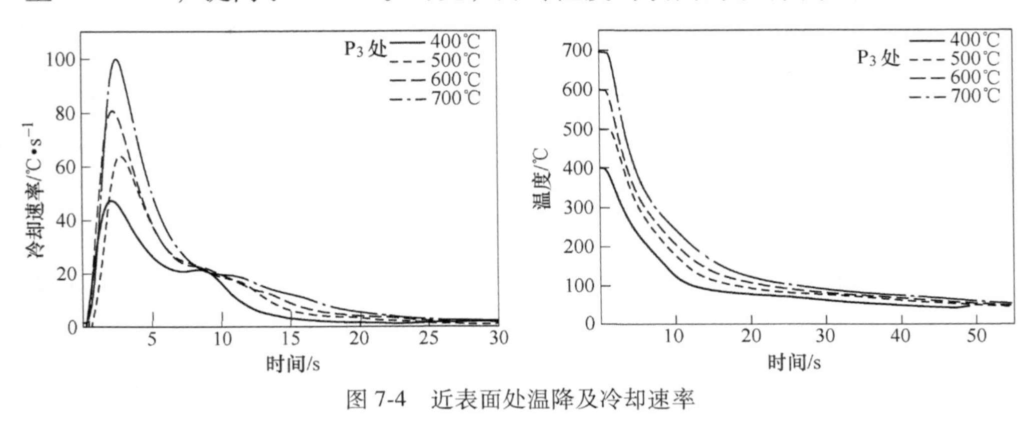


图7-4 近表面处温降及冷却速率

如图7-5和图7-6所示，相应点$P_6$和点$P_7$处的冷却速率变化趋势相似，均先增大后减小，但随着心-表距离增大，达到最大冷却速率的时间增大，并且开冷温度越大，冷却速率越大，在1/4*H*处，开冷温度由400℃增至700℃，最大冷却速率由15℃/s增至26℃/s，相应在$P_7$处（心部），最大冷却速率由11.5℃/s增至13℃/s。

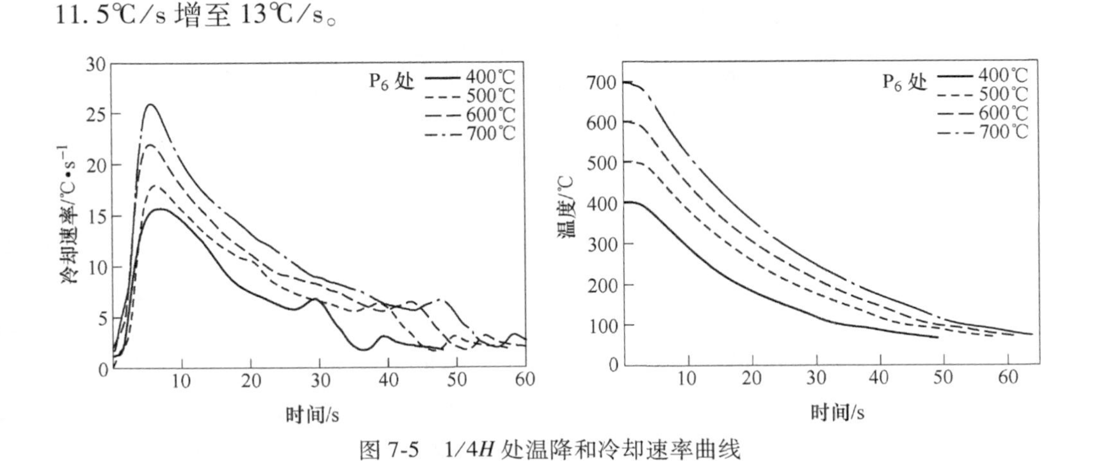


图7-5 1/4*H*处温降和冷却速率曲线

### 7.1.2 不同开冷温度下的热流密度曲线分析

图7-7所示为700℃时钢板表面热流密度三维曲线，热流密度均随着冷却

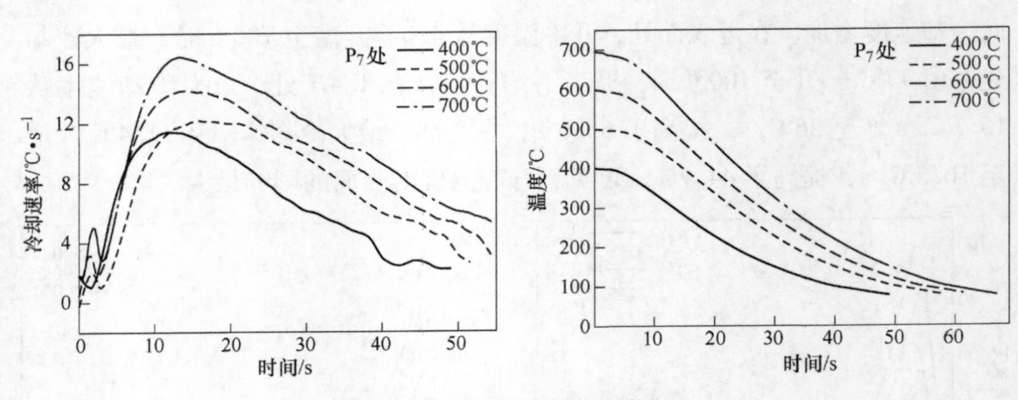


图 7-6 心部冷却速率和温降曲线

的进行先增加后减小，其中 $P_3$ 为冲击点，随着距冲击点距离增加，热流密度峰值降低。

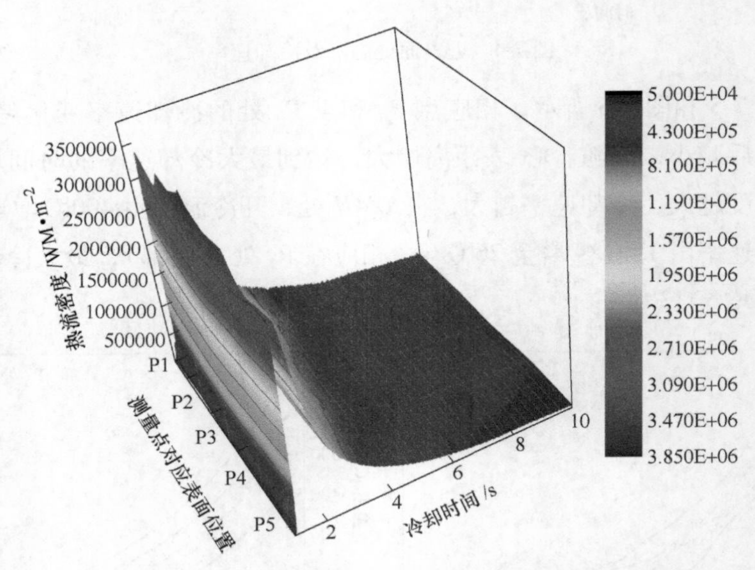


图 7-7 不同时刻钢板表面热流密度三维曲线

不同开冷温度下的钢板表面的热流密度与时间关系曲线，相应最大热流密度与达到最大热流密度的时间如表 7-2 所示，随着开冷温度的升高，热流密度逐渐增大，与 Hauksson 等人[171]得到的结论一致。开冷由 400℃ 升至 700℃ 时，冲击点 $P_3$ 处的热流密度由 1.8MW/m$^2$增至 3.84MW/m$^2$，提高了一倍，初始冷却时射流冲击高温壁面后大量冷却水蒸发在钢板表面产生蒸汽膜，阻碍了换热，开冷温度为 400~700℃ 时相应达到热流密度峰值的时间均为 1s，可能是因为射流在冲击点处的流体状态相近，打破蒸汽膜的时间相同。然而在冲击区域外，开冷温度提高增大了润湿延迟，在距冲击点 20mm 处，开冷温度由 400℃ 提高至 700℃ 时，润湿延迟由 0.85s 增至 1.5s，相应达到最大热流密度的时间也由 1.6s 增至 2.5s（图 7-8），主要是由开冷温度的变化导致的沸腾气泡生产频率以及长大的速度决定的，从而影响润湿前沿向外扩展[172]。

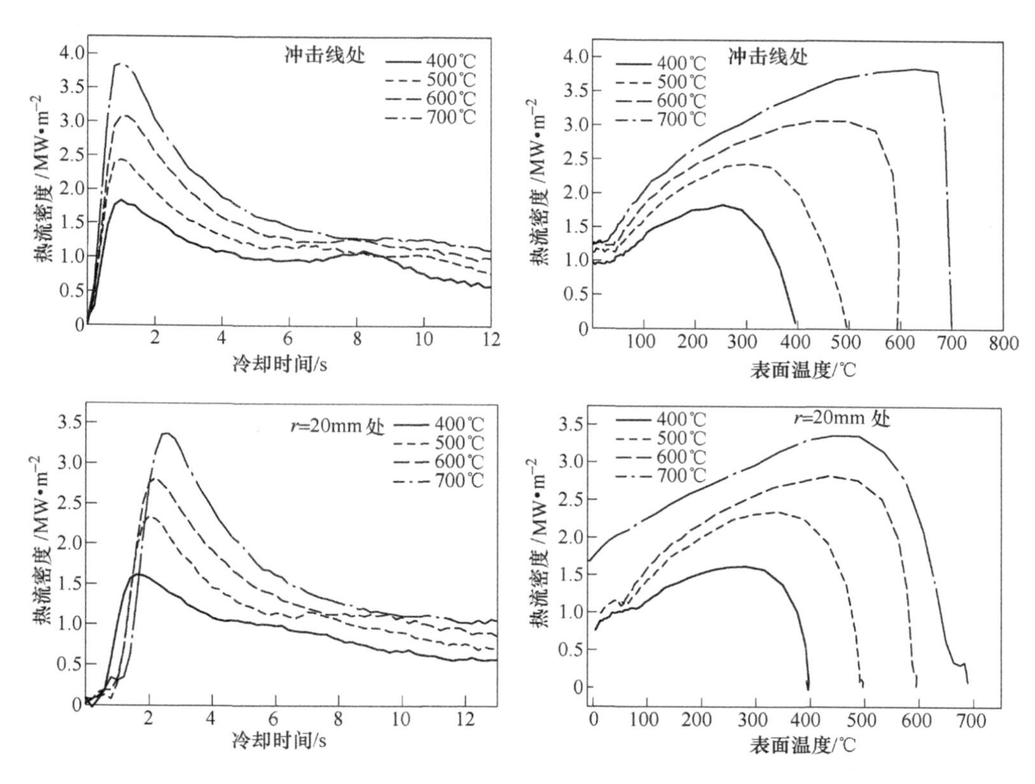


图 7-8 冲击线处和距冲击线 $r=20$mm 处的热流密度与时间、温度曲线

**表 7-2 不同开冷温度时不同位置处的最大热流密度值及达到最大热流密度所用时间**

| 开冷温度 /℃ | 冲击点 MHF /MW · $m^{-2}$ | 冲击点达到 MHF 时间 /s | 距离冲击点 40mm 处 MHF /MW · $m^{-2}$ | 距离冲击点 40mm 处达到 MHF 时间 /s |
|---|---|---|---|---|
| 400 | 1.82 | 1 | 1.61 | 1.57 |
| 500 | 2.44 | 1 | 2.33 | 2 |
| 600 | 3.07 | 1 | 2.82 | 2.2 |
| 700 | 3.85 | 1 | 3.36 | 2.5 |

由热流密度与表面温度的关系图可以看出，在冲击区域内外，热流密度曲线随着表面温度的降低呈先增大后减小的趋势，开冷温度提高增大了热流密度峰值和到达热流密度峰值时的表面温度。由于冷却水刚接触高温壁面时会迅速形成一层蒸汽膜，阻碍了冷却水与钢板的换热，处于换热较低的膜态沸腾区域，随着冷却的进行，逐渐由膜态沸腾换热进入核态沸腾换热，换热效率提高，直至达到最大热流密度后开始下降，主要是由于钢板表面温度相对较低，降低了热流密度。开冷温度提高由于增大了过热度，进而提高了最大热流密度，如图 7-9 所示。

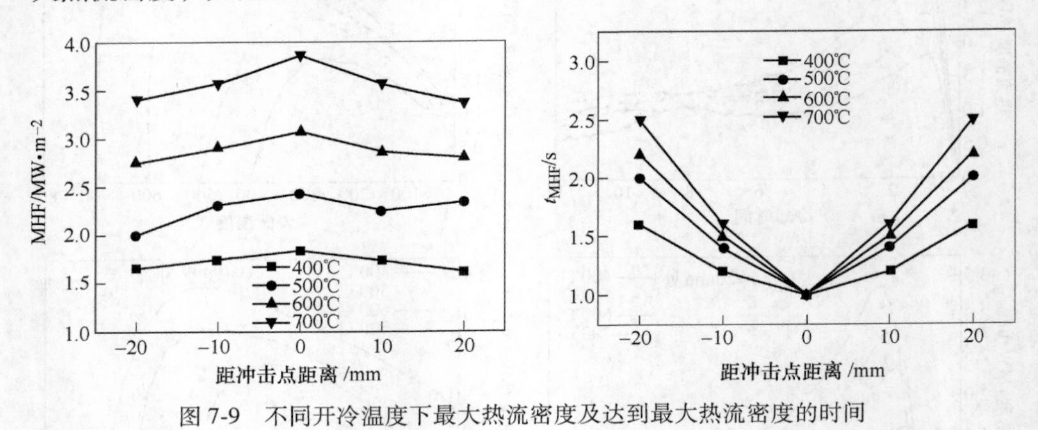


图 7-9　不同开冷温度下最大热流密度及达到最大热流密度的时间

### 7.1.3　不同开冷温度下的换热系数分析

冲击区域内外的表面换热系数如图 7-10 所示，在冲击过程中，钢板表面温度逐渐降低而换热系数逐渐增大，在冲击线 $P_3$ 处，随着开冷温度从 400℃ 升至 700℃，表面最大换热系数从 15639W/($m^2$ · ℃) 增至 26476 W/($m^2$ · ℃)，增加了 69.3%；而在距冲击线 $r=20$mm 处 ($P_1$)，表面最大换热系数从 13808W/($m^2$ · ℃) 增至 18275W/($m^2$ · ℃)，提高了 32.4%。由于开冷温度提高增大了过热度进而增大了热流密度峰值。

在开冷温度为 700℃ 时，随着距冲击线距离的增加，表面的换热系数逐渐降低，从冲击线到距冲击线 $r=20$mm 处，换热系数从 26476W/($m^2$ · ℃) 降至 18275W/($m^2$ · ℃)，减小了 44.8%，冷却水与高温壁面接触时产生一层蒸汽膜阻碍冷却水与高温壁面的换热，射流冲击壁面后形成平行流，平行流流速小于射流速度，随着距冲击线距离的增加，冷却水打破蒸汽膜的时间延长，打破蒸汽膜时的壁面温度相对较低。

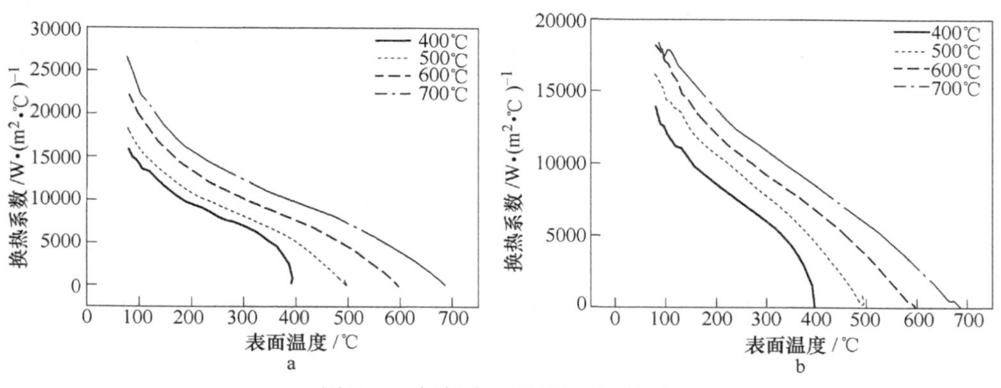


图 7-10 钢板表面各处的换热系数

a—冲击线处；b—$v$ = 20mm

## 7.2 不同流量对厚度方向换热的影响

流量是钢铁生产中在线冷却系统调节最方便最频繁的工艺参数，为了提供流量与钢板厚度方向换热之间的特点，特设计了 3 组实验，钢板开冷温度为 700℃，水温 23℃，流量变化范围 17~33L/min，其中热电偶布置形式如图 7-11。

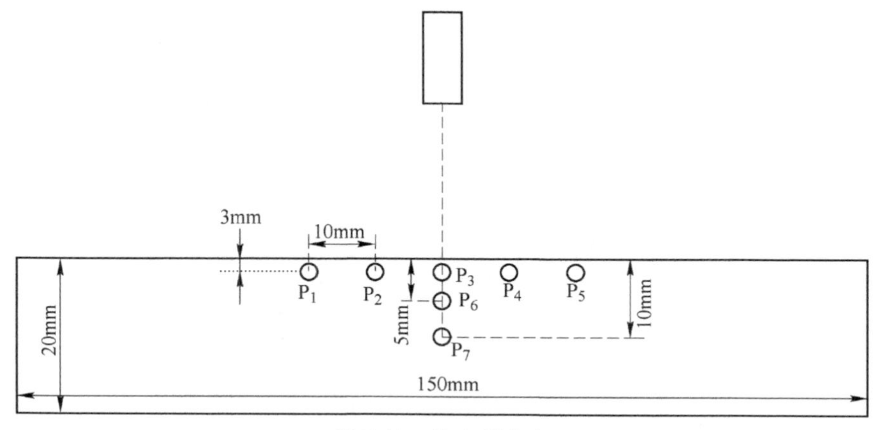


图 7-11 热电偶分布

### 7.2.1 不同流量下钢板厚度方向的温降曲线

当流量为 17L/min、21L/min 和 33L/min 时，快速冷却阶段（Ⅱ）的持续时间分别为 8. 5s、10. 5s 和 10. 7s，缓慢冷却阶段（Ⅲ）的持续时间分别为 11s、13. 5s 和 12. 5s，心-表最大温差出现在快速冷却阶段向缓慢冷却阶段转变的过渡时刻，17L/min、21L/min 和 33L/min 时的最大心-温差分别为 362℃、369℃和 383℃，因为快速冷却阶段（Ⅱ）的持续时间短，换热主要发生在钢板表面，表面温度迅速下降，而心部温度变化幅度较小。缓慢冷却阶段（Ⅲ）向终冷阶段（Ⅳ）转变时流量为 17L/min、21L/min 和 33L/min 的心-表温差分别为 330℃、285℃和 277℃，此时的心-表温差随着流量的增加而减小，在快速冷却阶段（Ⅱ）后钢板表面温度较低，钢板内部的换热以热传导的形式发生，使钢板心部温度逐渐降低，心-表温差不断缩小。因为在缓慢冷却阶段心部的冷却速率大于表面冷却速率，流量较大时，心-表温差大，流量增大，心部冷却速率较大。图 7-12 所示为不同流量下的温降曲线。

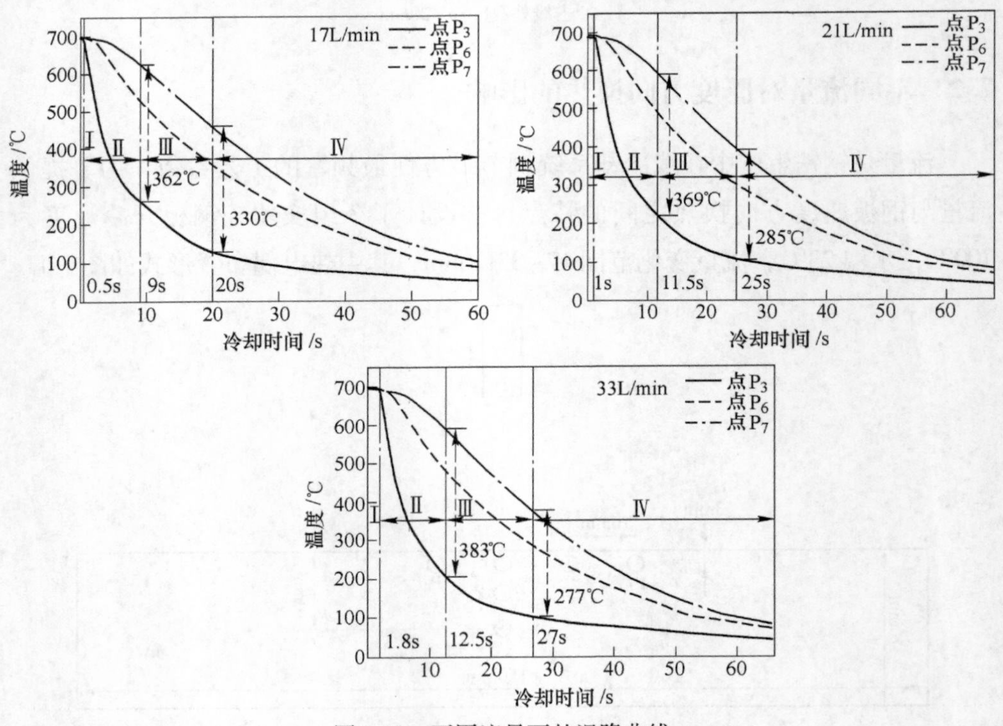


图 7-12　不同流量下的温降曲线

在厚度方向上，表面的温降速度明显大于 1/4$H$ 和心部。厚度方向上，随着流量增大，冷却速率增加，随着冷却的进行，心-表温度梯度先增大后减小，如图 7-13 所示。流量分别为 17L/min、21L/min 和 33L/min 时，心-表最大温差分别为362℃、369℃和383℃。因为在0～10s内射流冲击高温壁面，导致钢板表面温度急剧下降，相应冲击线处的热流密度曲线处于单相强制对流换热阶段，从温度曲线可知，此时钢板表面温度约为250℃，心部温度约为650℃，由于在钢板内部，换热形式主要为热传导，传热效率主要与材料的物性参数有关，因此心部温度较高；10～60s内，心-表温差逐渐降低，此时钢板表面温度变化较小，随着心部温度的降低，心-表温差逐渐减小。

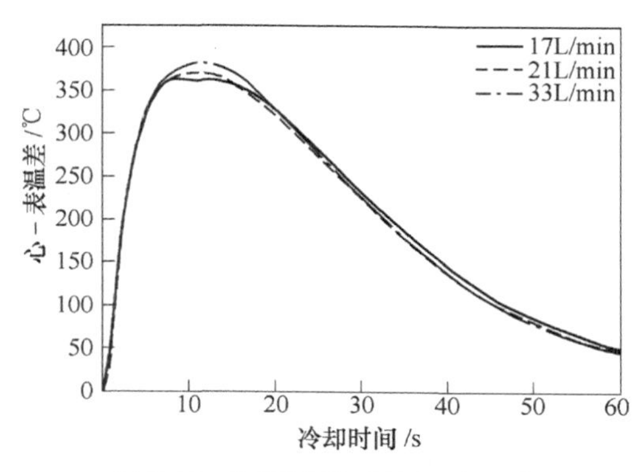


图7-13 不同流量下的心-表温差

图7-14所示为不同流量下的冷却速率，无论是近表面处、1/4*H*处还是心部，冷却速率均是先增大后减小，并且流量为33L/min时的冷却速率最大。在冷却水刚接触到高温钢板表面时会迅速沸腾在钢板表面形成一层气膜，进而阻碍了冷却水与高温钢板的充分换热，即此时处于换热效率较低的膜态沸腾区，流量增大，有利于快速打破蒸汽膜，进入换热效率更高的核态沸腾，冷却速率逐渐增大，直至达到最大冷却冷却速率，钢板表面温度迅速降低。

### 7.2.2 不同流量下的热流密度曲线分析

冲击点为P3，开冷温度700℃，狭缝宽度1mm条件下，研究了流量对厚度方向上传热的影响，图7-15为不同流量下的热流密度与时间的关系图，在冲击区域内外，热流密度均先增加后减小。在冲击线处，尽管流量不同但同时达到最大热流密度，由于在冲击线处射流打破蒸汽膜时间短，快速进入核态沸腾，但随着流量增加，最大热流密度增大，流量从17L/min增至33L/min，最大热流密度从3.36MW/$m^2$增至3.83MW/$m^2$，提高了约14%。在距冲击点$r$=20mm处，随着流量的增加最大热流密度从3.25MW/$m^2$增至3.6MW/

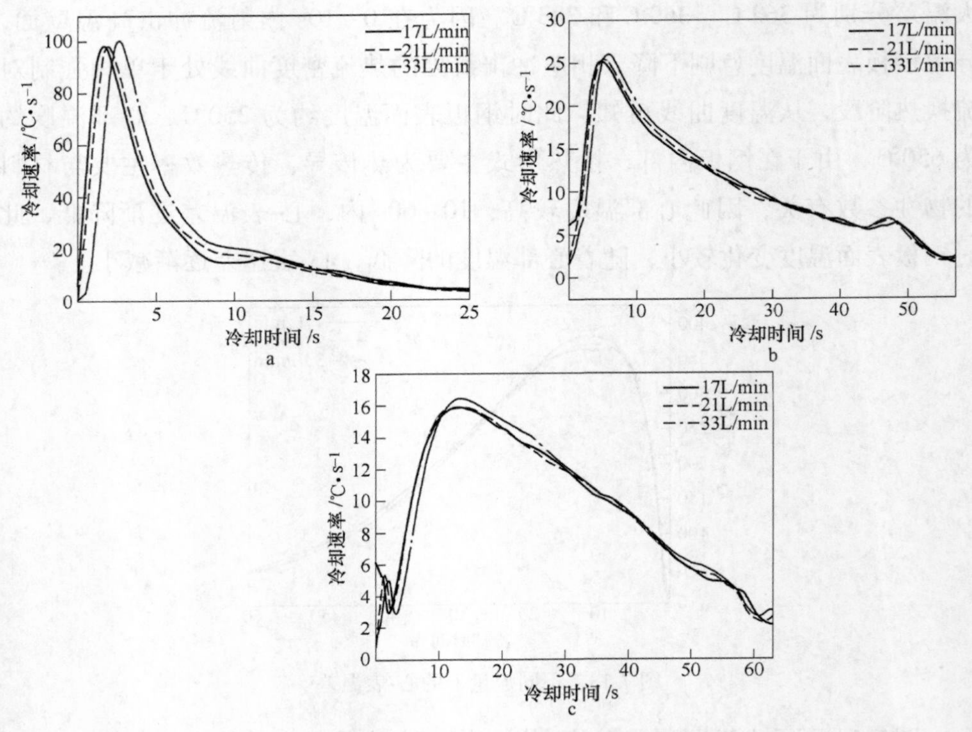


图 7-14 不同流量下的冷却速率

a—近表面处；b—1/4*H* 处；c—心部

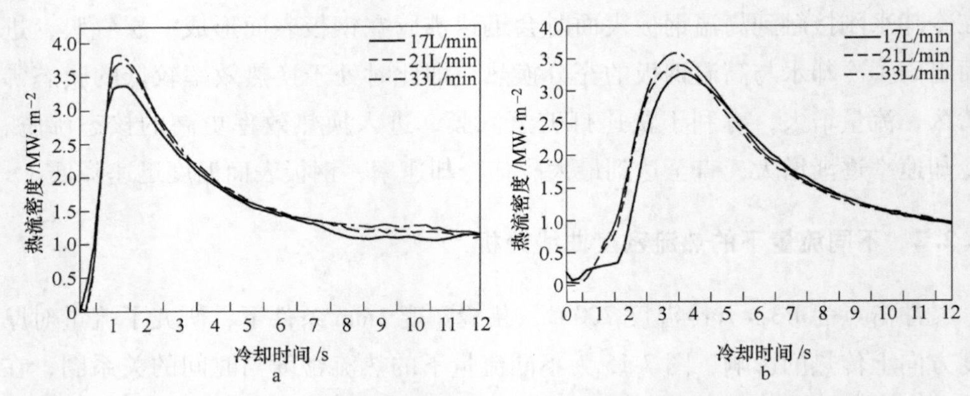


图 7-15 冲击线处及距冲击线 $r=20$mm 处的热流密度与时间曲线

a—冲击线处；b—$r=200$mm 处

$m^2$，提高了 10.7%，相应达到最大热流密度的时间从 3.6s 减至 3.25s，流量增加，射流速度增加，平行流流量和流速增大，因此在 $r=20$mm 处流量的影响更明显。

相应的最大热流密度及达到最大热流密度的时间如图 7-16 所示，在冲击区域内外，随着流量的增大，最大热流密度增加，由于流量的增加，钢板表面的平行流流速增大，单位时间内带走更多的热流量，同时流量增大，促进了润湿前沿的扩展，延缓润湿延迟，因此在相同位置处，流量增大，该处达到最大热流密度的时间减少。

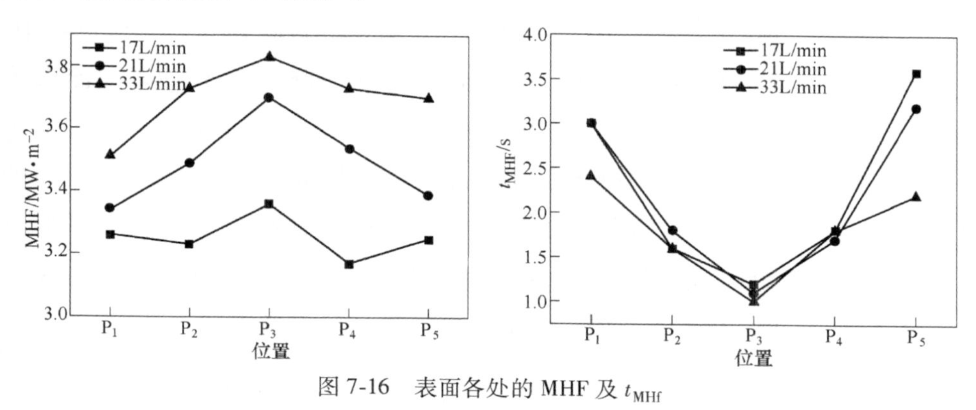


图 7-16　表面各处的 MHF 及 $t_{MHf}$

### 7.2.3 不同流量下的换热系数分析

在冲击线处及距冲击线 $r=20$mm 处的换热系数与表面温度的关系曲线如图 7-17 所示，在冲击过程中，随着钢板表面温度的降低，换热系数均逐渐增大，并且流量增加，换热系数的斜率增大，最大换热系数增加。在冲击线处流量从 17L/min 增至 33L/min，最大换热系数从 20554W/($m^2$·℃) 增至 29698W/($m^2$·℃)，增加了 44.5%，而 $r=20$mm 处的最大换热系数从 13148W/($m^2$·℃) 增至 18445W/($m^2$·℃)，增加了 40%。

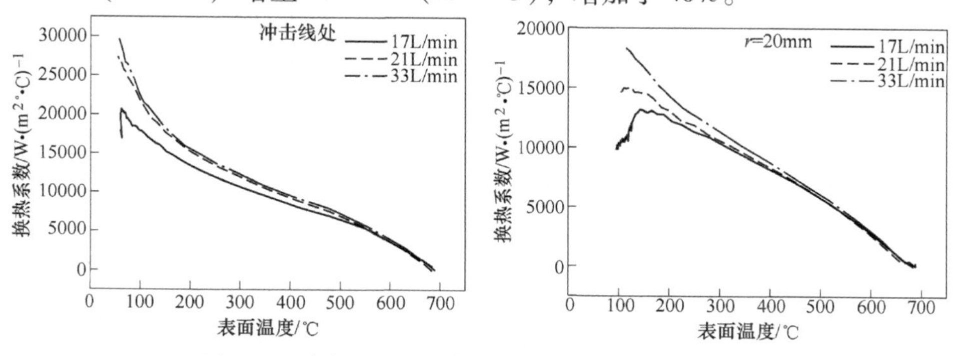


图 7-17　冲击线处及距冲击线 $r=20$mm 处的换热系数

## 7.3 不同冷却强度下喷嘴间距的影响

对于不同狭缝喷嘴间距下的换热特性研究可以更好地设计生产工艺流程。如图 7-18 所示，运动实验平台主要包括以下部分：加热系统、供水系统、数据采集系统、运动辊道、实验钢板以及仪器仪表等装置。实验前将钢板在加热炉内加热至 720℃，因为高温钢板从加热炉取出，放置在实验平台过程中，会与空气及周围环境发生换热，导致钢板温度下降，为了保证开冷温度 700℃，将钢板加热至 720℃，将钢板放置在平台后，将遮流板隔空放在钢板上方，打开阀门，将流量调整至所需，待钢板冷却至 700℃ 时，启动电机使平台开始运动，同时迅速抽离遮流板，使射流冲击在钢板表面，整个实验过程采用高速相机对冷却过程进行记录，热电偶及冲击示意图如图 7-19 所示。

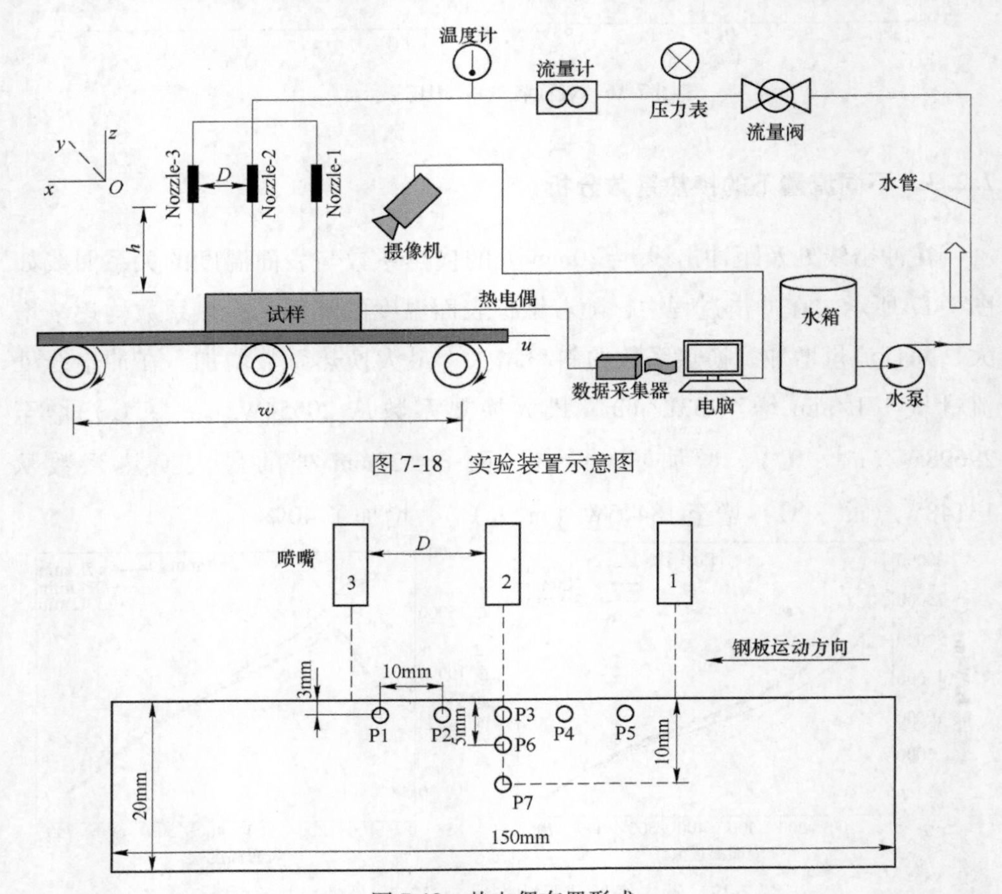


图 7-18 实验装置示意图



图 7-19 热电偶布置形式

在钢板的开冷温度为700℃，运动速度为3.3mm/s，1号、2号和3号喷嘴的流量分别为25.5L/min、17L/min和12L/min的实验条件下，针对不同喷嘴间距设计了3组实验，具体实验参数如表7-3所示。

**表7-3 射流冲击实验方案**

| 序号 | 喷嘴间距/cm | 喷嘴高度/mm | 1号喷嘴流量/L·min⁻¹ | 2号喷嘴流量/L·min⁻¹ | 3号喷嘴流量/L·min⁻¹ | 狭缝宽度/mm | 板速/mm·s⁻¹ | 水温/℃ |
|---|---|---|---|---|---|---|---|---|
| 1 | 4 | 150 | 25 | 17 | 12 | 1 | 3.3 | 20 |
| 2 | 6 | 150 | 25 | 17 | 12 | 1 | 3.3 | 20 |
| 3 | 8 | 150 | 25 | 17 | 12 | 1 | 3.3 | 20 |

### 7.3.1 不同喷嘴间距狭缝射流冲击基本换热特性

图7-20为喷嘴间距4cm时，厚度方向各测量点处三维温度变化，在厚度方向的温度均随着射流冲击而逐渐降低，并且同一时刻，随着距钢板距离增加，该处温度越高。

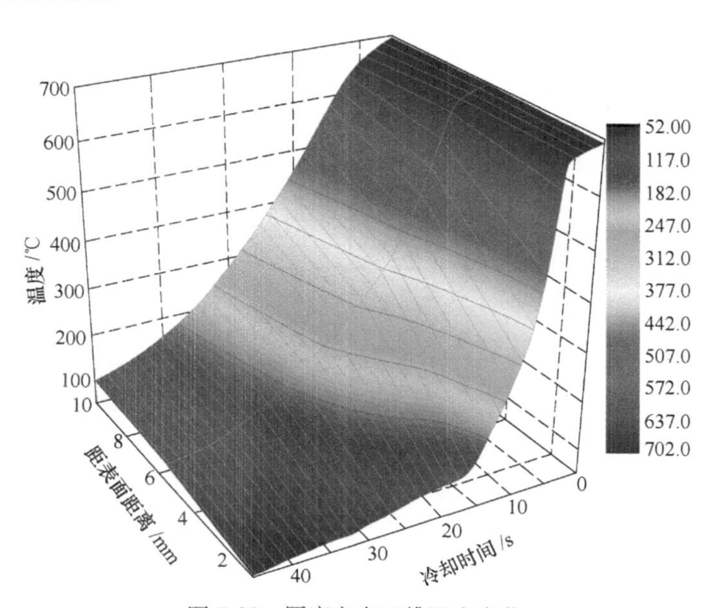


图7-20 厚度方向三维温度变化

根据冷却曲线将温降过程分为四个阶段，其中随着喷嘴间距为4cm、6cm、8cm时，相应快速冷却阶段（Ⅱ）的持续时间分别为13.6s、16s、16s，快速冷却阶段（Ⅱ）向缓慢冷却阶段（Ⅲ）转变的临界温度均约为150℃，可见喷嘴间距越小，钢板温降越快，增大了心-表温差，快速进入了缓慢冷却阶段（Ⅲ），心部温度逐渐降低，随着心-表温差的减小，进入到终冷阶段（Ⅳ），此时表面冷却速率很低，表面温度的变化很小，基本处于稳定。喷嘴间距分别为 4cm、6cm 和 8cm 时，最大心-表温差分别为 324℃、323℃ 和 344℃，喷嘴间距的变化对最大心-表温差的影响较小（图 7-21）。因为喷嘴间距的变化主要是影响钢板受平行流作用的时间，喷嘴间距越小，在相同板速的条件下，有更多的冷却水与钢板进行换热，因此 4cm 和 6cm 时的心表温差略小于 8cm 时的心-表温差。

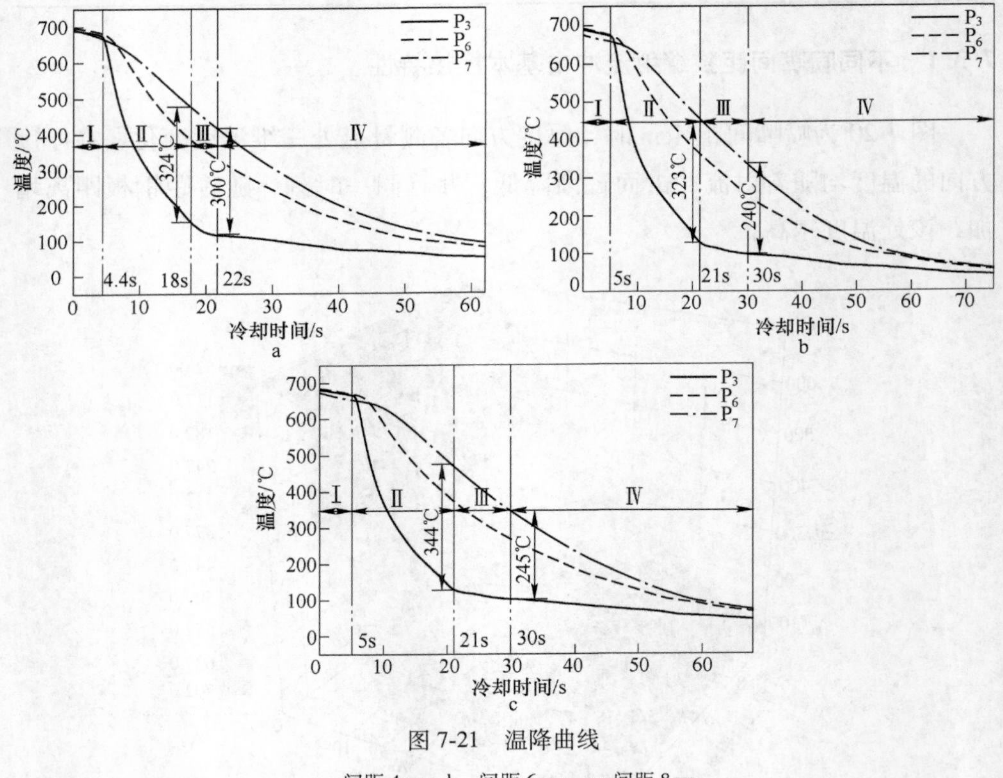


图 7-21 温降曲线

a—间距 4cm；b—间距 6cm；c—间距 8cm

图 7-22 所示为钢板厚度方向不同位置处的冷却速率，随着喷嘴间距的增加，厚度方向各处的温降速率均逐渐降低。当喷嘴间距由 4cm 增至 8cm 时，在近表面处、1/4*H* 处和心部的最大冷却速率如表 7-4 所示，随着距钢板表面距离的增加，最大冷却速率越来越小，喷嘴间距对冷却速率的影响越来越小，可见

喷嘴间距的变化对钢板厚度方向上的温降速率影响较小，基本与喷嘴间距无关，因为钢板厚度方向的温降主要与热物性参数等钢板固有导热能力有关。

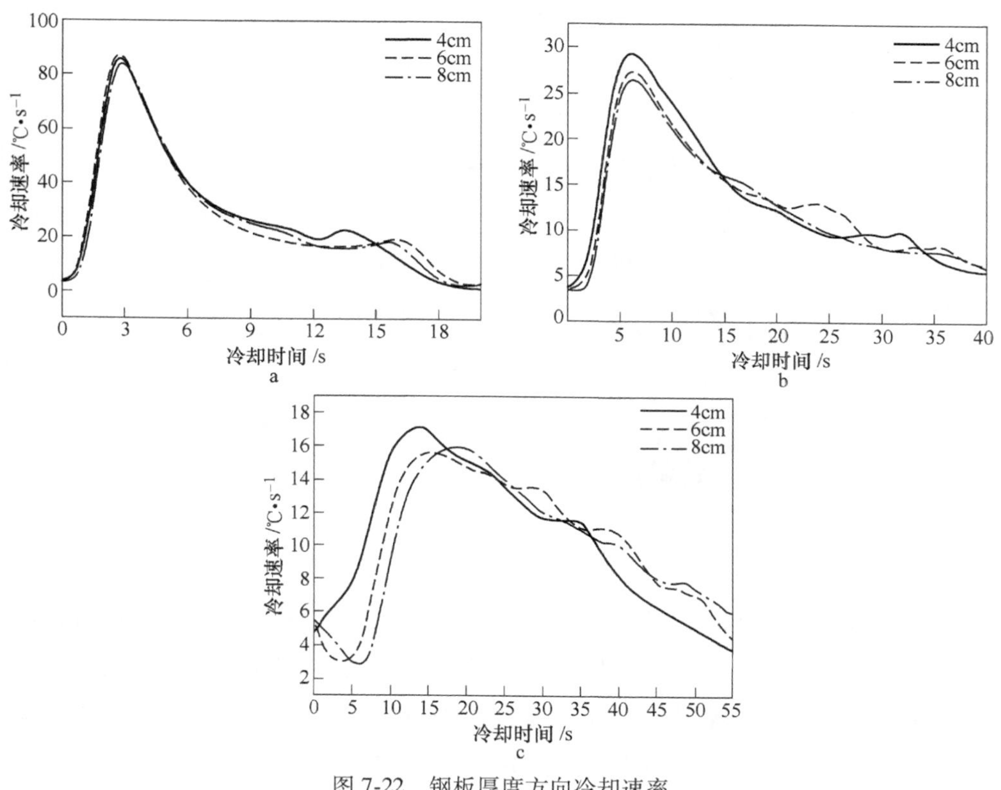


图 7-22 钢板厚度方向冷却速率

a—表面处；b—1/4*H* 处；c—心部

**表 7-4 最大冷却速率**

| 喷嘴间距 /cm | 近表面处最大温降速率 /℃ · $s^{-1}$ | 1/4*H* 处最大温降速率 /℃ · $s^{-1}$ | 心部最大温降速率 /℃ · $s^{-1}$ |
|---|---|---|---|
| 4 | 87 | 29 | 17 |
| 6 | 85 | 27 | 15.6 |
| 8 | 84 | 26 | 16 |

## 7.3.2 不同喷嘴间距下热流密度分析

图 7-23 为喷嘴间距 4cm 时钢板表面各处热流密度随时间变化的三维曲线图，钢板表面各处的热流密度均随着冷却的进行先增大后减小，并且随着钢

板的运动，钢板表面各处依次达到最大热流密度。

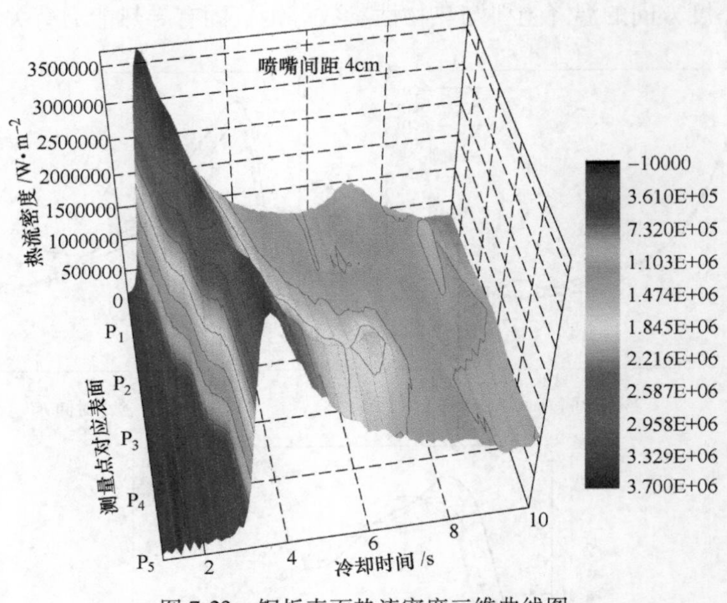


图 7-23 钢板表面热流密度三维曲线图

不同喷嘴间距下的热流密度与时间的关系如图 7-24 所示，可见热流密度曲线均存在波动，主要是由于喷嘴间距的存在，钢板在喷嘴间隙时主要受平行流的冷却作用，喷嘴射流冷却强度大于平行流的冷却强度，当钢板再次受到喷嘴射流冲击时由于冷却强度发生变化，造成热流密度波动，形成热流密度峰值，由于经过 1 号喷嘴射流冷却后的钢板表面温度相对较低，因此第二个热流密度峰值较小。当喷嘴间距为 4cm 时，钢板经过 1 号和 2 号喷嘴的间距 4cm 需要的时间为 12s，同时 $P_1$ 与 $P_5$ 之间的距离也为 4cm，钢板表面经过 1 号喷嘴产生的射流冷却后，2 号喷嘴产生的射流开始冲击钢板表面，形成第二个热流密度峰值，经过 1 号和 2 号喷嘴的冷却后，钢板心-表温度趋于一致，此时钢板温度较低，约为 50℃，当 3 号喷嘴射流冲击时，通过温降曲线可知此时钢板表面温度较低，当射流冲击钢板表面时不会发生明显热流密度波动。

随着喷嘴间距增加，喷嘴间距为 4cm、6cm、8cm 时，经过 1 号喷嘴射流冲击后初始冲击点 $P_1$ 处的最大热流密度分别为 3.7MW/m$^2$、3.68MW/m$^2$、3.56MW/m$^2$，$P_5$ 处的最大热流密度分别为 3.3MW/m$^2$、3.15MW/m$^2$、3.1MW/m$^2$，相应的 $P_1$ 与 $P_5$ 之间的最大热流密度分别减小了 10.8%、

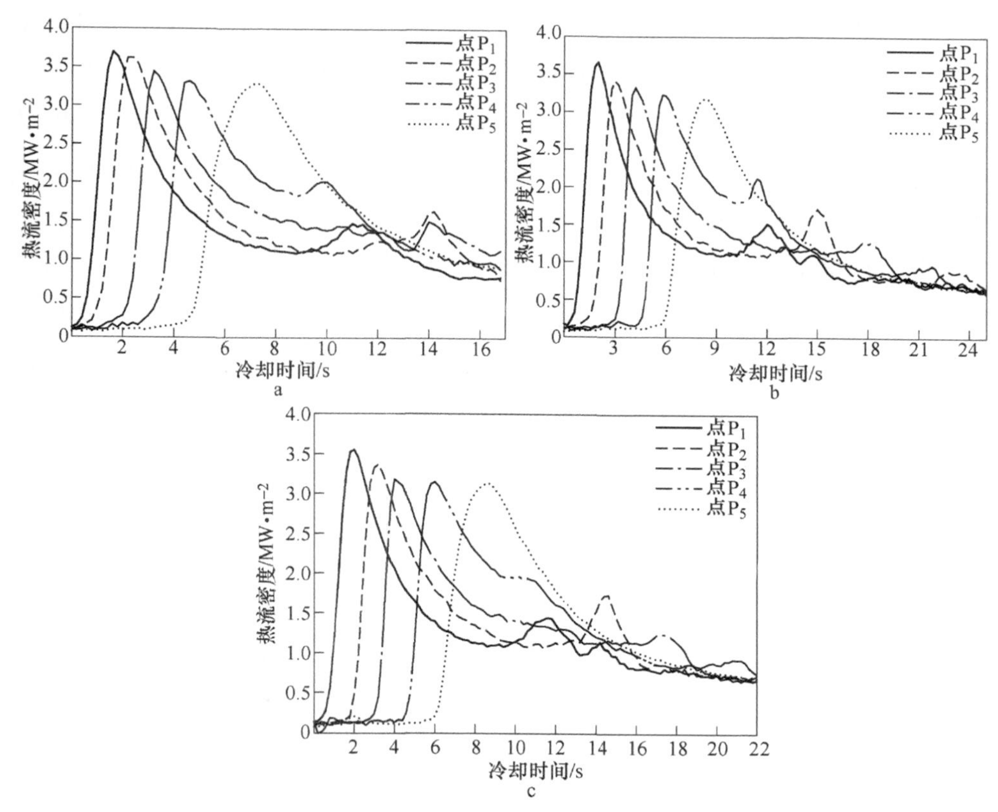


图 7-24 不同喷嘴间距的热流密度与时间曲线

a—间距 4cm；b—间距 6cm；c—间距 8cm

14.8%、12.9%。热流密度达到最大热流密度后，但随着钢板的运动，随着距初始冲击点 $P_1$ 距离的增加，热流密度峰值逐渐降低，对于喷嘴间距为 4cm 时，初始冲击点 $P_1$、$P_2$、$P_3$、$P_4$、$P_5$ 处的热流密度峰值分别为 3.7MW/m$^2$、3.6MW/m$^2$、3.4MW/m$^2$、3.33MW/m$^2$、3.3MW/m$^2$，主要是由于射流冲击钢板后形成平行流预先降低了钢板表面射流尚未冲击区域（干区）的温度，此时热流密度主要受开冷温度的影响，开冷温度越高，热流密度越大。

图 7-25 为不同喷嘴间距下的 MHF 及 $t_{MHF}$，随着喷嘴间距增加，钢板表面各处的热流密度峰值逐渐降低，但喷嘴间距为 8cm 时，钢板表面点 $P_5$ 处的 MHF 出现了波动，可能是由于喷嘴间距增加导致 3 号喷嘴射流冲击到点 $P_5$ 所需时间增加，冲击时的钢板表面温度较高。一方面，射流冲击钢板表面后形成平行流，平行流溅射到高温钢板表面，对钢板表面进行预先冷却，导致

钢板表面温度降低，喷嘴间距越大，平行流与钢板的接触时间越长，钢板表面温度越低，导致过冷度 $\Delta T_{sub}$ 减小；另一方面，相邻两喷嘴之间会出现平行流碰撞的干涉现象，由于干涉区内的湍流程度增大，导致干涉区内的换热效果增强[173]，当钢板运动状态时，干涉区的位置也随之移动，1 号喷嘴与 2 号喷嘴之间干涉区的降温后，2 号喷嘴的射流冲击时的钢板表面温度降低。相应各位置处的 $t_{MHF}$ 逐渐增大，相同位置处，随着喷嘴间距的增加，$t_{MHF}$ 增大，主要由于喷嘴间距较小时，平行流与钢板表面的接触时间较短，对钢板的预先冷却效果降低，相对表面温度较高，冷却水冲破气膜达到完全核沸腾的时间也越短，即达到热流密度峰值的时间也越小。

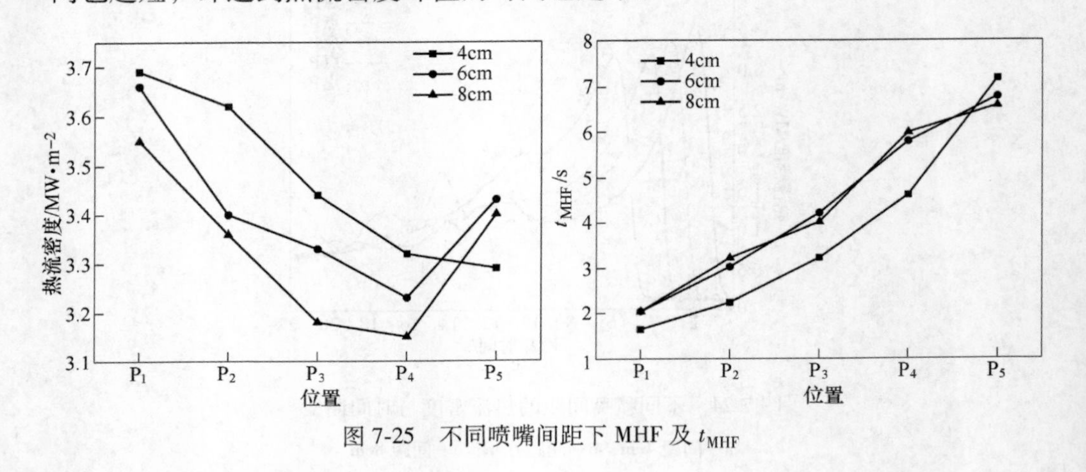


图 7-25　不同喷嘴间距下 MHF 及 $t_{MHF}$

## 7.3.3　不同喷嘴间距下的换热系数分析

不同喷嘴间距下钢板表面平均换热系数如下图 7-26 所示，随着距初始冲击点距离的增加，喷嘴间距从 4cm 增至 8cm，最大平均换热系数从 26003W/(m$^2$ · ℃) 增至 20600W/(m$^2$ · ℃)，降低了 20.7%，并且达到最大平均换热系数时的表面温度为 100～125℃。因为随着喷嘴间距的增加，相邻

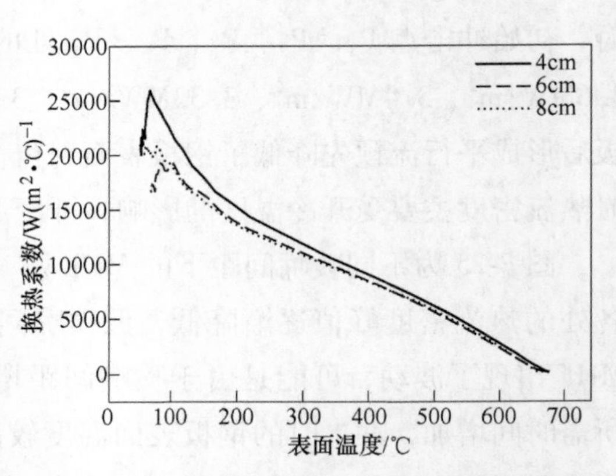


图 7-26　不同喷嘴间距下表面平均换热系数

喷嘴间平行流的流体堆积现象越不明显，由于流体堆积现象的存在可以提高换热效果[3]。

## 7.4　不同冷却强度下运动速度的影响

在实验钢板中距离钢板表面 2.5mm 处插入 5 根直径为 3mm 铠装 K 型热电偶，间距均为 10mm，在距钢板表面 5mm 和 10mm 处分别插入直径为 3mm 的铠装 K 型热电偶，插入深度均为 30mm，热电偶的布置形式如下图 7-27 所示。

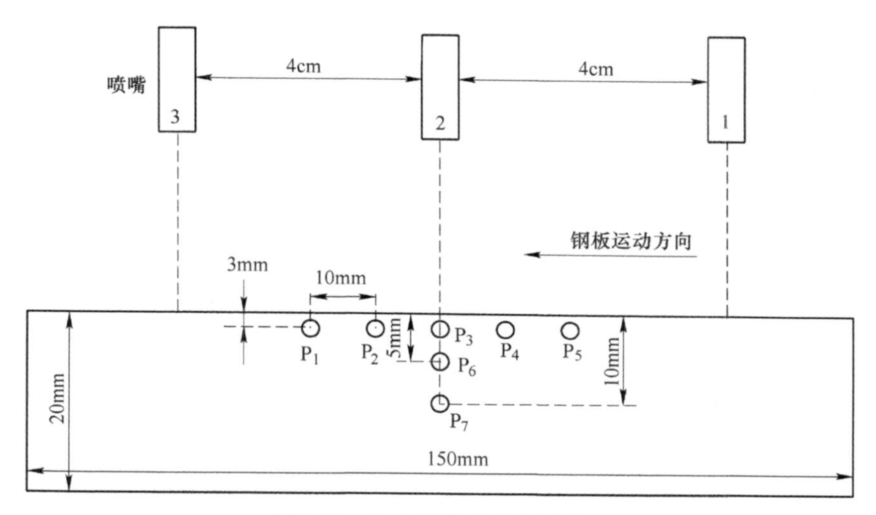


图 7-27　热电偶及喷嘴布置形式

不同钢板运动速度下多束狭缝射流冲击换热实验方案如表 7-5 所示。

**表 7-5　射流冲击实验方案**

| 序号 | 喷嘴间距 /cm | 喷嘴高度 /mm | 1 号喷嘴流量 /L·min$^{-1}$ | 2 号喷嘴流量 /L·min$^{-1}$ | 3 号喷嘴流量 /L·min$^{-1}$ | 狭缝宽度 /mm | 板速 /mm·s$^{-1}$ | 水温 /℃ |
|---|---|---|---|---|---|---|---|---|
| 1 | 4 | 150 | 25 | 17 | 12 | 1 | 1.5 | 20 |
| 2 | 4 | 150 | 25 | 17 | 12 | 1 | 3.3 | 20 |
| 3 | 4 | 150 | 25 | 17 | 12 | 1 | 5.5 | 20 |

### 7.4.1　不同运动速度下厚度方向的温降曲线

不同运动速度下的温降曲线如图 7-28 所示，根据心部和表面冷却速率的不同，将温降过程分为四个阶段，钢板运动速度为 1.5mm/s、3.3mm/s 和 5.5mm/s 时，初始冷却阶段（Ⅰ）和快速冷却阶段（Ⅱ）的持续时间基本相同，但缓慢冷却阶段（Ⅲ）的持续时间分别为 14.5s、11.5s 和 11.5s。钢板运动速度增加，缓慢冷却阶段持续时间减小，心部冷却速率大于表面冷却速率，心-表温差逐渐减小，快速进入终冷阶段（Ⅳ），心-表温度逐渐趋于一致。初始冷却阶段（Ⅰ）是尚未射流冲击前钢板空冷造成的，随着射流冲击高温钢板，表面处温度急速下降，表面温度下降速度明显快于 1/4$H$ 处和心部，随着冷却的进行最终心部和表面温度趋于一致。

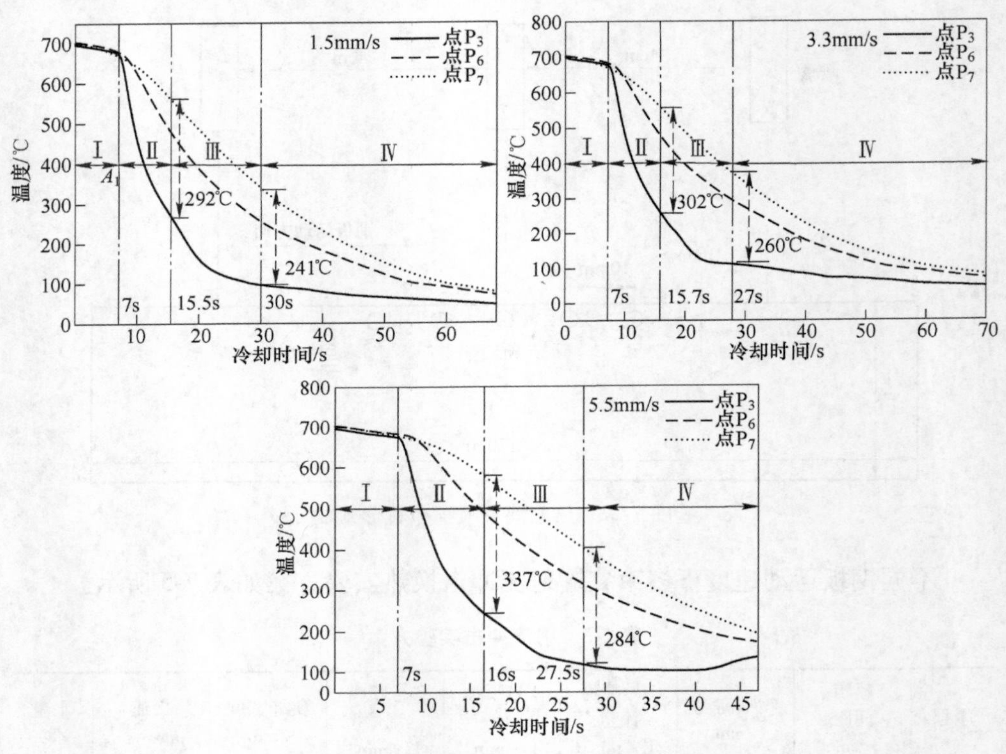


图 7-28 不同钢板运动速度的温降曲线

钢板表面处的冷却速率最大，心部冷却速率最小。不同钢板运动速度下的冷却速率如图 7-29 所示，1.5mm/s 、3.3mm/s 、5.5mm/s 时表面处最大冷却速率分别为 85.6℃/s、85.6℃/s、83℃/s，1/4$H$ 处最大冷却速率分别为 28.6℃/s、29℃/s、27℃/s，心部处最大冷却速率分别为 16.8℃/s、17.1℃/s、16.3℃/s，在钢板厚向，随着距表面距离增加，运动速度的影响越明显，

随着钢板运动速度的增加，最大冷却速率下降。

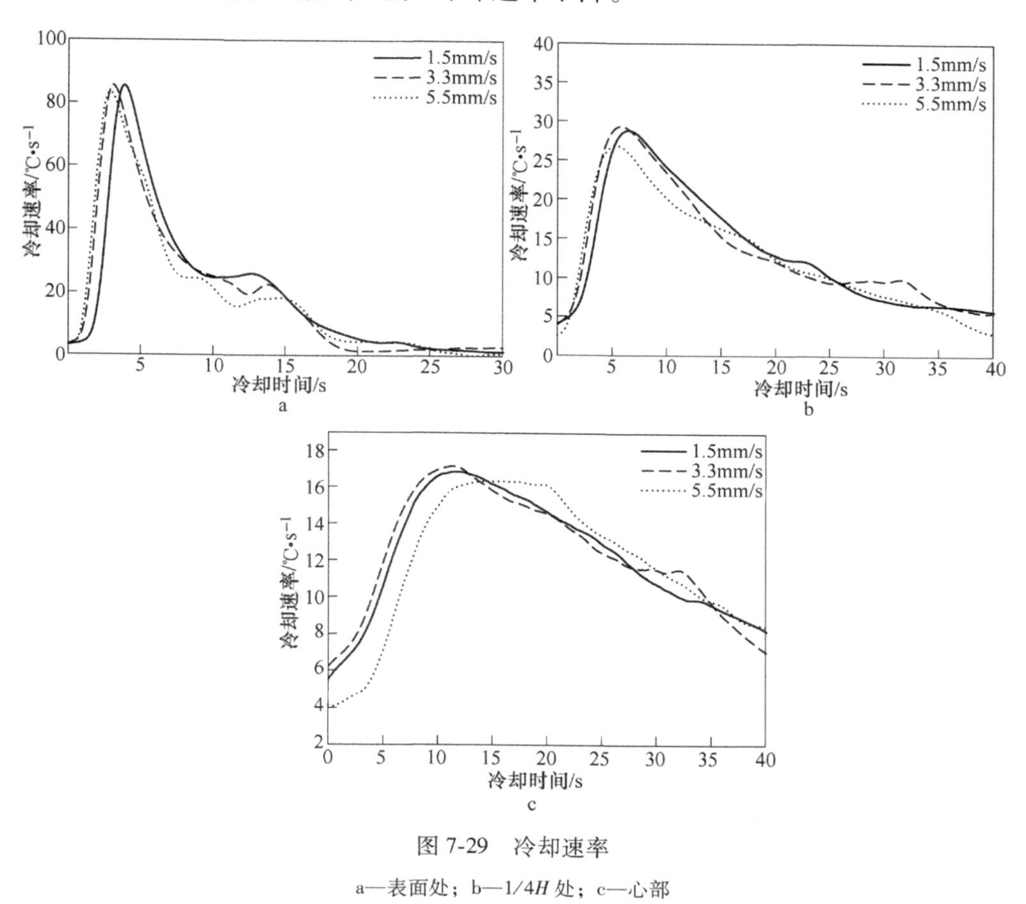


图 7-29 冷却速率

a—表面处；b—1/4$H$ 处；c—心部

如图 7-30 所示为不同运动速度下的心-表温差曲线，最大心-表温差出现在快速冷却阶段向缓慢冷却阶段转变的时刻，钢板运动速度为 1.5mm/s、3.3mm/s 和 5.5mm/s 时，最大心-表温差分别为 292℃、302℃和 337℃，并且最大心-表温差出现的时刻相近，通过温降曲线可以看出运动速度为 1.5mm/s、3.3mm/s 和 5.5mm/s 时，心部温度分别为 562℃、560℃和 581℃，表面温度分别为 268℃、258℃和 244℃，此时 5.5mm/s 的心部温度最大，表面温度最小，钢板运动速度增加，促进了润湿前沿的移动，相同时刻的表面温度更低。如图 7-29 所示为不同钢板运动速度下近表面处、1/4$H$ 处和心部处的冷却速率，无论是在近表面处、1/4$H$ 处还是心部，当钢板运动速度为 3.3mm/s 时的冷却速率与 1.5mm/s 时的冷却速率变化趋势相近。图 7-30 所示，不同钢板运动速度下的心-表温差均先增大后减小，主要是由于随着射流的冲击，表面温度迅速降低，导致心-表温差逐渐增大，当钢板表面温度降低后，心-表温差逐渐较小，最终趋于一致。钢板运动速度为 1.5mm/s 和 3.3mm/s 时的心-表温差相近，而钢板运动速度为 5.5mm/s 时，钢板运动速度增大，射流与钢板的接触时间缩短，心-表温差增大，不利于换热。说明适当提高钢板的运动速度，对厚度方向的换热没有明显的影响，当钢板运动速度超过某一临界值时，缩短了冷却水与钢板的接触时间，就会导致心-表温差增大，加剧厚度方向传热的不均匀性。

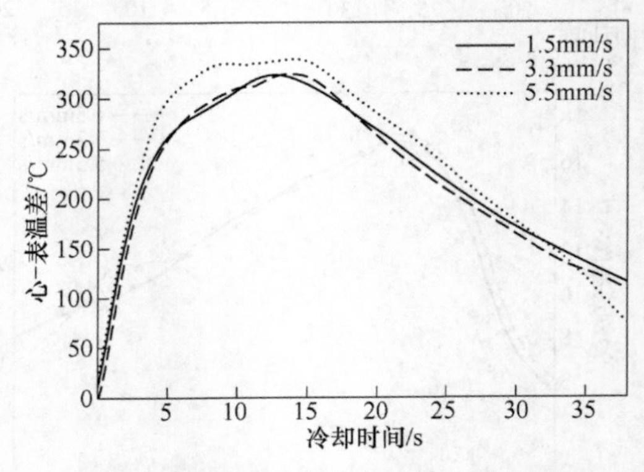


图 7-30 不同运动速度下的心-表温差

### 7.4.2 不同运动速度下的热流密度分析

图 7-31 所示为不同运动速度下的热流密度与时间的曲线，随着冷却的进行，各位置处的热流密度峰值均逐渐降低，且点 $P_1$ 处的热流密度峰值最大。由于 1 号喷嘴射流冲击时，钢板表面温度最高，经过 1 号喷嘴射流的冲击和飞溅射流的预冷导致钢板表面温度降低，当 2 号喷嘴射流冲击时，开冷温度远小于 700℃，第三束射流冲击时钢板表面温度最低，由开冷温度对换热影响可知，开冷温度降低，热流密度减小。随着钢板运动速度的增加，热流密度曲线波动越来越明显，并出现第二个峰值，由于钢板经过冷却强度较低的平行流的冷却后又受到冷却能力较强的 2 号喷嘴射流冲击作用；钢板运动速度 1.5mm/s 时，点 $P_1$ 和点 $P_5$ 处热流密度峰值的分别为 3.7MW/$m^2$ 和 2.88MW/$m^2$，降低了 22%，相应 5.5mm/s 时，点 $P_1$ 与点 $P_5$ 处热流密度峰值

分别为 3.63MW/m²和 3.4MW/m²，降低了 6.3%，意味着钢板运动速度增加，换热均匀性提高，射流冲击钢板前钢板表面温降较小，即钢板表面各测量点处的开冷温度相近。但运动速度分别为 1.5mm/s、3.3mm/s 和 5.5mm/s 时，$P_1$ 处 MHF（maximumheatflux）分别为 3.7MW/m²、3.9MW/m² 和 3.63MW/m²，其中 3.3mm/s 时的 MHF 最大，在 1.5~3.3mm/s 时随着钢板运动速度增加，可以提高热流密度；3.3~5.5mm/s 时，随着钢板运动速度增加，热流密度峰值降低，但换热均匀性提高。

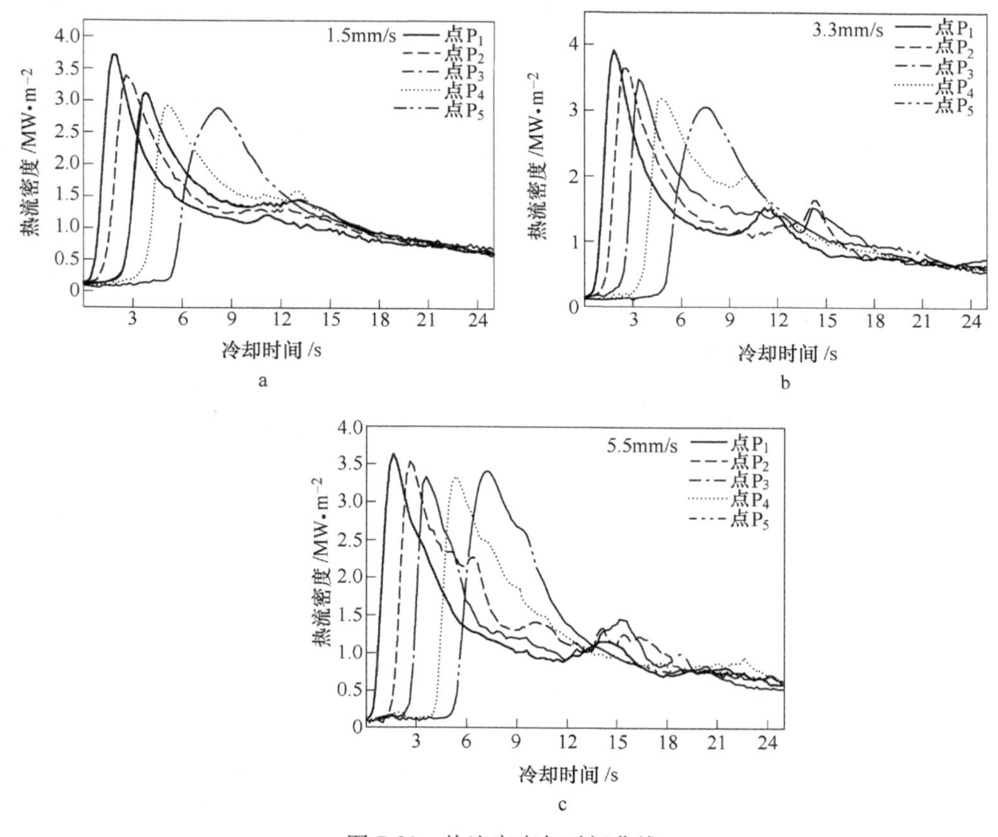


图 7-31 热流密度与时间曲线

a—1.5mm/s；b—3.3mm/s；c—5.5mm/s

Fujimoto[174]等人发现运动速度（0.5~1.5m/s）对最大热流密度峰值有重要影响，在相同开冷温度下，钢板运动速度较低，射流冲击产生的平行流与钢板表面摩擦较大，容易吸附在钢板表面，降低钢板表面温度；运动速度增大导致射流冲击后在壁面形成的液膜破碎，钢板表面的存在平行流减少，壁面温降更小，而射流更多的冲击在冲击点处，导致冲击点处的最大热流密度峰值增大。各测量点对应表面处的最大热流密度（MHF）及达到最大热流密度时间（$t_{MHF}$）分布，如图 7-32 所示，钢板上各测量点 $P_1$、$P_2$、$P_3$、$P_4$、$P_5$ 依次经过喷嘴，随着距离初始冲击点 $P_1$ 距离的增加，钢板预先冷却的时间越长，表面温度越低，因此热流密度峰值逐渐降低，如图 7-32a 所示，如运动速度为 1.5mm/s 时，$P_1$ 处对应表面的 MHF 为 3.7MW/$m^2$，$P_5$ 处对应表面的 MHF 为 2.88MW/$m^2$，可能是由于钢板运动速度小，射流冲击壁面后产生更多的平行流与壁面间的摩擦较大，平行流面积更大，对钢板表面的预先冷却，导致钢板表面温度明显降低。钢板运动速度增大，促进了润湿前沿的扩展，减缓了润湿延迟，缩短了达到最大热流密度的时间，如图 7-32b 所示。

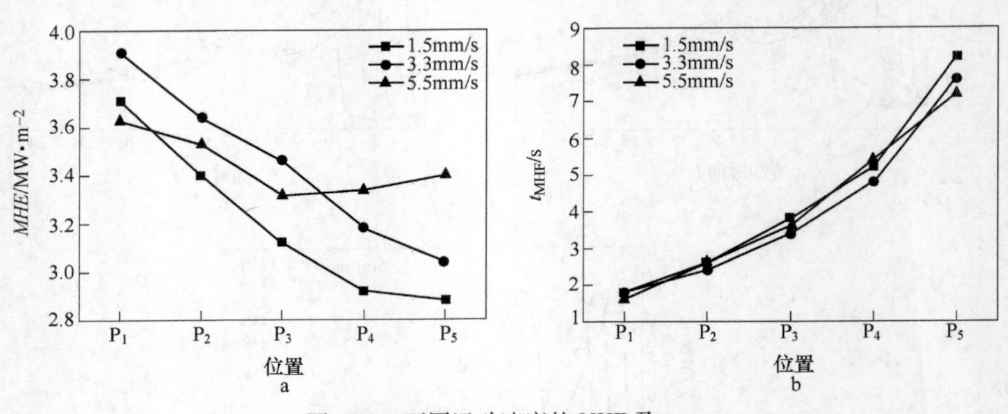


图 7-32 不同运动速度的 MHF 及 $t_{MHF}$

### 7.4.3 不同运动速度下的换热系数分析

在运动状态下的射流冲击冷却过程中，表面各处的换热系数如图 7-33 所示，换热系数与表面温度呈非线性关系，在不同位置处的换热系数曲线差异较大。图 7-33a～b 所示，在测量点 P1～P2 处，随着钢板运动速度增加，换热系数逐渐减小，对于初始冲击点 P1，运动速度由 1.5mm/s 增至 5.5mm/s 时，相应的最大换热系数由 19056W/($m^2$·℃) 减小至 15926W/($m^2$·℃)。由于高温壁面与冷却水之间受到运动钢板表面牵引力的缘故，使得钢板运动方向冲击区域内的蒸汽膜被拉长而减薄，而与钢板运动方向相反冲击区域内的蒸汽膜厚度增大[175]。图 7-33c～e 所示，随着运动速度增加，换热系数逐渐增大。钢板运动速度较大时（0.35～1m/s），运动增加换热效率降低，由于较大的运动速度时，射流与壁面产生的阻碍换热的蒸汽膜更容易吸附在钢板表面，运动速度增加更不利于射流打破蒸汽膜[176]；钢板运动速度在小范围 1.5～5.5mm/s 内变化，在钢板表面形成了阻碍换热的蒸汽膜吸附在钢板表面，运动速度增加使射流更容易打破蒸汽膜，运动速度增加促进润湿前沿的拓展。

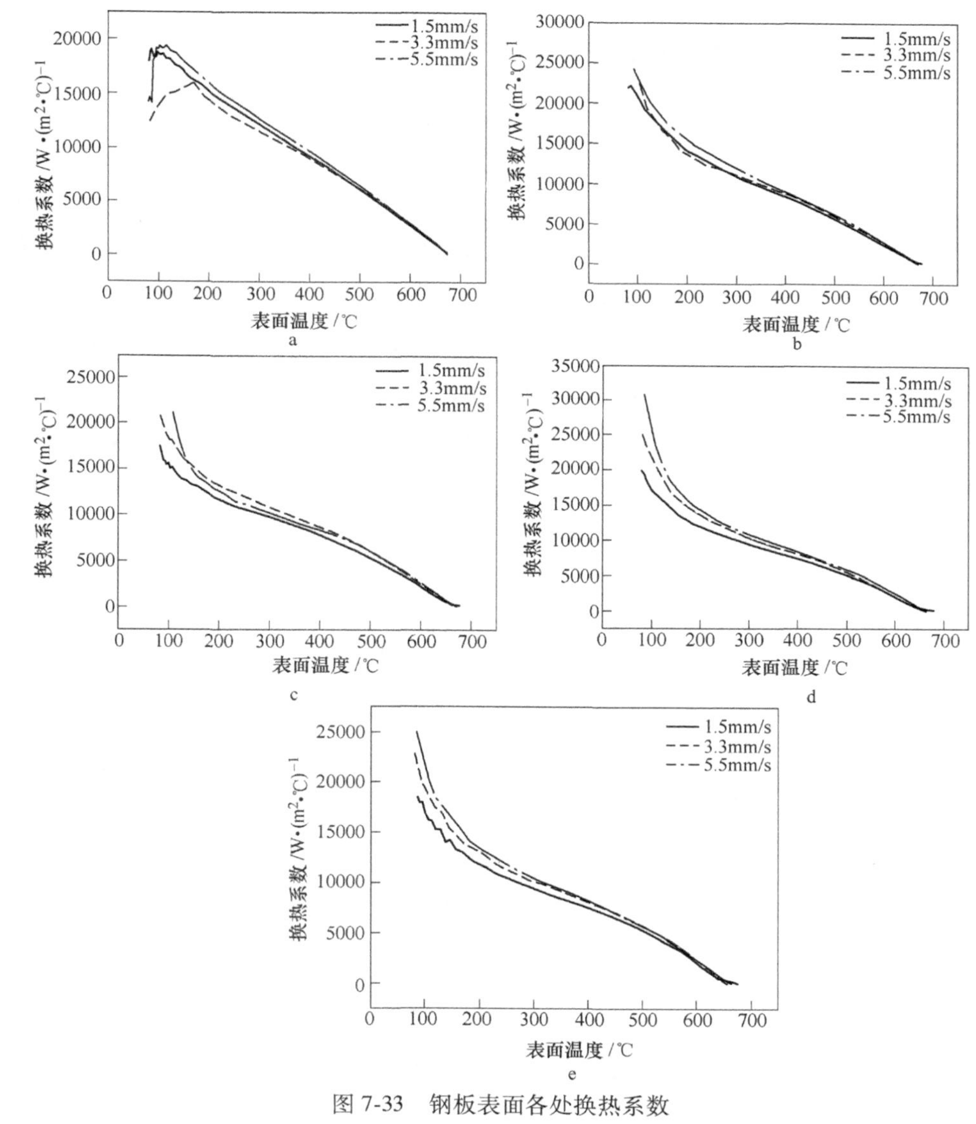


图 7-33 钢板表面各处换热系数

a—$P_1$；b—$P_2$；c—$P_3$；d—$P_4$；e—$P_5$

# 8 板带钢在线冷却快速温度解析模型的开发

## 8.1 板带钢温度场快速解析模型开发

### 8.1.1 钢板内部导热有限差分解析模型的建立

由控制冷却原理可知，钢板的冷却过程也是相变进行的过程，相变时有相变潜热释放出来。实践证明，钢板冷却过程中发生的相变是由表及里逐渐完成的，相变放热持续时间较长，这样就可将相变放热计入相应冷却过程钢板的平均比热内，从而使问题简化。因此可以认为钢板的整个冷却过程是无内热源的非稳态导热。对于热轧钢板而言，由于长度方向上的散热量远远小于厚度和宽度方向上的散热量，从而可忽略长度方向上的导热，而将传热过程视为沿钢板厚度和宽度方向上的二维传热过程，假设导热系数为常数，同时对应长度方向的 $\partial t/\partial z = 0$，得到如下的导热微分方程：

$$\frac{\partial t}{\partial \tau} = a\left(\frac{\partial^2 t}{\partial x^2} + \frac{\partial^2 t}{\partial y^2}\right) \tag{8-1}$$

用有限差分法求解导热微分方程[177~179]，首先将区域离散化，如图 8-1 所示，假定钢板沿厚度和宽度方向均是冷却效果对称，则可以取钢板横断面的 $\frac{1}{4}$ 作为研究对象来代替整体。把坐标原点定在钢板横断面的中心，厚度方向为 $y$ 轴方向，宽度方向为 $x$ 轴方向，将钢板半层宽度分成 $n$ 等分，钢板半层厚度分成 $m$ 等分。时间轴可以理解为垂直于 $x-y$ 平面，也将它离散化。区域内节点（$i$，$j$）在 $\tau_k$ 时刻的温度记作 $t_{i,j}^k$。

建立差分格式，把导热微分方程（8-1）应用于节点（$i$，$j$），对应 $\tau_k$ 时刻，可得：

$$\left(\frac{\partial^2 t}{\partial x^2}\right)_{i,j}^{k+1} + \left(\frac{\partial^2 t}{\partial y^2}\right)_{i,j}^{k} = \frac{1}{a}\left(\frac{\partial t}{\partial \tau}\right)_{i,j}^{k} \tag{8-2}$$

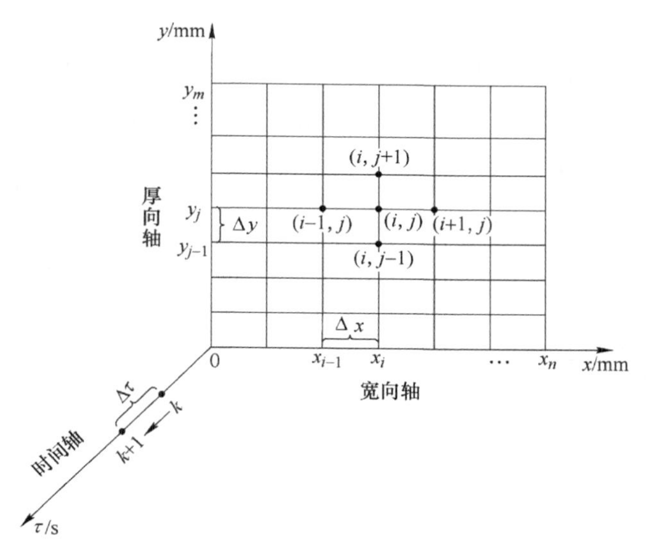


图 8-1 区域离散化示意图

写成二阶导数的中心差分格形式:

$$\frac{t_{i+1,\ j}^{k+1}-2t_{i,\ j}^{k+1}+t_{i-1,\ j}^{k+1}}{(\Delta x)^{2}}+\frac{t_{i,\ j+1}^{k}-2t_{i,\ j}^{k}+t_{i,\ j-1}^{k}}{(\Delta y)^{2}}=\frac{1}{a}\frac{t_{i,\ j}^{k+1}-t_{i,\ j}^{k}}{\Delta\tau} \tag{8-3}$$

为保证差分格式的绝对稳定性，同时方便求解，采用交替方向隐式差分格式，即前一个时间步长（$k\rightarrow k+1$ 时刻）以 $x$ 方向为隐式，$y$ 方向为显式；下一个时间步长（$k+1\rightarrow k+2$ 时刻）以 $y$ 方向为隐式，$x$ 方向为显式。整理后，具体差分方程：

$$\begin{cases} -\dfrac{a\Delta\tau}{\Delta x^{2}}t_{i-1,\ j}^{k+1}+\left(1+\dfrac{2a\Delta\tau}{\Delta x^{2}}\right)t_{i,\ j}^{k+1}-\dfrac{a\Delta\tau}{\Delta x^{2}}t_{i+1,\ j}^{k+1} \\ =\dfrac{a\Delta\tau}{\Delta y^{2}}t_{i,\ j-1}^{k}+\left(1-\dfrac{2a\Delta\tau}{\Delta y^{2}}\right)t_{i,\ j}^{k}+\dfrac{a\Delta\tau}{\Delta y^{2}}t_{i,\ j+1}^{k} \\ -\dfrac{a\Delta\tau}{\Delta x^{2}}t_{i,\ j-1}^{k+2}+\left(1+\dfrac{2a\Delta\tau}{\Delta x^{2}}\right)t_{i,\ j}^{k+2}-\dfrac{a\Delta\tau}{\Delta x^{2}}T_{i,\ j+1}^{k+2} \\ =\dfrac{a\Delta\tau}{\Delta y^{2}}t_{i-1,\ j}^{k+1}+\left(1-\dfrac{2a\Delta\tau}{\Delta y^{2}}\right)t_{i,\ j}^{k+1}+\dfrac{a\Delta\tau}{\Delta y^{2}}t_{i+1,\ j}^{k+1} \end{cases} \tag{8-4}$$

求解导热微分方程需要给出初始条件和边界条件，用差分格式近似代替导热微分方程，则初始条件和边界条件也相应的用差分格式表示出来。其中，初始条件可表示为:

$$t(i,\ j,\ 0)=f(t)_{i,\ j}(\tau=0,\ 0\leqslant i\leqslant n,\ 0\leqslant j\leqslant m) \tag{8-5}$$

根据能量守恒定律及傅立叶定律，钢板表面为对流换热时，可确定其边界条件（属于第三类边界条件，即给出表面换热系数和周围介质的温度）：

$$\begin{cases}-\lambda\dfrac{\partial t}{\partial x}-\alpha(t-t_{\mathrm{w}})=\rho c\dfrac{\mathrm{d}x}{2}\dfrac{\partial t}{\partial\tau} & (\tau>0,\ x=w/2)\\ -\lambda\dfrac{\partial t}{\partial y}-\alpha(t-t_{\mathrm{w}})=\rho c\dfrac{\mathrm{d}y}{2}\dfrac{\partial t}{\partial\tau} & (\tau>0,\ y=h/2)\\ \dfrac{\partial t}{\partial x}=0 & (\tau>0,\ x=0)\\ \dfrac{\partial t}{\partial y}=0 & (\tau>0,\ y=0)\end{cases} \tag{8-6}$$

式中 $\alpha$——对流换热系数；

$t_{\mathrm{w}}$——换热介质温度；

$w$——钢板的宽度；

$h$——钢板的厚度。

该边界条件写成差分格式为：

$$\begin{cases}-\dfrac{2a\Delta\tau}{\Delta x^2}t_{n-1,\ j}^{k+1}+\left(1+\dfrac{2a\Delta\tau}{\Delta x^2}+\dfrac{2\alpha\Delta\tau}{\rho c\Delta x}\right)t_{n,\ j}^{k+1}\\ =t_{n,\ j}^{k}+\dfrac{2\alpha\Delta\tau}{\rho c\Delta x}t_{\mathrm{w}}\\ -\dfrac{2a\Delta\tau}{\Delta y^2}t_{i,\ m-1}^{k+2}+\left(1+\dfrac{2a\Delta\tau}{\Delta y^2}+\dfrac{2\alpha\Delta\tau}{\rho c\Delta y}\right)t_{i,\ m}^{k+2}\\ =t_{i,\ m}^{k+1}+\dfrac{2\alpha\Delta\tau}{\rho c\Delta y}t_{\mathrm{w}}\end{cases} \tag{8-7}$$

只要式（8-5）中钢板某一时刻各节点的温度值给定，并给定式（8-7）中的 $\alpha$、$t_{\mathrm{w}}$，则其后任意时刻钢板的温度分布变化情况即可由上述差分方程式（8-4）、（8-5）和（8-7）联合求解。交替方向隐式差分方程组中，每个方程都包括三个未知数，所对应的方程组的系数矩阵具有三对角线的特点，可用追赶法求解。该方法使计算量减少很多，同时应用这种格式的稳定性是绝对的，因此，这种方法可以结合实际选取最佳的离散网格形式和合适的时间步长，不必受条件限制[180]。

由于钢板的冷却过程中，除了主要和冷却水进行热交换之外，还包括空冷段和外界的辐射换热，而上述差分方程要求给出的是第三类边界条件，即主要针对对流换热形式的边界条件，如将辐射换热写成对流换热的牛顿冷却公式形式，则可以把空冷过程的边界条件也当作第三类边界条件去处理，因此，空冷过程的温度场也可以用上述差分方程求解。

### 8.1.2 钢板内部导热有限元解析模型的建立

利用 Euler-Lagrange 方程[181,182]，对于含内热源平面二维非稳态温度场所对应的泛函求极小值。

$$J[T(x,y)]=\frac{1}{2}\iint_D\left\{k\left[\left(\frac{\partial T}{\partial x}\right)^2+\left(\frac{\partial T}{\partial y}\right)^2\right]-2\left(\dot{q}-\rho c_p\frac{\partial T}{\partial t}\right)T\right\}\mathrm{d}x\mathrm{d}y+\frac{1}{2}\int_\tau h\,(T-T_\infty)^2\mathrm{d}s \tag{8-8}$$

选择等参单元，将区域离散化为有 4 个节点的 $E$ 个单元（图 8-2）。

根据热传导问题的变分原理，对泛函求一阶偏导数并置零得：

$$\frac{\partial J}{\partial T_i}=\sum_{e=1}^{E}\frac{\partial J^{(e)}}{\partial T_i}=0 \tag{8-9}$$

即：

$$[(K_1^{(e)}+K_2^{(e)})]\cdot\{T^{(e)}\}+[K_3^{(e)}]\cdot\left\{\frac{\partial T^{(e)}}{\partial t}\right\}=\{p\} \tag{8-10}$$

式中 $[K_T]$——温度刚度矩阵，其值为 $\sum_{e=1}^{E}([K_1^e]+[K_2^e])$；

$[K_3]$——变温矩阵，其值为 $\sum_{e=1}^{E}[K_3^e]$；

$\{p\}$——常向量，其值为 $\sum_{e=1}^{E}\{p^{(e)}\}$；

$t$——当前时刻。

单元刚度矩阵装配为整体刚度矩阵后可以写为：

$$[K_T]\cdot\{T\}+[K_3]\cdot\left\{\frac{\partial T}{\partial t}\right\}=\{p\} \tag{8-11}$$

以差分形式表示温度对时间的导数为：

$$\left\{\frac{\partial T}{\partial t}\right\}=\frac{\{T\}_t-\{T\}_{t-\Delta t}}{\Delta t} \tag{8-12}$$

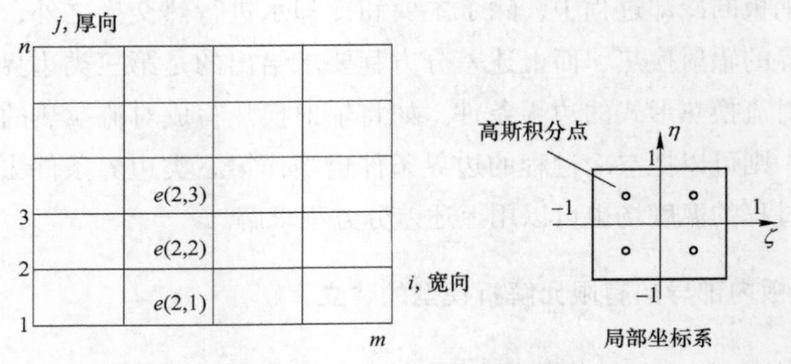


图 8-2 有限单元区域离散化

式中 $\Delta t$ ——时间间隔。

则单元刚度矩阵装配为整体刚度矩阵表示为：

$$\left([K_T]+\frac{1}{\Delta t}[K_3]\right)\cdot\{T\}_t=\frac{1}{\Delta t}[K_3]\cdot\{T\}_{t-\Delta t}+\{p\} \tag{8-13}$$

$$K_{1ij}^{e}=\iiint_{V_e}k\left(\frac{\partial N_i}{\partial x}+\frac{\partial N_j}{\partial y}\times\frac{\partial N_j}{\partial y}\right)\mathrm{d}V \tag{8-14}$$

$$K_{2ij}^{e}=\iint_{S}hN_iN_j\mathrm{d}S \tag{8-15}$$

$$K_{3ij}^{e}=\iiint_{V_e}\rho c_p N_iN_j\mathrm{d}V \tag{8-16}$$

$$p_i^{e}=\iiint_{V_e}\dot{q}N_i\mathrm{d}V+\iint hT_\infty N_i\mathrm{d}S \tag{8-17}$$

式中，$N_i$ 为有限元中的形函数，表示为：

$$N_i=\frac{1}{4}(1+\zeta_i\zeta)(1+\eta_i\eta) \tag{8-18}$$

式中 $\zeta_i$ ——节点 $i$ 在 $\zeta$ 、$x$ 局部坐标系中的横坐标值；

$\eta_i$ ——节点 $i$ 在 $\zeta$ 、$y$ 局部坐标系中的纵坐标值。

实际计算中 $\zeta$ 、$\eta$ 可取为有限元解法求解时高斯积分点处的局部坐标值，利用上述方程求出 $t$ 时刻的温度场，反复迭代求解，可得出任意时刻的温度场。

（1）有限单元网格划分：为确保有限单元的计算精度同时提高有限元方法的计算速度，满足在线控制的需求，需要对有限单元进行合理的网格划分。

非对称问题有限单元网格划分，计算表达式为：

$$nod_i = \frac{L}{2}\left[\left(\frac{i+1}{\frac{n}{2}}\right)^{\frac{4}{3}} - \left(\frac{i}{\frac{n}{2}}\right)^{\frac{4}{3}}\right] \tag{8-19}$$

式中 $n$——网格总数；

$nod_i$——第 $i$ 单元长度，mm；

$L$——钢板厚度或宽度，mm。

对称问题有限单元网格划分，计算表达式为：

$$nod_i = \left[\left(\frac{i+1}{n}\right)^{\frac{4}{3}} - \left(\frac{i}{n}\right)^{\frac{4}{3}}\right] L \tag{8-20}$$

（2）时间步长确定：有限单元法求解温度场，需要合理确定时间步长。首先，确定基本水冷和空冷时间步长。然后根据递推公式反复迭代求得各个阶段的时间步长。

空冷状态下基本时间步长表示为：

$$\mathrm{d}t_{\mathrm{air}} = 1000.0 \times L/3 \tag{8-21}$$

空冷迭代时间步长表示为：

$$\mathrm{d}t = \mathrm{d}t_{\mathrm{air}} \times (1.0 + 10.0 \times \sqrt{0.0125 \times i}) \tag{8-22}$$

式中 $\mathrm{d}t_{\mathrm{air}}$——空冷基本时间步长，s；

$i$——计算次数；

$L$——钢板厚度或宽度，mm。

水冷状态下基本时间步长表示为：

$$\mathrm{d}t_{\mathrm{wat}} = 100.0 \times L/(CR + 1) \tag{8-23}$$

水冷迭代时间步长表示为：

$$\mathrm{d}t = \mathrm{d}t_{\mathrm{wat}} \times (1.0 + 10.0 \times \sqrt{0.0125 \times i}) \tag{8-24}$$

式中 $\mathrm{d}t_{\mathrm{wat}}$——水冷基本时间步长，s；

$CR$——冷却速度，℃/s；

$i$——计算次数。

### 8.1.3 钢板内部 1.5D 解析模型的开发

在实际冷却过程中，有必要对钢板的横向温度进行均匀化控制。目前，宽向冷却均匀性控制方式主要有边部遮蔽控制[183,184]和水凸控制[185,186]。这些控制策略往往需要涉及对钢板整个横断面的温度场进行计算，而在实际工业生产中，几乎没有企业运用多维模型来计算钢板横断面的温度场。

为了解决宽向冷却不均匀的问题，从工业化应用的角度出发，本节研究建立了一种综合 1D 和 2D 的 1.5D 温度场模型，可有效计算钢板横断面温度场，便于边部遮蔽和水凸度的精细化控制，实现钢板宽向温度均匀性控制，同时满足工业快速响应的要求。

为了便于计算，降低模型维度，将钢板沿纵向离散成数个微分单元，如图 8-3 所示，在实际冷却过程中，钢板的纵向表面温度是连续可测的，可以将每一个单元沿纵向的温度分布看做是均匀一致，仅考虑宽向和厚向的温度分布。因此本节主要研究宽向温度场有限元模型。

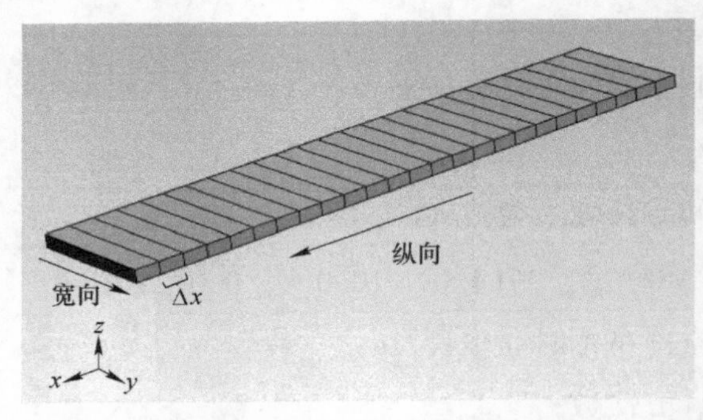


图 8-3　钢板沿纵向单元离散化示意图

以单纯冷却过程为研究对象，建立钢板厚向和宽向二维无内热源导热微分方程的形式：

$$\rho C_{\mathrm{p}} \frac{\partial t}{\partial \tau} = \frac{\partial}{\partial y}\left(\lambda \frac{\partial t}{\partial y}\right) + \frac{\partial}{\partial z}\left(\lambda \frac{\partial t}{\partial z}\right) \tag{8-25}$$

式中　$\rho$，$C_{\mathrm{p}}$，$\lambda$——物性参数，主要受钢种成分和温度影响，可以直接由实验室测定或根据现场数据进行经验修正；

$\Delta\tau$——计算时间步长；

$\Delta y$，$\Delta z$——网格步长，与 $\Delta\tau$ 一样均是人为预设定的。

由于厚板宽度规格很大，沿宽向钢板中部受边部冷却的效果影响很小，故可以将冷却的钢板沿宽向简化成两部分：中间域和冷却渗透域，如图 8-4a 所示。中间域指钢板中部主要受来自厚向换热影响的区域，忽略边部的换热冷却作用。冷却渗透域指的是综合受厚向及侧面换热影响的区域，沿厚向和宽向均会产生一定温度梯度，渗透区域宽度等于沿宽向的冷却渗透度。

综上所述，中间区域的温度场可采用厚向一维有限元模型来做简化计算，而冷却渗透域采用二维模型来处理，如图 8-4b 所示，这种方式称为区域变网格划分（SMG，Section Mesh Generation）。这里的冷却渗透度一般由计算或经验获得，亦可通过现场扫描式高温计来进行测量及修正。计算过程如下：

（1）预设定一个粗略的渗透度值 $S_R$ 作为边部冷却渗透区域的宽度，进行网格区域划分；然后参与第一次模型计算，得到钢板横断面的温度场，此时可获得该冷却条件下较精确的冷却渗透度的计算值 $S_F$。

（2）重新用 $S_F$ 作为边部冷却渗透区域的宽度，进行网格区域划分；然后参与第二次模型计算，得到冷却过程中钢板横断面的温度场。

为了后续的描述统一方便，本节中根据现场经验，将冷却渗透度 $S_R$ 设定为 100mm。实际过程中，可根据工况条件对 $S_R$ 进行调整。

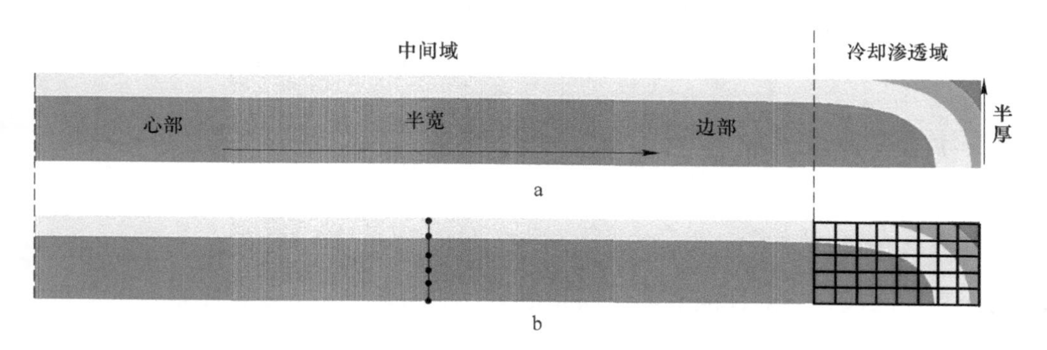


图 8-4　区域网格划分示意图

a—温度区域划分；b—区域网格划分

由于钢板沿宽向所处的工况不同，换热强度存在较大差异，因此需要考虑不同的边界条件，如图 8-5 所示。钢板外表面均采用第三类边界条件。钢板宽向中间区域上表面主要受上冷却水强对流作用，换热条件如图中 $h_1$ 所示；钢板边部区域上表面除了受上冷却水的作用，还会受到溢流水的二次冷却，换热条件如图中 $h_2$ 所示；钢板侧边受到空气对流换热和部分溢流水的综合作用，换热条件如图中 $h_3$ 所示。

通常钢板温度沿宽向呈中间高两边低的分布，所以为了保证宽向冷却均匀性，钢板中部的温降一般要大于钢板边部低温区，此过程中两个区域的厚向温度场变化不同步，因此需要对两个区域的交界线处（图 8-5 所示）的热传导作用做特殊处理。这里采用第一类边界条件进行简化处理，将中间区域的厚向温度函数 $T(x, \tau)$ 作为边部冷却渗透区域在交界处的边界条件，进行热传导的计算。

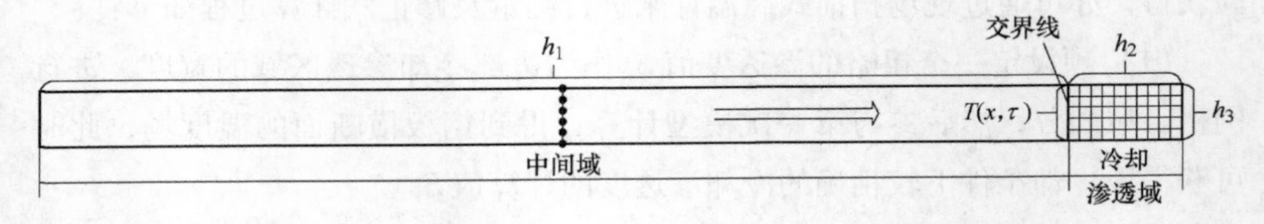


图 8-5　冷却过程中钢板在宽向上的不同换热条件

## 8.2　换热系数模型的建立

水冷换热系数的物理意义是当固体边界温度 $T_1$ 与介质温度相差一个单位时，在单位时间内通过单位边界面的热量，也称放热系数，其定义式是 $\alpha = \dfrac{q}{T_1 - T_2}$，单位为 $W/(m^2 \cdot K)$。式中，$q$ 为热流密度，是单位时间单位面积上传递的热量，单位为 $W/m^2$。

该系数是表示冷却能力的重要指标，但它不是一个物性量，不能由物体的固有性能或介质的性能确定，还和很多其他因素有关，如物体本身的温度、边界条件、冷却介质温度、流量等。对流换热系数的准确确定直接决定着边界条件的准确性，进而影响着整个内部的温度场分布。不同的冷却方式在同样的水流密度下有不同的热交换能力[187]。各个冷却方式下换热系数的计算模型也不尽相同，下面做简要阐述。

### 8.2.1　射流冲击冷却条件

在 UFC 工艺下钢板表面与冷却水之间的换热系数模型如式（8-26）所示。

$$\alpha = \begin{cases} a \cdot F^b \cdot T^{-c} & (T > T_c) \\ a \cdot F^b \cdot T_{min}^{-c} & (T < T_c) \end{cases} \tag{8-26}$$

式中　$a$，$b$，$c$——常数；

$F$——水流密度；

$T_c$——临界温度。

在ACC工艺下钢板表面与冷却水之间的换热系数模型如式（8-27）所示。

$$\alpha = \begin{cases} d \cdot (C_1 + C_2 \cdot T_w) \cdot (C_3 + C_4 \cdot F) & (T < T_{c1}) \\ (C_1 + C_2 \cdot T_w) \cdot (C_3 + C_4 \cdot F) \cdot (e - C_4 \cdot T) & (T_{c1} \leqslant T < T_{c2}) \\ f \cdot (C_1 + C_2 \cdot T_w) \cdot (C_3 + C_4 \cdot F) & (T_{c2} \leqslant T) \end{cases} \tag{8-27}$$

式中 $d$，$e$，$f$，$C_1$，$C_2$，$C_3$，$C_4$——常数；

$T_{c1}$——临界温度；

$T_{c2}$——临界温度。

### 8.2.2 层流冷却条件

#### 8.2.2.1 平均换热系数模型

层流冷却时，水流撞击面处的换热能力比整体的换热能力大很多，但考虑到实际的设备状态，常常选用平均的换热系数模型[188]：

$$\alpha = \frac{9.72 \times 10^5 \cdot w^{0.355}}{T_s - T_w} \times \left[\frac{(2.50 - 1.5 \times \log T_w)D}{p_1 \cdot p_c}\right]^{0.645} \times 1.163 \tag{8-28}$$

式中 $w$——水流密度，$m^3/min \cdot m^2$；

$T_w$——水温，℃；

$p_1$——轧制线方向喷嘴间距，m；

$p_c$——轧制线方向垂直的喷嘴间距，m；

$D$——喷嘴直径，m。

#### 8.2.2.2 换热系数回归公式

钢板表面温度、水流密度对水冷时水冷换热系数影响较大。随钢板表面温度变化，水冷换热系数也发生了较大变化，文献[189]中给出了喷水冷却时各个温度区间的水冷换热系数的回归公式：

$$
\begin{aligned}
&T_0 = 50℃,\ 280\mathrm{L/(min \cdot m^2)} < w < 12600\mathrm{L/(min \cdot m^2)} \\
&\alpha = 225.9 w^{0.646} \times 1.163 \\
&200℃ \leqslant T_0 \leqslant 500℃,\ 5 < w < 2000\mathrm{L/(min \cdot m^2)} \\
&\alpha = 494.3 w^{0.595} \times 10^{-0.00179 T_0} \times 1.163 \\
&500℃ \leqslant T_0,\ 100\mathrm{L/(min \cdot m^2)} < w < 2000\mathrm{L/(min \cdot m^2)} \\
&\alpha = 107.2 w^{0.663} \times 10^{-0.00147 T_0} \times 1.163
\end{aligned}
\tag{8-29}
$$

#### 8.2.2.3 考虑冲击区与膜沸腾区的水冷换热系数模型

水冷的换热系数的影响因素如下：

(1) 钢板冷却的时间，取决于钢板的运行速度；

(2) 钢板表面温度；

(3) 冷却介质，取决于冷却水的流量、冷却水的温度等；

(4) 落入钢板表面水流的形态，取决于喷嘴的直径、喷嘴的间距、喷嘴的高度及水流量和钢板速度等；

(5) 水的沸腾状态。在钢板冷却开始时钢板表面温度较高，膜沸腾起主要作用。

随着钢板表面温度的下降，水蒸汽膜变得不稳定，沸腾逐渐转向核胞沸腾。膜沸腾和核胞沸腾状态相互交织，很难区分，且影响因素多。

冲击区的换热系数采用强迫对流换热公式计算：

$$h = Pr^{0.33}(0.037 \cdot Re^{0.8} - 850)\frac{k}{x} \tag{8-30}$$

式中 $Pr$——普朗特数；

$k$——水的热导率，W/(m·K)；

$Re$——雷诺数；

$x$——冲击区宽度，m。

膜沸腾区的换热系数：

$$h = \lambda_s \left(\frac{g\Delta\rho}{8\pi \lambda_s a_c}\right)^{\frac{1}{3}} \tag{8-31}$$

$$a_c = \frac{\lambda_s \theta_s}{2i \rho_c} \tag{8-32}$$

式中 $\Delta\rho$——液相水与蒸汽的密度差；
$\theta$——钢板表面温度与冷却水饱和温度差值；
$i$——单位质量焓，J/kg；
$\lambda_s$——饱和蒸汽的热导率；
$\rho_c$——蒸汽的密度。

将冲击区和膜沸腾区的换热系数分开计算的方法已经得到了大量的应用，目前，达涅利在热连轧层流冷却模型中已经采用这种计算方法[190]。

#### 8.2.2.4 经验公式

大多数在线应用的换热系数不考虑膜沸腾区和冲击区换热机制的不同，采用综合平均对流换热系数的经验公式。经验公式利用大量的现场生产数据来拟合换热系数公式中各物理参数的影响因子，具有很强的实用性。

水冷换热系数主要与水流密度、钢板表面温度、钢板运行速度、冷却水温度等因素有关，结合首钢中厚板厂的冷却设备和冷却工艺，文献[191]采用如下的水冷换热系数模型：

$$\alpha = Aaq_w b\ \exp(c\ T_s)v_x \tag{8-33}$$

式中 $A$——自学习系数；
$q_w$——水流密度；
$T_s$——钢板表面温度；
$v_x$——速度修正系数；
$a$——和厚度规格、钢种成分有关的参量；
$b$，$c$——模型常数系数。

式中，$b$、$c$ 分别为正值和负值，这表明：水量增加，水冷换热系数变大；钢板表面温度降低，水冷换热系数变大。水冷换热系数随厚度增加而变大。

钢板表面温度的变化对换热系数的影响相当大，有实验表明，在水流冲击点，当表面温度在950~150℃之间变化时，换热系数随表面温度的下降呈上升趋势，当表面温度高于700℃时，换热系数下降较快；当表面温度在220~700℃之间时，换热系数极缓慢下降[192]。

### 8.2.3 气雾冷却条件

目前池内膜态沸腾的理论分析模型较为成熟，喷雾冷却膜态沸腾虽与池内膜态沸腾略有差异，但机理大致相同。以池内膜态沸腾为基础，对其关系式进行修正，从而得到喷雾冷却膜态沸腾关系式[193]。

8.2.3.1 池内膜态沸腾

对于稳定的池内膜态沸腾，且膜层内蒸汽流动为层流，其蒸汽膜平均厚度可以表示为：

$$\delta_0 = C\left[\frac{\mu_v \lambda_v \Delta T_w}{h_{fg}\rho_v g(\rho_l - \rho_v)}\sqrt{\frac{\sigma}{g(\rho_l - \rho_v)}}\right]^{\frac{1}{4}} \tag{8-34}$$

式中 $C$——系数；

$\mu_v$——气体动力黏度；

$\lambda_v$——蒸汽的导热系数；

$\Delta T_w$——高温壁面的过热度；

$h_{fg}$——汽化潜热；

$\rho_v$——蒸汽密度；

$\rho_l$——液体密度；

$\sigma$——表面张力。

8.2.3.2 单个雾滴对稳定蒸汽膜的扰动

（1）液膜厚度，由液体的表面张力引起的厚度 $\delta_{l1}$：根据文献[194]可知：

$$\delta_{l1} = \sqrt{2\sigma(1-\cos\theta)/\rho_{lg}} \tag{8-35}$$

式中，$\theta$ 为接触角。

由水流密度引起的厚度 $\delta_{l2}$，可由下式计算：

$$\delta_{l2} = \left(\frac{9\alpha^2\omega^2}{128g}\right)^{1/3} \tag{8-36}$$

式中 $\alpha$——方坯边长；

$\omega$——水流密度。

总液膜厚度为：$\delta_l = \delta_{l1} + \delta_{l2}$。

（2）雾滴冲击到液膜后，受力为：$F_1 = F_\sigma + F_f$

式中，$F_\sigma$ 为表面张力引起的阻力，$F_\sigma = \pi d\sigma$；$F_f$ 为液膜对雾滴的浮力，$F_f = \pi\rho_1 g \frac{d^2}{4}(\frac{1}{3}d + h_1)$；$d$ 为雾滴直径；$h_1$ 为雾滴在液膜中的位置。

（3）雾滴冲击蒸汽层后，受力为：$F = 2F_\sigma + F_f + F_v$

式中，$F_v = S_d p_v$；$p_v$ 为蒸汽层内的平均压力。

#### 8.2.3.3 喷雾冷却的对流换热系数

雾滴冲击后的三种情况：

（1）没有穿透液膜，即雾滴对蒸汽层的厚度没有扰动，$\delta = \delta_0$；

（2）穿透液膜，但没有穿透蒸汽膜，即雾滴对蒸汽层的厚度有扰动，$\delta = -\delta$；

（3）既穿透了液膜，也穿透了蒸汽膜，即雾滴接触到高温表面。

##### A 对蒸汽层没有扰动

单位时间内，单位面积上通过蒸汽膜的导热量为：

$$q^{\lambda_v} = \lambda_v \frac{T_w - T_s}{\delta} \tag{8-37}$$

单位时间内，单位面积上高温表面的辐射换热量为：

$$q_\sigma = \varepsilon\sigma_b(T_w^4 - T_s^4) \tag{8-38}$$

高温表面总的换热量等于喷雾冷却的对流换热量

$$q = h(T_w - T_s) = q^{\lambda_v} + q_\sigma \tag{8-39}$$

则对流换热系数为：

$$h = \frac{q}{T_w - T_s} \tag{8-40}$$

整理得对流换热系数为：

$$h = \frac{\lambda_v}{\delta} + \frac{\varepsilon\sigma_b(T_w^4 - T_s^4)}{T_w - T_s} \tag{8-41}$$

式中 $\lambda_v$ ——蒸汽的导热系数；

$\delta$ ——总液膜厚度；

$\varepsilon$ ——热辐射系数。

B 对蒸汽层有扰动

单位面积上，单位时间内雾滴撞击蒸汽层的数量：

$$n = \frac{6\omega}{\pi d^3} \tag{8-42}$$

式中 $\omega$——水流密度，$\omega = \frac{Q}{S}$；

$S$——喷嘴喷射的覆盖面积。

单位面积上，同时存在于蒸汽层中的雾滴数：

$$N = n\tau \tag{8-43}$$

式中 $\tau$——雾滴对蒸汽层的扰动时间。

受雾滴扰动影响的蒸汽层总面积：

$$S_e = K_s N S_d = K_s n\tau S_d \tag{8-44}$$

式中 $K_s$——面积干扰系数。

单位时间内，单位面积上通过蒸汽膜的导热量为：

$$q^{\lambda_v} = \lambda_v \frac{T_w - T_s}{-\delta} S_e + \lambda_v \frac{T_w - T_s}{\delta_0}(1 - S_e) \tag{8-45}$$

根据式（8-39），可以计算出对流换热系数：

$$h = \frac{\lambda_v}{-\delta} K_s n\tau S_d + \frac{\lambda_v}{\delta_0}(1 - K_s n\tau S_d) + \frac{\varepsilon\sigma_b(T_w^4 - T_s^4)}{T_w - T_s} \tag{8-46}$$

式中 $\lambda_v$——蒸汽的导热系数；

$\delta$——总液膜厚度；

$\varepsilon$——热辐射系数；

$\delta_0$——蒸汽膜平均厚度；

$\tau$——雾滴对蒸汽层的扰动时间；

$K_s$——面积干扰系数；

$n$——单位面积上，单位时间内雾滴撞击蒸汽层的数量。

C 雾滴与高温表面直接碰撞

根据文献[195]，单个雾滴碰撞高温表面的换热量为：

$$q_{\mathrm{d}} = \frac{\pi d^3}{6}\rho_1 h_{\mathrm{fg}}\left\{0.027\exp\left[\frac{0.08\sqrt{\ln(We/35+1)}}{B^{1.5}}\right] + 0.21K_{\mathrm{d}}B\exp\left(\frac{-90}{We+1}\right)\right\} \tag{8-47}$$

式中

$$We = \frac{\rho_1 d_{\mathrm{v}}^2}{\sigma}$$

$$B = \frac{C_{\mathrm{v}}(T_{\mathrm{w}} - T_{\mathrm{s}})}{h_{\mathrm{hf}}}$$

$$K_{\mathrm{d}} = \frac{\lambda_{\mathrm{v}}}{C_{\mathrm{v}}\mu_{\mathrm{v}}}$$

则单位时间内，单位面积上碰撞引起的高温表面换热量为：

$$q_1 = q_{\mathrm{d}} n \tag{8-48}$$

单位时间内，单位面积上高温表面总换热量为：

$$q = q_1 + q_\sigma \tag{8-49}$$

根据式（8-39），可以计算出对流换热系数 $h$。

$$h = \frac{q_{\mathrm{d}} n}{T_{\mathrm{w}} - T_{\mathrm{s}}} + \frac{\varepsilon\sigma_{\mathrm{b}}(T_{\mathrm{w}}^4 - T_{\mathrm{s}}^4)}{T_{\mathrm{w}} - T_{\mathrm{s}}} \tag{8-50}$$

## 8.3 厚向平均温度处理方法

中厚板冷却过程中，钢板厚度方向呈明显的中凸形分布，如图 8-6 所示。以钢板厚度中心为原点建立坐标系，将钢板内部温度作离散化处理。假设钢板内部温度在钢板厚度方向上对称分布，在厚度方向上将钢板划分为 $2n$ 个层别，对应的每个节点在图中的位置（$x_i$，$y_i$），节点厚度为 $h_i$，节点温度值 $T_i$，

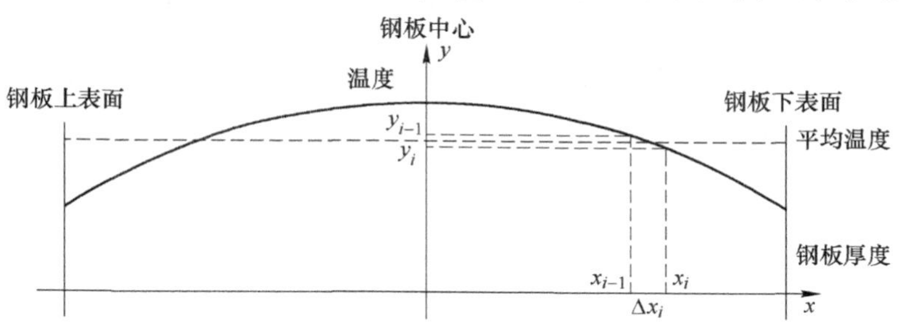


图 8-6　钢板厚度方向温度曲线分布

节点比热为 $C_{Pi}$ ，其中 $i=-n$，…，0，…，$n$ 。对每个层别单元的内能进行积分处理，钢板半厚上的内能可以表示为：

$$E=\sum_{i=1}^{n}E_i=\sum_{i=1}^{n}\int_{x_{i-1}}^{x_i}C_{Pi}\rho AT_i\mathrm{d}x_i \tag{8-51}$$

式中 $E$ ——钢板内能，J；

$E_i$ ——各个单元内能，J；

$n$ ——节点数量；

$i$ ——节点序号；

$C_{Pi}$ ——第 $i$ 节点对应的比热，kJ/(kg·K)；

$\rho$ ——钢板密度，7800kg/m$^3$；

$A$ ——各个单元横截面积，m$^2$；

$T_i$ ——第 $i$ 节点温度，℃；

$\mathrm{d}x_i$ ——节点间的微分长度，m。

将平均温度视为常数，则钢板半厚上内能表示为：

$$E=\sum_{i=1}^{n}\int_{x_{i-1}}^{x_i}C_{Pi}\rho A\mathrm{d}x_iT_{\mathrm{ave}} \tag{8-52}$$

式中 $T_{\mathrm{ave}}$ ——钢板平均温度，℃。

由于密度 $\rho$ 随温度变化不大，可视为积分的常数，而截面面积 $A$ 也是积分常数，则平均温度可表示为：

$$T_{\mathrm{ave}}=\frac{\sum_{i=1}^{n}\int_{x_{i-1}}^{x_i}C_{Pi}T_i\mathrm{d}x_i}{\sum_{i=1}^{n}\int_{x_{i-1}}^{x_i}C_{Pi}\mathrm{d}x_i} \tag{8-53}$$

当前普遍应用于计算中厚板平均温度的方法是将比热 $C_P(x)$ 视为温度的常数，如果采用节点间线性插值方法计算钢板内温度分布[196]，简化的平均温度计算方法表示为：

$$\overline{T}=\frac{\sum_{i=1}^{n}(T_{i-1}+T_i)\Delta h_i}{2h} \tag{8-54}$$

式中 $\Delta h_i$ ——层别厚度，m。

## 8.4 瞬时冷却速度计算模型的建立

求解导热微分方程得到钢板厚向温度分布，并计算钢板厚向各层冷却速度如式（8-55）所示。

$$R_i = \frac{T_{s,i} - T_{f,i}}{t} \tag{8-55}$$

式中 $R_i$——钢板厚向第 $i$ 层冷却速度；

$T_{s,i}$——钢板厚向第 $i$ 层开冷温度；

$T_{f,i}$——钢板厚向第 $i$ 层终冷温度；

$t$——钢板水冷时间。

控制系统以平均冷却速度作为控制目标，其计算方法如式（8-56）所示。

$$\overline{R} = \frac{\overline{T_s} - \overline{T_f}}{t} \tag{8-56}$$

式中 $\overline{R}$——钢板厚向平均冷却速度；

$\overline{T_s}$——钢板厚向平均开冷温度；

$\overline{T_f}$——钢板厚向平均终冷温度。

由于中厚板较长且运行速度较慢，钢板由头至尾依次通过冷却区，这必然导致钢板纵向冷却速度不尽相同。沿纵向对钢板进行分段处理，各段冷却速度如式（8-57）所示。

$$R_j = \frac{T_{s,j} - T_{f,j}}{t_j} \tag{8-57}$$

式中 $R_j$——钢板纵向第 $i$ 段平均冷却速度；

$T_{s,j}$——钢板纵向第 $i$ 段平均开冷温度；

$T_{f,j}$——钢板纵向第 $i$ 段平均终冷温度；

$t_j$——钢板纵向第 $i$ 段水冷时间。

# 9 板带钢先进快速冷却技术的开发和应用

## 9.1 基于超快冷的新一代 TMCP 技术的开发和应用

以超快速冷却为核心的新一代 TMCP 技术在高性能热轧钢铁材料的组织调控及生产制造方面突破了传统 TMCP 技术冷却强度的局限以及大量添加微合金元素的强化理念，针对不同的组织性能要求，通过高冷却速率及轧后冷却路径的灵活、精准控制，实现“以水代金”的绿色强化理念，在组织+性能调控方面显现出强大的技术优势。自新一代 TMCP 体系提出以来，依托于国家“十二五”科技支撑计划和重大工程项目，东北大学轧制技术及连轧自动化国家重点实验室进一步对控轧控冷过程中钢材的组织调控机理及强韧化控制机制进行研究，并与首钢、鞍钢、宝钢等数十家企业合作，开展了新一代 TMCP 工艺核心——超快速冷却技术的研制和开发。目前，该技术已经成功应用于热轧带钢、中厚板、棒线材、H 型钢、无缝钢管等生产领域。

### 9.1.1 板带钢超快冷技术开发

为获得较高的冷却强度和冷却均匀性，热轧板带钢超快冷系统采用射流冲击冷却技术代替传统层流冷却技术。射流冲击换热的特性表现为滞止区和壁面射流区的对流换热，滞止区内流体的流动边界层和热边界层的厚度大大减薄，存在很强的传热、传质效率。壁面射流区内壁面射流与周围空气介质之间的剪切所产生的湍流，被输送到传热表面的边界层中，使得壁面射流比平行流动具有更强的传热效果。研究表明，倾斜射流能够快速清除钢板表面的蒸汽膜，使得换热快速过渡到高效的核态沸腾和单相强制对流换热阶段。超快冷系统缝隙喷嘴特有的狭缝式喷射形式使得冷却水在钢板横向上形成均匀连续的带状冲击区。对高密快冷集管流体流动规律的模拟和喷射结构的设计，保障了高密集管射流效果，高密冲击区在一定压力作用下能够冲破钢板表面水层，达到高效换热的目的。图9-1所示为缝隙喷嘴和高密快冷喷嘴生产实际喷水照片。

图9-1 缝隙喷嘴和高密快冷喷嘴生产实际喷水照片

ADCOS系统的冷却能力可达到常规层流冷却强度的2倍以上，而且钢板的瞬时冷却速度能够实现大范围无级调节，满足了热轧钢板轧后常规层流冷却强度、超快速冷却以及直接淬火等冷却工艺的需要。表9-1为ADCOS-PM应用概况。如图9-2所示，对于板厚为10mm的钢板最大冷速≥120℃/s，对于板厚为50mm的钢板最大冷速≥10℃/s（平均冷速）。以超快速冷却设备为基础，建立了多级冷却路径及多种冷却模式的基础自动化和工艺过程自动化控制系统。根据材料组织与性能需要，自动设定每个冷却阶段的开冷温度、终冷温度、冷却速度等冷却工艺规程，通过控制各个阶段温度和冷却速度等工艺参数，实现精确的冷却路径控制，极大满足了不同产品冷却工艺需求。

**表9-1 ADCOS-PM应用概况**

| 应用厂家 | 类型 | 宽度/mm | 厚度/mm | 设备长度/m | 冷却工艺 | 建设时间 |
|---|---|---|---|---|---|---|
| 首钢京唐 | 中厚板 | 4300 | 5~100 | 12（前置） | DQ\\UFC\\ACC | 2018 |
| 山钢日照 | 热轧带钢 | 2050 | 1.2~25.4 | 20（前置）+15（后置） | UFC\\ACC | 2017 |
| 河北中普2# | 中厚板 | 3500 | 5~100 | 24 | DQ\\UFC\\ACC | 2016 |
| 江苏沙钢 | 中厚板 | 3500 | 5~100 | 24，6（粗轧）+6（精轧） | DQ\\UFC\\ACC，IC | 2016 |
| 河北唐钢 | 中厚板 | 3500 | 5~100 | 24，6（粗轧）+6（精轧） | DQ\\UFC\\ACC，IC | 2016 |
| 江苏南钢 | 宽厚板 | 5000 | 6~120 | 6（机前）+6（机后） | IC | 2015 |
| 江苏沙钢 | 热轧带钢 | 1700 | 1.2~25.4 | 15（前置） | UFC\\ACC | 2015 |
| 首钢京唐 | 热轧带钢 | 2250 | 1.2~25.4 | 20（前置）+10（后置） | UFC\\ACC | 2014 |
| 首钢迁钢 | 热轧带钢 | 2160 | 1.2~25.4 | 15（前置） | UFC\\ACC | 2012 |

续表 9-1

| 应用厂家 | 类型 | 宽度 /mm | 厚度 /mm | 设备长度 /m | 冷却工艺 | 建设时间 |
|---|---|---|---|---|---|---|
| 内蒙古包钢 | CSP | 1700 | 1.2~20 | 10（后置） | UFC\ \ ACC | 2013 |
| 江苏南钢 | 宽厚板 | 5000 | 5~150 | 20 | DQ\ \ UFC\ \ ACC | 2014 |
| 广东韶钢 | 炉卷轧机 | 3450 | 5~100 | 24 | DQ\ \ UFC\ \ ACC | 2014 |
| 江西新钢 | 中厚板 | 3800 | 5~100 | 20 | DQ\ \ UFC\ \ ACC | 2013 |
| 福建三钢 | 中厚板 | 3000 | 6~80 | 12（前置） | DQ\ \ UFC\ \ ACC | 2011 |
| 江苏南钢 | 中厚板 | 2800 | 6~80 | 20 | DQ\ \ UFC\ \ ACC | 2011 |
| 辽宁鞍钢 | 中厚板 | 4300 | 6~100 | 7.2（前置） | DQ\ \ UFC\ \ ACC | 2009 |
| 首钢首秦 | 中厚板 | 4300 | 5~100 | 7.2（前置） | DQ\ \ UFC | 2009 |
| 湖南涟钢 | CSP | 1700 | 0.8~12.7 | 7（前置） | UFC\ \ ACC | 2008 |
| 湖南涟钢 | 热轧带钢 | 2250 | 1.2~25.4 | 10（前置） | UFC\ \ ACC | 2007 |
| 河北中普 1# | 中厚板 | 3500 | 6~100 | 7.2（前置） | DQ\ \ UFC\ \ ACC | 2007 |
| 河北敬业 | 中厚板 | 3000 | 5~100 | 4（前置） | DQ\ \ UFC\ \ ACC | 2007 |

注：ACC—常规加速冷却；UFC—超快冷；DQ—直接淬火；IC—即时冷

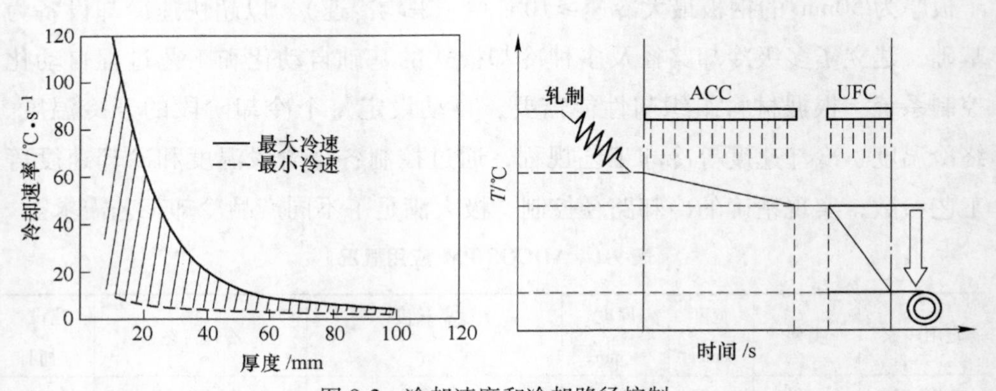


图 9-2 冷却速度和冷却路径控制

高冷却强度条件下的冷却均匀性一直是人们利用 TMCP 技术进行高强钢开发的瓶颈问题。狭缝式喷嘴、高密快冷喷嘴通过采用倾斜射流冲击冷却技术快速清除钢板表面蒸汽膜，大幅提高了钢板表面换热同步性，促进了钢板截面温度演变和相变同步性，使高温钢板冷却均匀性得以大幅改善。在此基础上，ADCOS 系统通过增设挡水辊和调节水量比形成钢板上下表面对称冷却技术；配置中喷、吹扫有效消除残水，结合微加速控制技术、头尾低温区特殊控制技术，改善钢板纵向冷却均匀性；设计研发钢板横向水凸度控制技术、边部遮蔽控制技术等一整套均匀性控制策略，有效保障了高强度冷却条件下钢板良好的温度均匀性控制和板形控制。特别是对于容易产生板形缺陷的低碳贝氏体钢板，如高级别管线钢、高强度结构钢等，超快冷系统的应用有效改善了产品的冷却均匀性，并且抑制产品在冷床上不均匀相变的发生，减小板形恶化倾向。图9-3为超快冷工艺下高等级管线钢（X70、X80）冷后板形。

图9-3 超快冷工艺条件下的钢板冷后板形

### 9.1.2 组织调控机理及强韧化机制

新一代TMCP技术基于在细晶、析出和相变等方面的调控优势（如图9-4所示），在组织调控机理及强韧化机制研究上取得了创新性突破，实现了绿色化高品质热轧板带钢的开发及生产。在晶粒尺寸控制上，超快速冷却技术可突破晶粒细化对合金元素的过度依赖，针对合金含量较低的C-Mn钢，依托极高的冷却速率可避开粗晶区及细晶作用区，进入极限细晶区，从而获得稳定且细小的晶粒，实现力学性能的提升及稳定化或实现合金成分的减量化。在析出物的控制上，以超快速冷却为核心的新一代TMCP技术可通过适当提高终轧温度及轧后冷却速率，抑制热轧过程中的应变诱导析出，使更多微合金元素保留到铁素体或贝氏体相变区，随后利用精准的冷却路径控制，并配合等温处理过程，可获得最佳的碳化物析出工艺窗口。在相变的控制上，超快速的冷却速率可抑制高温奥氏体相变，热轧后的钢板采用超快速冷却技术结合超快冷出口温度的控制，可将硬化的奥氏体保留至特定的相变区，实现钢板组织构成的调控。目前已开发出UFC-F、UFC-B及UFC-M等超快速冷却在线热处理工艺，实现了对F、B、M组织的精准控制，应用于成分节约型合金钢、高品质管线钢、高级别工程机械用钢、耐磨钢及高性能Q&P钢的开发

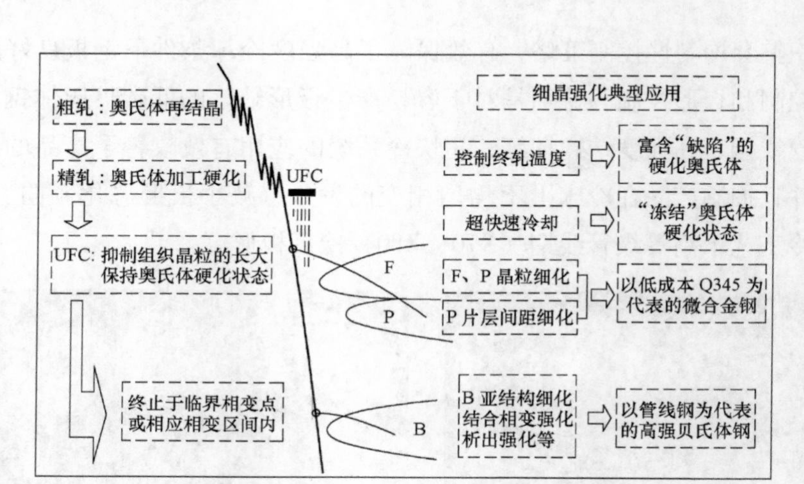


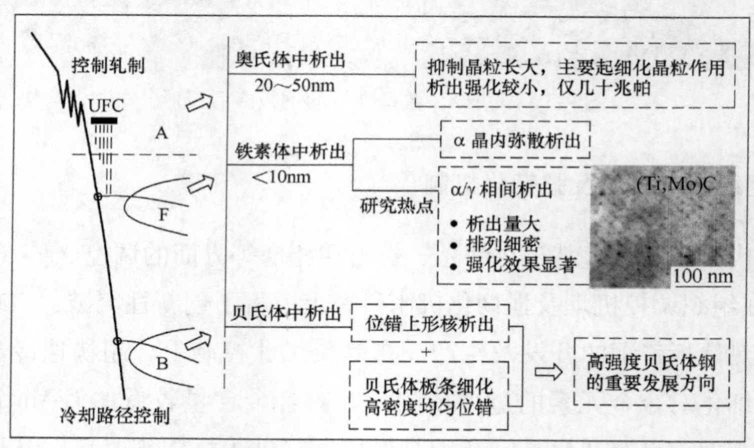


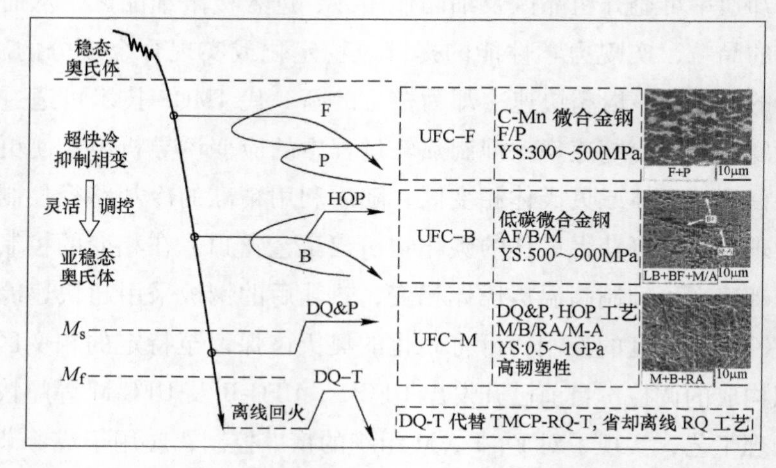


图 9-4 基于新一代 TMCP 工艺的细晶、析出、相变调控机理

生产。另外，基于后置式超快速冷却工艺，可实现对奥氏体二次相变的灵活控制，用于经济型高品质双相热轧产品及析出强化型高性能双相钢产品的生产与开发。

### 9.1.3 产品应用

新一代TMCP工艺技术在热轧板带钢领域的成熟应用，充分弥补了传统工艺在冷却路径控制方面的不足，利用以超快冷为核心的新一代TMCP工艺，钢铁企业实现了低合金钢、高钢级管线钢、汽车结构钢、高强工程机械用钢等热轧板带钢产品的低成本稳顺生产，丰富和完善了新品种的研发与生产手段。

（1）低合金普碳钢产品应用。对于低合金钢，超快冷技术的应用进一步细化了晶粒尺寸，通过细晶强化显著提高产品机械性能，或减少合金元素的使用量。基于此，开发出节约型Q345产品，与同类产品相比，减少Mn含量20%~30%以上，每吨钢节约成本40~60元以上；而对于Q370~Q460q桥梁板、Q420GJ建筑用钢、AH36船板和Q345R压力容器板等低合金钢，其综合力学性能均得到有效改善。

（2）贝氏体类产品应用。对于低碳贝氏体类产品，利用超快冷技术对贝氏体形态、尺寸以及析出相控制的显著优势，通过细晶强化、针状铁素体相变强化、析出强化的综合作用，在降低合金元素的同时大幅提升产品综合力学性能。采用超快冷技术开发的X65~80系列高品质管线钢、高韧性超厚规格管线钢、高强工程机械用钢和石油储罐用钢等产品均已实现大批量工业化生产。

（3）马氏体类产品应用。利用超快冷系统高强度的冷却能力，在热轧产线上实现了在线直接淬火，也为高级别工程机械用钢、耐磨钢、Q&P钢等马氏体类产品提供了工序节约型生产模式。采用DQ+T工艺代替传统Q+T生产模式，不仅节约了二次加热成本，同时充分利用控制轧制过程中变形能量和位错缺陷的累积，在后续大强度冷却过程中增加相变形核点，实现产品组织均匀细化，从而改善了产品的力学性能。因此，超快速冷却技术为开发马氏体类产品提供了工艺保障。

（4）双相类产品应用。作为前置式超快速冷却技术的拓展，后置式超快速冷却技术也已应用于热连轧产线，用于高品质、高附加值双相类带钢产品的开发与生产。基于高效的冷却能力以及高精度冷却路径控制，采用经济、简单的C-Mn钢成分体系即可实现6.0mm厚DP540和11.0mm厚DP590的稳定生产及批量供货，产品组织比例控制合理稳定，力学性能优异，且可实现窄的性能波动控制，批次异板性能波动可控制在25MPa以内。目前，基于后置式超快冷系统多样化的冷却路径控制，已开发出厚度规格覆盖3~13mm、强度级别覆盖540~780MPa的系列化高品质热轧双相钢产品。图9-5和图9-6分别为超快速冷却条件下F-M型C-Mn钢金相显微组织和11.0mm厚DP590钢的180°冷弯试样。

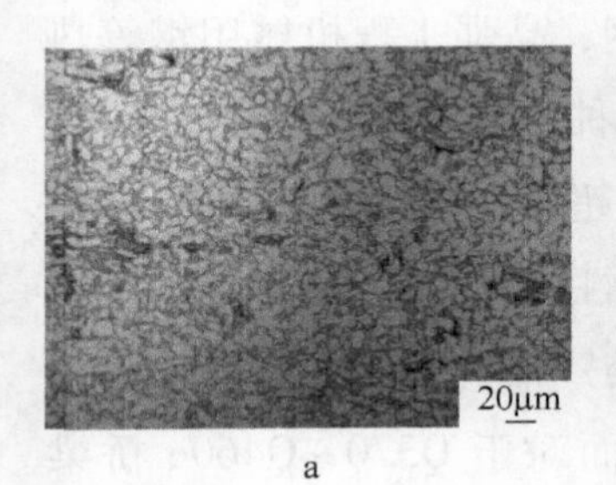


a

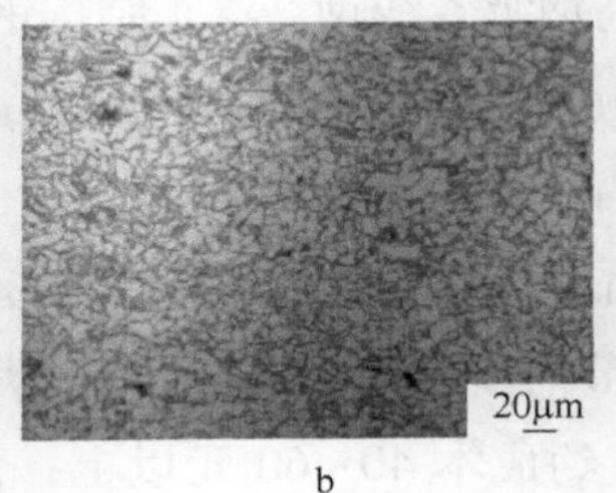


b

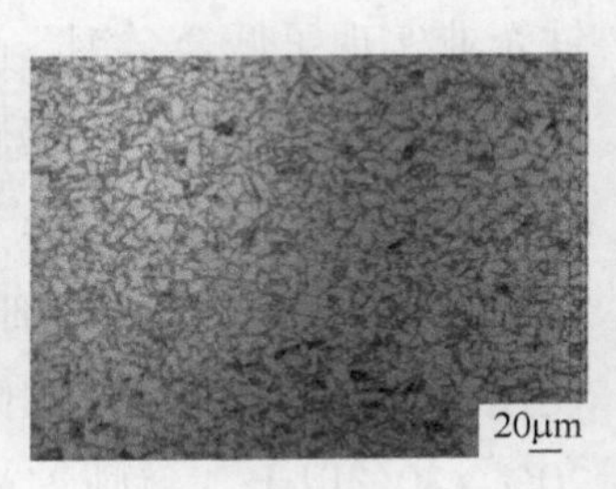


c

图9-5 超快速冷却条件下F-M型C-Mn钢显微组织

a—表面；b—1/4处；c—心部

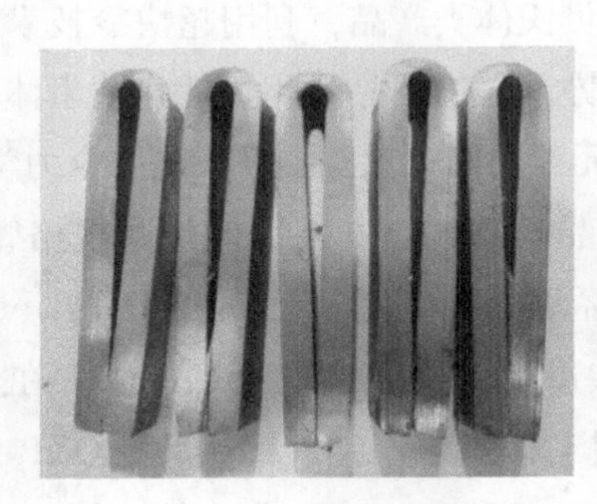

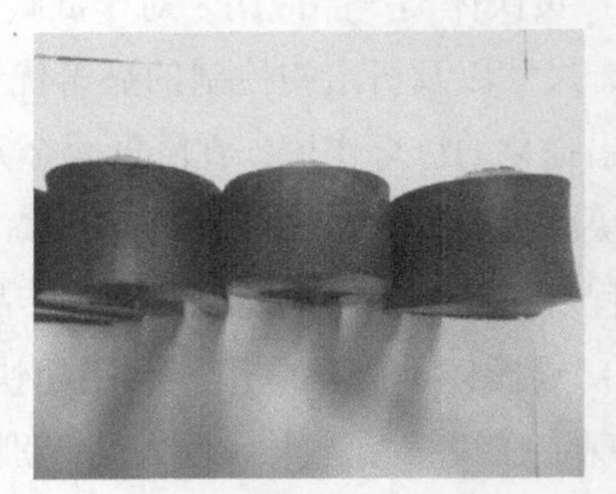

图9-6 11.0mm厚DP590钢的180°冷弯试样

## 9.2 "温控-形变"耦合控轧技术的开发和应用

轧制道次间的高强度冷却促使轧件在厚向上产生大温度梯度，由于钢板近表层温度低、变形抗力较大，在相同轧制负荷条件下轧件近表层的金属更难产生形变，促使变形向心部渗透。目前，中厚板新一代控制轧制技术已经应用于南钢5000mm生产线、唐钢3500mm生产线、沙钢3500mm生产线、文丰4300mm生产线，如图9-7所示。表9-2所示为即时冷却装置应用业绩表。

图 9-7 南钢 5000mm 生产线即时冷装置照片

**表 9-2 即时冷却装置应用业绩表**

| 序号 | 用户名称 | 合同签订时间 | 设备类型 | 产线类型 |
|---|---|---|---|---|
| 1 | 湖南华菱涟源钢铁有限公司 | 2018 年 2 月 | 粗轧控温冷却 | 2250mm 热连轧 |
| 2 | 攀钢集团西昌钢钒有限公司 | 2016 年 12 月 | 粗轧 R2 控温冷却 | 2050mm 热连轧 |
| 3 | 唐山文丰机械设备有限公司 | 2016 年 11 月 | 近机位+远机位 | 4300mm 中厚板 |
| 4 | 张家港沙景宽厚板有限公司 | 2015 年 6 月 | 远机位 | 3500mm 中厚板 |
| 5 | 唐山中厚板材有限公司 | 2015 年 5 月 | 远机位 | 3500mm 中厚板 |
| 6 | 南京钢铁股份有限公司 | 2015 年 5 月 | 远机位 | 5000mm 中厚板 |
| 7 | 舞阳钢铁有限责任公司 | 2015 年 3 月 | 远机位 | 4100mm 中厚板 |

南钢 5000mm 生产线开展了基于“轧制-冷却”同步化工艺高渗性控制轧制技术的产品工业试制。实践表明，对厚规格产品进行高渗透性轧制，增加了钢板内部变形渗透性，有助于细化内部组织和改善钢板内部质量，如图 9-8 所示。

a

b

图 9-8 高渗透性轧制技术

a—普通轧制效果；b—差温轧制效果

在“温控-形变”耦合控轧技术中，变形前的冷却过程可使钢板表层的奥氏体处于过冷状态，随后立刻施加变形，在后续的返温过程，形变奥氏体将发生再结晶现象。经过两次“温控-形变”的耦合控制，奥氏体可细化至3.3μm，实现了钢板表层奥氏体的超细化，如图 9-9 所示。结合后续控制冷却，即可实现钢板表层组织的超细化，从而提高钢板的整体性能。“温控-形变”耦合控轧技术同样可以使钢板表层发生相变反应，返温后发生逆相变，以细化表层组织。图 9-10 为相应的细化组织和所对应的夏比冲击性能，组织细化至 4.7μm，韧脆转变温度低至-163℃。以上两种“温控-形变”耦合控制方式，均可研制出表层超/细晶钢。表层组织的超/细化，可提高裂纹的形核功和扩展功，使裂纹扩展时在钢板表层发生延性破坏，从而提高钢板止裂性能，可用于高止裂性能集装箱船板、高强度压力容器板、抗大变形管线钢等高附加值产品的研发。

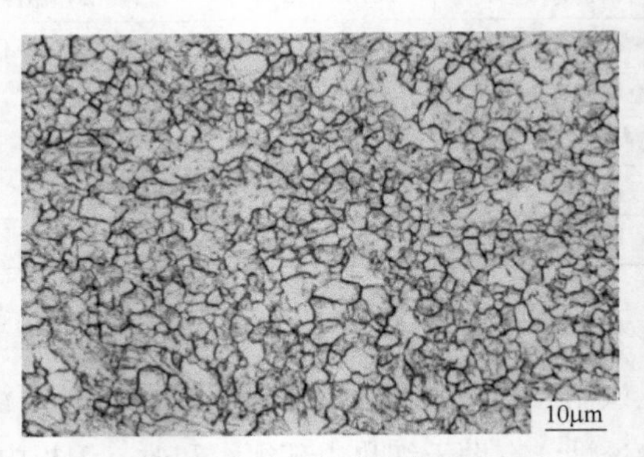


图 9-9 细化的奥氏体组织

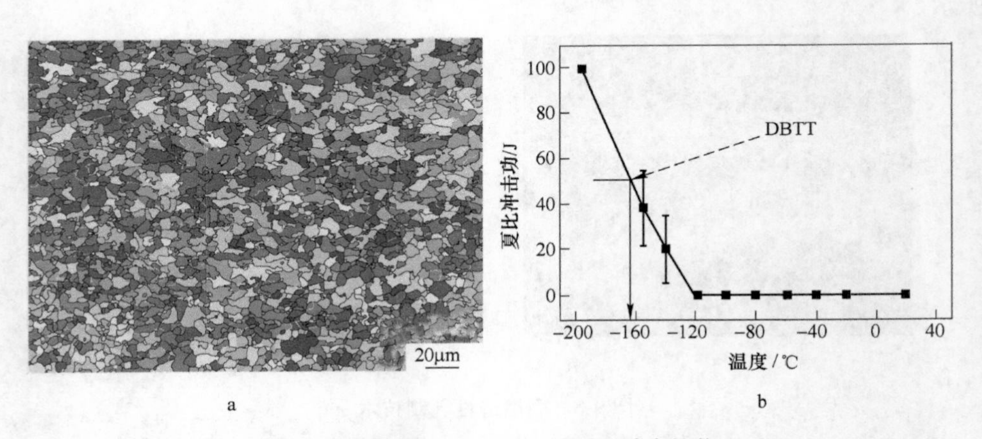


图 9-10 细化的组织（a）对应的夏比冲击性能（b）

## 9.3 板带钢辊式淬火技术的开发和应用

淬火是提升钢板综合强韧性能和使役性能的重要工艺环节。钢板淬火生产既要保证具有高的冷却强度，获得所需的淬硬层深度，又要确保获得高的冷却均匀性，从而获得高平直度的淬火板材[197]。淬火组织性能和钢板板形的控制要求，体现为冷却过程中水冷方式的热交换强度和换热均匀性[198]。为此，研究人员深入研究高温中厚板淬火过程传热方式及其换热特性，分析喷嘴几何参数和淬火参数对冷速和冷却均匀性的规律性影响，开发出强化换热、淬火微观可控、高低压连续冷却等技术，实现高强度均匀化淬火过程连续稳定可控。图 9-11 所示为所开发的系列大型高性能射流喷嘴。在此基础上，针对传统中厚板淬火过程中“一淬到底”对材料性能控制单一化的问题，建立钢板三维冷速分布与淬火后组织性能的关系专家库，通过调控冷速和终冷温度控制淬火路径，动态调控淬火过程中的 γ-M、γ-B、γ-M+B、γ-M+B+γ′等组织，实现了多样化的组织和更宽泛的产品性能。

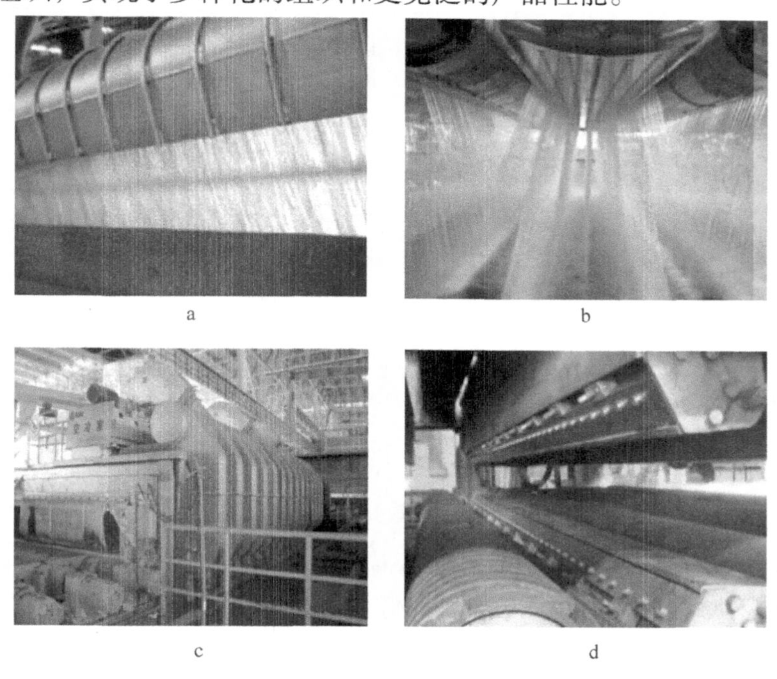

图 9-11 系列大型高性能射流喷嘴

a—狭缝喷嘴；b—多角度高密喷嘴；c—强风喷嘴；d—气雾喷嘴

极限薄规格钢板高平直度淬火是行业公认的技术难题，随着机械装备向着大型化、轻量化发展，这些钢板国内需求量非常大，如耐磨板、高强板等。通过开发流量分区控制、冷速大范围无级调节、钢板上下表面对称冷却等核心技术，在国内首次实现3~10mm极限薄规格钢板连续稳定生产，解决了传统薄钢板淬火后产生的叩头叩尾、横/纵向瓢曲、中浪、边浪等板形问题，3mm钢板淬火后不平度小于6mm/m，力学性能、加工性能及板形均优于进口钢板实物水平。图9-12所示为极限规格淬火后实物。

a　　b

c　　d

图9-12　极限规格钢板淬火后实物

a—太钢8mm 9Ni；b—涟钢4mm LG-700-QT；c—湘钢150mm 12Cr2Mo1R；d—南钢180mm 14Cr1MoR

高均匀性淬火技术是特厚钢板生产的瓶颈之一，传统浸入式淬火表面换热效率低、冷速可控性差、厚向截面效应明显，无法满足高品质特厚钢板热处理需要[199]。通过研究特厚钢板连续辊式淬火过程中厚向温度梯度、心表热流量变化规律，开发出间歇冷却、高低压分段冷却、有序换热等核心技术，在国内首次实现200mm特厚钢板连续辊式淬火生产，心部冷速较传统浸入式淬火提高1倍，满足了海洋工程、石油化工、水电核电等领域对钢板心部韧性、性能均匀性等苛刻性能需求。表9-3为热处理淬火机系统应用业绩。

表 9-3 热处理淬火机系统应用业绩表

| 序号 | 用户名称 | 产线类型 | 合同签订时间 | 设备类型 | 功 能 |
|---|---|---|---|---|---|
| 1 | 中普邯郸钢铁有限公司 | 3500mm | 2018 | 热处理炉+淬火机 | 淬火+ACC+NCC |
| 2 | 河钢邯钢分公司 | 3500mm | 2018 | 淬火炉+淬火机+回火炉 | 淬火+ACC+NCC |
| 3 | 华凌湘潭钢铁有限公司 | 5000mm | 2018 | 辊式淬火机 | 淬火+ACC+NCC |
| 4 | 鞍钢股份有限公司 | 4300mm | 2016 | 热处理炉+淬火机 | 淬火+ACC+NCC |
| 5 | 安阳钢铁股份有限公司 | 3500mm | 2016 | 辊式淬火机 | 淬火+ACC+NCC |
| 6 | 南京钢铁股份有限公司 | 5000mm | 2014 | 淬火+ACC+NCC | 辊式淬火机 |
| 7 | 南京钢铁股份有限公司 | 3500mm | 2014 | 辊式淬火机 | 淬火+ACC+NCC |
| 8 | 重庆钢铁股份有限公司 | 4100mm | 2013 | 辊式淬火机 | 淬火+ACC+NCC |
| 9 | 华凌湘潭钢铁有限公司 | 4100mm | 2012 | 辊式淬火机 | 淬火+ACC+NCC |
| 10 | 宝钢湛江钢铁有限公司 | 4200mm | 2011 | 辊式淬火机 | 淬火+ACC+NCC |
| 11 | 湖南华菱涟源钢铁有限公司 | 2250mm | 2010 | 辊式淬火机 | 淬火 |
| 12 | 甘肃酒泉钢铁（集团）公司 | 3500mm | 2009 | 热处理炉+淬火机 | 淬火+ACC+NCC |
| 13 | 南京钢铁股份有限公司 | 3500mm | 2009 | 辊式淬火机 | 淬火 |
| 14 | 宝钢特殊钢分公司 | 2800mm | 2009 | 热处理炉+淬火机 | 淬火+ACC+NCC |
| 15 | 新钢股份有限公司 | 3800mm | 2009 | 辊式淬火机 | 淬火 |
| 16 | 太钢集团临汾钢铁有限公司 | 3200mm | 2008 | 辊式淬火机 | 淬火 |
| 17 | 唐山中厚板材有限公司 | 3500mm | 2008 | 辊式淬火机 | 淬火 |
| 18 | 太钢集团临汾钢铁有限公司 | 3000mm | 2006 | 辊式淬火机 | 淬火 |

## 9.4 薄规格钢板气雾冷却技术的开发和应用

作为冶金行业重要的冷却方式，气雾冷却在提高产品性能、改善表面质量、提高生产效率等方面作用显著。科研人员已将其应用于板坯连铸机二冷段冷却、中厚板中间坯冷却、轧后控制冷却以及薄规格钢板热处理淬火、固溶和退火工艺等领域。

RAL 实验室多年来致力于气雾冷却技术研究工作。针对冷轧带钢连续退火工艺，花福安等人，开发出立式气雾冷却装置，在以戊烷 $C_5H_{12}$ 作为冷却介质，以防止钢板表面氧化，设计开发喷雾、带钢冷却、收集等成套系统，实现了薄板带无氧化快速冷却。针对薄规格板带钢淬火工艺，王昭东等人开发出中厚板离线热处理气雾冷却系统，应用于南钢 3500mm 中厚板离线热处理系统[200]。该系统由供水系统、供气系统、气雾喷嘴、挡水辊系统以及控制系统等组成，薄规格中厚板离线淬火用气雾冷却装置及现场，如图 9-13 所示。相比于射流冲击冷却，该系统在控制薄规格中厚板离线淬火（固溶）中的钢板冷却不均和板形不良等问题方面具有一定优势。

图 9-13 薄规格中厚板离线淬火用气雾冷却装置及现场

# 10 结　　论

本文对超快速冷却淬火技术所涉及的换热原理、流体流动特性和钢板冷却过程中的温度变化属性等基础理论进行了系统研究。在此基础上研究开发以射流冲击为基础的多功能先进冷却装备和以数学模型为基础的工艺控制系统。本文获得的主要结论如下：

（1）针对缝隙射流冲击高温钢板表面换热的流场状态和冷却机理进行研究。获得了静止和运动条件下的缝隙射流换热区域分布和演变规律。运动状态下采用倾斜射流冲击换热方式，可以提高再润湿同步性，再润湿前沿呈一条直线，热流密度曲线间距均匀分布，可满足板带钢高强度均匀冷却的需求。在0°~45°范围内，倾角增大有利于换热能力提升，热流密度峰值增幅12.8%~13.2%。相对运动速度从20mm/s降低至10mm/s，热流密度峰值从4.55~4.66MW/$m^2$增加4.83~4.95MW/$m^2$。相对而言，较低运动速度延长了局部射流冲击时间，增大了热流密度峰值。

（2）针对单束圆形喷嘴射流冲击高温钢板表面换热的流场状态和冷却机理进行研究。研究结果表明倾斜角度对单束圆形喷嘴射流冲击换热能力有着显著影响，平行流流速的差异导致了换热特性的明显差异，倾斜角度的增加提高了顺向的最大热流密度，同时降低了侧向和逆向的最大热流密度，但随着倾斜角度由0°增加至60°，冲击点处的热流密度峰值变化幅度不大（由4.71MW/$m^2$减小到4.50MW/$m^2$）。在多种喷嘴结构的实验中，Ⅰ-10°型喷嘴有着最大热流密度峰值和最好的再润湿效果。在不同开冷温度的实验中，热流密度峰值会显著的随着开冷温度的升高而上升，但同时再润湿速度会显著下降。这是因为开冷温度越高，过热度越大，冷却水冲击到钢板上越容易达到饱和沸腾温度，产生的沸腾气泡对再润湿前沿起到阻碍作用。在针对水温的实验中，当水温由13°C升至43°C时，相应的再润湿延迟时间由3.2s增加到了5.3s，达到热流密度峰值所需时间也由4.6s增加到7.2s。

（3）针对多束圆形喷嘴射流冲击高温钢板表面换热的流场状态和冷却机理进行研究。在实验室条件下的多束射流研究结果表明喷嘴间平行流相互冲击飞溅，形成干涉区和液滴飞溅区。此区域内的热流密度和换热系数均有所增强。喷嘴间距增加放大了区域内的换热强度差异。而流速增加则有助于提高冷却强度，改善冷却均匀性。在现场条件下，随流速的增加平均换热系数有所增加，但增幅逐步减小。当射流速度在4.92~11.48m/s范围内，平均换热系数随着流速的增加而增加，但增加幅度与冷却效率都随着流速的增加而减小。此外，本章阐明了多束圆形喷嘴阵列形式、多组集管组合布置形式对高温壁面倾斜射流冲击换热系数分布的作用原理，获得多束喷嘴高温壁面射流冲击传热传质的基本规律，得到倾斜射流冲击沸腾换热的最佳喷嘴结构参数和流体流动参数，建立平均换热系数理论模型。

（4）研究了纳米流体空气增压气雾喷射换热机理，对其导热能力、润湿规律等流体属性以及气雾喷射流体结构分布进行了量化分析，无论是在冲击点处还是冲击点区域以外，纳米流体均能提高最大热流密度，当加入体积分数为0.5%的Cu纳米粒子，在冷却过程中，冲击点处热流密度峰值由3MW/$m^2$变化为3.48MW/$m^2$，增加了16%，而对于距离冲击点30mm位置处，换热过程中，热流密度峰值由2.13MW/$m^2$变化为2.83MW/$m^2$，增加了32.8%。各种纳米流体换热效率由大到小依次为：0.5%Cu-0.6‰、0.5%Cu-0.3‰、0.5%Cu-0.1‰、0.5%CuO、去离子水-0.6‰、去离子水。

（5）建立了射流冲击沸腾换热条件下的平均换热系数理论模型，并针对超大热载荷边界条件下的对流导热耦合问题建立快速有限元解析模型。优化设计超快速冷却缝隙喷嘴和高密快冷喷嘴及其布置形式，尽可能扩大射流冲击换热区的面积，尽量避免膜沸腾换热区和过渡沸腾换热区等不稳定换热区域的产生，使超快冷系统的冷却强度、均匀性以及冷却水使用效率达到最优。针对超大热载荷边界条件下的对流导热耦合问题建立快速有限元解析模型，满足快速高精度在线控制需求。相关成果为热轧板带钢超快冷、淬火工艺技术装备改进、控制系统模型优化以及冷却工艺调优提供理论支持，已在多个超快冷和淬火机项目中得到应用。

## 参考文献


[1] 王国栋. 新一代 TMCP 技术的发展 [J]. 中国冶金, 2012, 22 (12): 1~5.

[2] 汪祥能, 丁修堃. 现代带钢连轧机控制 [M]. 沈阳: 东北大学出版社, 1996: 304~310.

[3] 张辉, 吕鹤年. 热轧带钢层流冷却装置的设计与研究 [J]. 一重技术, 1996, 67 (1): 27~29.

[4] Inoue, Kigawa, Shibata, et al. New Coiling Temperature Control Technology for Hot Strip Mill [J]. Kobelco Technology Review, 1992 (15): 36~40.

[5] Andrzej G G, Robert G, Emmanuel R B. Automatic Control of Laminar Flow Cooling in Continuous and Reversing Hot Strip Mills [J]. Iron and Steel Engineer, 1990, 67 (9): 16~20.

[6] Fred C K, Wean U. Water Wall Water-cooling Systems [J]. Iron and Steel Engineer, 1985, 62 (6): 30~36.

[7] 丁修堃. 轧制过程自动化 [M]. 北京: 冶金工业出版社, 1986: 380~385.

[8] 于世果, 李宏图. 国外厚板轧机及轧制技术的发展 (一) [J]. 轧钢, 1999 (5): 43~46.

[9] 赵其德. 带钢层流冷却装置 [A]. 一重技术 (宝钢热连轧机专辑 Ⅱ) [C]. 1995 (3): 95~100.

[10] 王占学. 控制轧制与控制冷却 [M]. 北京: 冶金工业出版社, 1988: 154~179.

[11] 成琦玲, 周敏文. 钢板轧制后直接淬火工艺研究 [J]. 鞍钢技术, 1997 (12): 29~34.

[12] 陆松年. 快速冷却和直接淬火技术 [J]. 宽厚板, 1996, 2 (5): 1~8.

[13] 彭良贵, 刘相华, 王国栋. 超快冷却技术的发展 [J]. 轧钢, 2004, 21 (1): 1~3.

[14] 王国栋. 以超快速冷却为核心的新一代 TMCP 技术 [J]. 上海金属, 2008, 30 (2): 1~5.

[15] 王国栋. 新一代 TMCP 的实践和工业应用举例 [J]. 上海金属, 2008, 30 (3): 1~4.

[16] 孙本荣, 王友铭, 陈瑛. 中厚钢板生产 [M], 北京: 冶金工业出版社, 1993: 409~430.

[17] George Krauss. Heat treated martensitic steels: microstructural systems for advanced manufacture [J]. ISIJ International, 1995, 35 (4): 349~359.

[18] Zhang T, Wang B, Wang Z, et al. Side-surface Shape Optimization of Heavy Plate by Large Temperature Gradient Rolling [J]. ISIJ International, 2015, 56 (1) .

[19] 余伟, 李高盛, 蔡庆伍, 等. 特厚板差温轧制工艺与组织控制技术的研究与开发 [C]. 中国钢铁年会, 2013.

[20] 邢丽娜, 李志恩. 先进的中厚板控制冷却技术的应用 [J]. 山西冶金, 2008 (5):

13~15.

[21] Houyoux C, Herman J C, Simon P, et al. Metallurgical aspects of ultra-fast cooling on a hot strip mill [J]. Revue de Metallurgie, 1997, 97: 58~59.

[22] Robidou H, Auracher H, Gardin P, et al. Controlled cooling of a hot plate with a water jet [J]. Experimental Thermal and Fluid Science, 2002, 26 (2~4): 123~129.

[23] Karwa N, Stephan P. Jet impingement quenching: Effect of coolant accumulation [J]. Journal of Physics: Conference Series, 2012, 395: 012131.

[24] Karwa N, Gambaryan-Roisman T, Stephan P, et al. A hydrodynamic model for subcooled liquid jet impingement at the Leidenfrost condition [J]. International Journal of Thermal Sciences, 2011, 50 (6): 993~1000.

[25] Karwa N, Gambaryan-Roisman T, Stephan P, et al. Experimental investigation of circular free-surface jet impingement quenching: Transient hydrodynamics and heat transfer [J]. Experimental Thermal and Fluid Science, 2011, 35 (7): 1435~1443.

[26] Karwa N, Schmidt L, Stephan P. Hydrodynamics of quenching with impinging free-surface jet [J]. International Journal of Heat and Mass Transfer, 2012, 55 (13~14): 3677~3685.

[27] Ibuki K, Umeda T, Fujimoto H, et al. Heat transfer characteristics of a planar water jet impinging normally or obliquely on a flat surface at relatively low Reynolds numbers [J]. Experimental Thermal and Fluid Science, 2009, 33 (8): 1226~1234.

[28] Omar A M T, Hamed M S S, Shoukri M. Modeling of nucleate boiling heat transfer under an impinging free jet [J]. International Journal of Heat and Mass Transfer, 2009, 52 (23~24): 5557~5566.

[29] Abishek S, Narayanaswamy R, Narayanan V. Effect of heater size and reynolds number on the partitioning of surface heat flux in subcooled jet impingement boiling [J]. International Journal of Heat and Mass Transfer, 2013, 59 (1): 247~261.

[30] Li Y Y, Liu Z H. Theoretical research of critical heat flux in subcooled impingement boiling on the stagnation zone [J]. International Journal of Heat and Mass Transfer, 2012, 55 (25~26): 7544~7551.

[31] Bogdanic L, Auracher H, Ziegler F. Two-phase structure above hot surfaces in jet impingement boiling [J]. Heat and Mass Transfer, 2009, 45 (7): 1019~1028.

[32] Seiler-Marie N, Seiler J-M M, Simonin O. Transition boiling at jet impingement [J]. International Journal of Heat and Mass Transfer, 2004, 47 (23): 5059~5070.

[33] Fujimoto H, Oku Y, Ogihara T, et al. Hydrodynamics and boiling phenomena of water droplets impinging on hot solid [J]. International Journal of Multiphase Flow, 2010, 36 (8):

620~642.

[34] Agrawal C, Kumar R, Gupta A, et al. Effect of jet diameter on the rewetting of hot horizontal surfaces during quenching [J]. Experimental Thermal and Fluid Science, 2012, 42: 25~37.

[35] Agrawal C, Kumar R, Gupta A, et al. Rewetting and maximum surface heat flux during quenching of hot surface by round water jet impingement [J]. International Journal of Heat and Mass Transfer, 2012, 55 (17~18): 4772~4782.

[36] Agrawal C, Kumar R, Gupta A, et al. Effect of jet diameter on the maximum surface heat flux during quenching of hot surface [J]. Nuclear Engineering and Design, 2013, 265: 727~736.

[37] Agrawal C, Lyons O F, Kumar R, et al. Rewetting of a hot horizontal surface through mist jet impingement cooling [J]. International Journal of Heat and Mass Transfer, 2013, 58 (1~2): 188~196.

[38] Wolf D H, Incropera F P, Viskanta R. Local jet impingement boiling heat transfer [J]. International Journal of Heat and Mass Transfer, 1996, 39 (7): 1395~1406.

[39] Guo R. Heat transfer of laminar flow cooling during strip acceleration on hot strip mill runout tables [J]. Iron and Steelmaker, 1993, 20: 7~21.

[40] Behnia M, Parneix S, Shabany Y, et al. Numerical Study of Turbulent Heat Transfer in Confined and Unconfined Impinging Jets [J]. Int. J. Heat Fluid Flow, 1999, 20: 1~9.

[41] San J Y, Lai M D. Optimum Jet-to-jet Spacing of Heat Transfer for Staggered Arrays of Impinging Air Jets [J]. International Journal of Heat and Mass Transfer, 2001, 44 (21): 3997~4007.

[42] Katti V, Prabhu S V. Influence of Span Wise Pitch Local Heat Transfer Distribution for In-line-Arrays of Circular Jets with Airflow in Two Opposite [J]. Experimental Thermal and Fluid-Science, 2008, 33: 84~95.

[43] Geers L F G, Tummers M J, Bueninck T J, et al. Heat Transfer Correlation for Hexagonal and In-line Arrays of Impinging Jets [J]. International Journal of Heat and Mass Transfer, 2008, 51: 5389~5399.

[44] Chiu H C, Jang J H, Yan W M. Experimental Study on the Heat Transfer under Impinging Elliptic Jet Array along a Film Hole Surface Using Liquid Crystal Thermograph [J]. International-Journal of Heat and Mass Transfer, 2009, 52: 4435~4448.

[45] Chien L H, Chang C Y. An Experimental Study of Two-phase Multiple Jet Cooling on Finned Surfaces Using a Dielectric Fluid [J]. Applied Thermal Engineering, 2011, 31: 1983~1993.

[46] Ndao S, Peles Y, Jensen M K. Experimental Investigation of Flow Boiling Heat Transfer of Jet Impingement on Smooth and Micro Structured Surfaces [J]. International Journal of Heat and

Mass Transfer, 2012, 55: 5093~5101.

[47] Woodfield P L, Mozumder A K, Monde M. On the Size of the Boiling Region in Jet Impingement Quenching [J]. Int. J. Heat Mass Transfer, 2009, 52: 460~465.

[48] Leocadio H, Passos J C, Da Silva A F C. Heat Transfer Behavior of a High Temperature Steel Plate Cooled by a Subcooled Impinging Circular Water Jet [M]. Proc. 7th ECI Int. Conf. Boiling Heat Transfer. 2009.

[49] Bhattacharya P, Samanta A N, Chakraborty S. Spray Evaporative Cooling to Achieve Ultra Fast Cooling in Runout Table [J]. International Journal of Thermal Sciences, 2009, 48: 1741~1747.

[50] Wang H M, Yu W, Cai Q W. Experimental Study of Heat Transfer Coefficient on Hot Steel Plate during Water Jet Impingement Cooling [J]. Journal of Materials Processing Technology, 2012, 212: 1825~1831.

[51] Nitin K, Peter S. Jet Impingement Quenching: Effect of Coolant Accumulation [C]. 6th European Thermal Sciences Conference, 2012: 1~8.

[52] 王昭东，袁国，王国栋，等. 热轧板带钢超快速冷却条件下的对流换热系数研究 [J]. 钢铁, 2006, 41 (7): 54~57.

[53] Wendelstorf J, Spitzer K H, Wendelstorf R. Spray Water Cooling Heat Transfer at High Temperatures and Liquid Mass Fluxes [J]. International Journal of Heat and Mass Transfer, 2008, 51: 4902~4910.

[54] Wendelstorf R, Spitzer K H, Wendelstorf J. Effect of Oxide Layers on Spray Water Cooling Heat Transfer at High Surface Temperatures [J]. International Journal of Heat and Mass Transfer, 2008, 51: 4892~4901.

[55] 刘国勇，朱冬梅，张少军，等. 缝隙冲击射流淬火对流换热的影响因素 [J]. 北京科技大学学报, 2009, 31 (5): 634~642.

[56] Satya V R, Jay M J, Soumya S M, et al. Experimental Study of the Effect of Spray Inclination on Ultra-fast Cooling of a Hot Steel Plate [J]. Heat Mass Transfer, 2013, 49: 1509~1522.

[57] 杨宝海. 喷雾冷却中液滴撞击固体壁面的动态特性及传热特性研究 [D]. 重庆: 重庆大学, 2013.

[58] Selvam R P, Lin L, Ponnappan. R. Direct simulation of spray cooling: effect of vapour bubble growth and liquid droplet impact on heat transfer [J]. International Journal of Heat and Mass Transfer, 2006, 49 (23): 4265~4278.

[59] Horacek B, Kim J, Kiger K. Spray cooling using multiple nozzles: visualization and wall heat transfer measurements [J]. IEEE Transactions Device Mater Reliable, 2004, 4 (4): 614~

625.

[60] Nevedo J. Parametric effects of spray characteristics on spray cooling heat transfer [D]. American: University of Central Florida, 2008.

[61] 郭子义，陶毓伽，淮秀兰．基于二次核化的沸腾喷雾冷却模拟研究 [J]. 煤炭技术，2012，31 (2)：196~198.

[62] 谢宁宁，陈东芳，胡学功，等．压力与流量对喷雾冷却换热特性的影响 [J]. 工程热物理学报，2009，12 (30)：2059~2061.

[63] 胡强，赵增武，张亚竹，等．气雾射流动态传热实验研究 [J]. 内蒙古科技大学学报，2014，9 (33)：239~242.

[64] Ramstorfer F, Roland J. Investigation of Spray Cooling Heat Transfer for Continuous Slab Casting [J]. Materials and Manufacturing Processes, 2011, 26 (1): 165~168.

[65] Choi S U S. Enhancing thermal conductivity of fluids with nanoparticles [J]. ASME-Publications-Fed, 1995, 231: 99~106.

[66] Mitra S, Saha S K, Chakraborty S, et al. Study on boiling heat transfer of water-$TiO_2$ and water-MWCNT nanofluids based laminar jet impingement on heated steel surface [J]. Applied Thermal Engineering, 2012, 37: 353~359.

[67] Mohapatra S S, Ravikumar S V, Verma A, et al. Experimental investigation of effect of a surfactant to increase cooling of hot steel plates by a water jet [J]. Journal of Heat Transfer, 2013, 135 (3): 32~41.

[68] Mohapatra S S, Ravikumar S V, Andhare S, Chakraborty S, et al. Experimental study and optimization of air atomized spray with surfactant added water to produce high cooling rate [J], Journal of Enhanced Heat Transfer, 2012 (19): 397~408.

[69] Ravikumar S V, Jha J M, Mohapatra S S, et al. Experimental Investigation of Effect of Different Types of Surfactants and Jet Height on Cooling of a Hot Steel Plate [J]. Journal of Heat Transfer, 2014, 136 (7): 72~82.

[70] Ravikumar S V, Jha J M, Tiara A M, et al. Experimental investigation of air-atomized spray with aqueous polymer additive for high heat flux applications [J]. International Journal of Heat and Mass Transfer, 2014, 72: 362~377.

[71] Chakraborty S, Chakraborty A, Das S, et al. Application of water based-$TiO_2$ nano-fluid for cooling of hot steel plate [J]. ISIJ international, 2010, 50 (1): 124~127.

[72] Jha J M, Ravikumar S V, Tiara A M, et al. Ultrafast cooling of a hot moving steel plate by using alumina nanofluid based air atomized spray impingement [J]. Applied Thermal Engineering, 2015, 75: 738~747.

[73] Jha J M, Ravikumar S V, Sarkar I, et al. Ultrafast cooling processes with surfactant additive for hot moving steel plate [J]. Experimental Thermal and Fluid Science, 2015, 68: 135~144.

[74] 赵镇南．传热学 [M]. 北京：高等教育出版社，2003.

[75] 杜佳璐．加热炉数学模型的建立及其计算机仿真 [J]. 大连海事大学学报，1995, 21: 72~75.

[76] 陈建斌．冶金过程数值模拟基础 [M]. 北京：机械工业出版社，2008.

[77] Vallejo A, Trevino C. Convective cooling of a thin flat plate in laminar and turbulent flows [J]. Int. J. Heat Mass Transfer, 1990, 33: 543~554.

[78] Quintana D L, Amitay M, Ortega, et al. Heat Transfer in the Forced Laminar Wall Jet. J. Heat Transfer. 119, 451 (1997).

[79] Guo R. Heat transfer of laminar flow cooling during strip acceleration on hot strip mill runout tables. Iron Steelmak [J]. 1993, 20: 7~21.

[80] Filipovic J, Viskanta R, Incropera F P, et al. Cooling of a moving steel strip by an array of round jets [J]. Steel Res, 65: 541~547.

[81] Coursey J S. Enhancement of spray cooling heat transfer using extended surfaces and nanofluids. ProQuest Dissertations and Theses (University of Maryland, 2007).

[82] Fujimoto H, Hatta N. Deformation and Rebounding Processes of a Water Droplet Impinging on a Flat Surface Above Leidenfrost Temperature. J. Fluids Eng. 118, 142 (1996).

[83] Hauksson A. T, Fraser D, Prodanovic V, et al. Experimental study of boiling heat transfer during subcooled water jet impingement on flat steel surface. Ironmaking & Steelmaking 31, (University of British Columbia, 2004).

[84] Fishenden M, Saunders O A. An Introduction of Heat Transfer. (Clarendon Press, 1950).

[85] Mitsutake Y, Monde M. Heat transfer during transient cooling of high temperature surface with an impinging jet [J]. Heat Mass Transf 2001, 37: 321~328.

[86] Hammad J, Mitsutake Y, Monde M. Movement of maximum heat flux and wetting front during quenching of hot cylindrical block. Int. J. Therm. Sci. 43, 743-752 (2004).

[87] Karwa N, Gambaryan-Roisman T, Stephan, Tropea C. Experimental investigation of circular free-surface jet impingement quenching: Transient hydrodynamics and heat transfer. Exp. Therm. Fluid Sci. 35, 1435-1443 (2011).

[88] Islam M A, Monde M, Woodfield P L, Mitsutake Y. Jet impingement quenching phenomena for hot surfaces well above the limiting temperature for solid-liquid contact. Int. J. Heat Mass Transfer. 51, 1226-1237 (2008).

[89] Zeng, L Z, Klausner J F, Bernhard D M, et al. A unified model for the prediction of bubble

detachment diameters in boiling systems—II. Flow boiling. Int. J. Heat Mass Transf, 36, 2271-2279 (1993) .

[90] Kandlikar S G, Cartwright M D, Mizo V R. Investigation of bubble departure mech anism in subcooled flow boiling of water using high-speed photography. Proc Int Conf Convect. Flow Boil. Banff Alta. Can. Pages 30: 161-166.

[91] Kandlikar S G, Mizo V R, Cartwright M D, et al. Bubble Nucleation and Growth Characteristics in Subcooled Flow Boiling of Water. ASME Proc. 32nd Natl. Heat Transf. Conf. 4, 11-18 (1997) .

[92] Seiler-Marie N, et al. Transition boiling at jet impingement. Int. J. Heat Mass Transf. 47, 5059-5070 (2004) .

[93] Omar A M T, Hamed M S S, Shoukri M. Modeling of nucleate boiling heat transfer under an impinging free jet. Int. J. Heat Mass Transf. 52, 5557-5566 (2009) .

[94] Poreh M, Tsuei Y G, Cermak J E. Investigation of a Turbulent Radial Wall Jet. J. Appl. Mech. 34, 457 (1967) .

[95] Viegas D X, Borges A R J. An erosion technique for the measurement of the shear stress field on a flat plate. J. Phys. [E] 19, 625-630 (2000) .

[96] Tummers M J, Jacobse J, Voorbrood, S G J. Turbulent flow in the near field of a round impinging jet. Int. J. Heat Mass Transf. 54, 4939-4948 (2011) .

[97] Ma C F, Gan Y P, Lei D H. Liquid Jet Impingement Heat Transfer with or without Boiling. J. Therm. Sci. 2, 32-49 (1993) .

[98] Miyasaka Y, Inada S. Effect of Pure Forced Convection on the Boiling Heat Transfer Between a Two-Dimensional Subcooled Water Jet and a Heated Surface. J. Chem. Eng. Jpn. 13, 22-28 (1980) .

[99] Ma C F, Bergles A E. Jet impingement nucleate boiling. Int. J. Heat Mass Transf. 29, 1095-1101 (1986) .

[100] Robidou H, Auracher H, Gardin P, et al. Controlled cooling of a hot plate with a water jet. Exp. Therm. Fluid Sci. 26, 123-129 (2002) .

[101] Torikai K, Suzuki K, Suzuki A W T. Micro-bubbles emission in subcooled transition boiling by use of multi-water-jet. Proc. 3rd Int. Symp. Multiph. Flow Heat Transf. 70-77 (1994) .

[102] Suzuki K, Saito K, Sawada T T K. An experimental study on microbubble emission boiling of water. Proc. 11th Int. Heat Transf. Conf. 383-388 (2000) .

[103] Monde M. Analytical method in inverse heat transfer problem using Laplace transform technique. Int. J. Heat Mass Transf. , 43, 3965-3975 (2000) .

[104] Monde M, Arima H, Liu W, et al. An analytical solution for two-dimensional inverse heat conduction problems using Laplace transform. Int. J. Heat Mass Transf. 46, 2135-2148 (2003).

[105] Woodfield P L, Monde M, Mitsutake Y. Implementation of an analytical two-dimensional inverse heat conduction technique to practical problems. Int. J. Heat Mass Transf. 49, 187-197 (2006).

[106] Woodfield P L, Monde, M, Mitsutake Y. Improved analytical solution for inverse heat conduction problems on thermally thick and semi-infinite solids. Int. J. Heat Mass Transf. 49, 2864-2876 (2006).

[107] Nallathambi A K, Specht E. Estimation of heat flux in array of jets quenching using experimental and inverse finite element method. J. Mater. Process. Technol. 209, 5325-5332 (2009).

[108] Volle F, Gradeck M, Maillet D, et al. Inverse Heat Conduction Applied to the Measurement of Heat Fluxes on a Rotating Cylinder: Comparison Between an Analytical and a Numerical Technique. J. Heat Transf. 130, 081302 (2008).

[109] Ling X, Keanini R G, Cherukuri H P. A non-iterative finite element method for inverse heat conduction problems. Int. J. Numer. Methods Eng. 56, 1315-1334 (2003).

[110] 于明．中厚板轧后冷却过程温度场解析解研究与应用［D]．沈阳：东北大学，2008.

[111] 顾剑锋．淬火冷却过程中表面综合换热系数的反传热分析．1998 (32), 19-31.

[112] Devadas C, Samarasekera I V, Hawbolt E B. The thermal and metallurgical state of steel strip during hot rolling: Part I. Characterization of heat transfer. Metall. Trans. A 22, 307-319 (1991).

[113] Holman J P. Heat Transfer. (Higher Education Press, 1990). doi: 10.1115/1.3246887

[114] Jürgen Schmidt J K U A E S, et al. Enhancement and Local Regulation of Metal Quenching Using Atomized Sprays. J. ASTM Int. 5, 101805 (2008).

[115] Abdalrahman K H M, Alam U, Specht E. Wetting Front Tracking During Metal Quenching Using Array of Jets. in 2010 14th International Heat Transfer Conference, Volume 5 475-484 (ASME, 2010). doi: 10.1115/IHTC14-22080.

[116] Monde M. Critical Heat Flux in Saturated Forced Convection Boiling on a Heated Disk With an Impinging Jet. J. HeatTransf., 109, 991 (1987).

[117] Grissom W M, Wierum F A. Liquid spray cooling of a heated surface. Int. J. Heat Mass Transf., 24, 261-270. (1981).

[118] Tilton D E, C L C E T M. High Power Density Focusing Optics. North 16008-16008

[119] Horacek B, Kiger K T, Kim J. Single nozzle spray cooling heat transfer mechanisms. Int. J. Heat Mass Transf. 48, 1425-1438 (2005).

[120] Cader T, Westra L J, Eden R C. Spray cooling thermal management for increased device reliability. IEEE Transf., Device Mater. Reliab. 4, 605-613 (2004).

[121] Shedd T, Pautsch A G. Spray impingement cooling with single- and multiple-nozzle arrays. Part II: Visualization and empirical models. Int. J. Heat Mass Transf. 48, 3176-3184 (2005).

[122] Pautsch A G, Shedd, T A. Spray impingement cooling with single- and multiple-nozzle arrays. Part I: Heat transfer data using FC-72. Int. J. Heat Mass Transf. 48, 3167-3175 (2005).

[123] Hsieh C C, Yao, S C. Evaporative heat transfer characteristics of a water spray on micro-structured silicon surfaces. Int. J. Heat MassTransf., 49, 962-974 (2006).

[124] Jia W, Qiu H H. Experimental investigation of droplet dynamics and heat transfer in spray cooling. Exp. Therm. Fluid Sci. 27, 829-838 (2003).

[125] Yang J R, Wong S C. On the discrepancies between theoretical and experimental results for microgravity droplet evaporation. Int. J. Heat MassTransf., 44, 4433-4443 (2001).

[126] Rini D P, Chen R H, Chow L C. Bubble Behavior and Nucleate Boiling Heat Transfer in Saturated FC-72 Spray Cooling. J. Heat Transf., 124, 63 (2002).

[127] Bhattacharya P, Samanta A N, Chakraborty S. Spray evaporative cooling to achieve ultra fast cooling in runout table. Int. J. Therm. Sci. 48, 1741-1747 (2009).

[128] Mohapatra S S, Ravikumar S V, Verma A, et al. Experimental Investigation of Effect of a Surfactant to Increase Cooling of Hot Steel Plates by a Water Jet. J. Heat Transf., 135, 032101 (2013).

[129] Tan Y B, et al. Multi-nozzle spray cooling for high heat flux applications in a closed loop system. Appl. Therm. Eng. 54, 372-379 (2013).

[130] Mudawar I, et al. Optimizing and Predicting CHF in Spray Cooling of a Square Surface. J. Heat Transf., 118, 672 (1996).

[131] Chantasiriwan S. Inverse heat conduction problem of determining time-dependent heat transfer coefficient. Int. J. Heat Mass Transf., 42, 4275-4285 (1999).

[132] Wang B, Guo X, Xie Q, et al. Heat transfer characteristic research during jet impinging on top/bottom hot steel plate [J]. International Journal of Heat & Mass Transfer, 2016, 101: 844~851.

[133] Hammad J, Mitsutake Y, Monde M. Movement of maximum heat flux and wetting front during

quenching of hot cylindrical block, Int. J. Therm. Sci, 2004. 43 (8): 743~752.

[134] Kandlikar S G, Cartwright M D, Mizo V R. Investigation of bubble departure mechanism in subcooled flow boiling of water using high-speed photography [J]: Proceedings of International Conference on Convective Flow Boiling, 1995, 30: 161~166.

[135] Wang G, Cheng P. Subcooled Flow Boiling and Microbubble Emission Boiling Phenomena ina Partially Heated Microchannel [J]. Int. J. Heat Mass Transfer, 2009, 52: 79-91.

[136] Fujimoto H, Hatta N. Deformation and rebounding processes of a water droplet impinging on a flat surface above leidenfrost temperature [J]. Journal of Fluids Engineering, 1996, 118 (1): 142.

[137] Mitsutake Y, Monde M. Heat transfer during transient cooling of high temperature surface with an impinging jet [J]. Heat and Mass Transfer, 2001, 37 (4~5): 321~328.

[138] Hauksson A T, Fraser D, Prodanovic V, Samarasekera I. Experimental study of boiling heat transfer during subcooled water jet impingement on flat steel surface [D]. University of British Columbia, 2004.

[139] Chester N L, Wells M A, Prodanovic V. Effect of Inclination Angle and Flow Rate on the Heat Transfer During Bottom Jet Cooling of a Steel Plate [J]. Journal of Heat Transfer, 2012, 134 (12).

[140] Agrawal C, Kumar R, Gupta A, et al. Effect of jet diameter on the rewetting of hot horizontal surfaces during quenching [J]. Experimental Thermal and Fluid Science, 2012, 42 (5): 25~37.

[141] Wells M A, Li D, Cockcroft S L. Influence of surface morphology, water flow rate, and sample thermal history on the boiling-water heat transfer during direct-chill casting of commercial aluminum alloys [J]. Metallurgical & Materials Transactions B, 2001, 32 (5): 929.

[142] Karwa N. Stephan Experimental investigation of free-surface jet impingement quenching process. International Journal of Heat and Mass Transfer, 64: 1118-1126.

[143] Zumbrunnen D A, Viskanta R, Incropera F P. Effect of Surface Motion on Forced Convection Film Boiling Heat Transfer [J]. Journal of Heat Transfer, 1989, 111 (3): 760~766.

[144] Wang B, Lin D, Xie Q, et al. Heat transfer characteristics during jet impingement on a high-temperature plate surface [J]. Applied Thermal Engineering, 2016, 100: 902~910.

[145] Heat Transfer Characteristics of a Pipe-laminar Jet Impinging on a Moving Hot Solid.

[146] Ma C F, Gan Y P, Lei D H. Liquid jet impingement heat transfer with or without boiling [J]. Journal of Thermal Science, 1993, 2 (1): 32~49.

[147] Mozumder A K, Monde M, Woodfield P L. Delay of Wetting Propagation during Jet Impinge-

ment Quenching for a High Temperature Surface [J]. International Journal of Heat and Mass Transfer, 2005, 48 (25): 5395~5407.

[148] Hauksson A T, Fraser D, Prodanovic V, et al. Experimental Study of Boiling Heat Transfer during Subcooled Water Jet Impingement on Flat Steel Surface [J]. Ironmaking & Steelmaking, 2004, 31 (1): 51~56.

[149] Xu F C, Gadala M S. Heat Transfer Behavior in the Impingement Zone under Circular Water Jet [J]. International Journal of Heat and Mass Transfer, 2006, 49 (21): 3785~3799.

[150] Qiu Lu, et al. Recent developments of jet impingement nucleate boiling. International Journal of Heat and Mass Transfer, 2015 (89): 42, 58

[151] Filipovic J, Incropera F P, Viskanta R. Rewetting Temperatures and Velocity in a Quenching Experiment [J]. Experimental Heat Transfer an International Journal, 1995, 8 (4): 257~270.

[152] JiJi L M. Dagan Z. Experimental investigation of single-phase multijetimpingement cooling of an array of microelectronic heat sources. In: Proceedings of the International Symposium on Cooling Technology for Electronic Equipment. Hemisphere Publishing Corporation, Washington, DC, 1987: 333~351.

[153] Robinson A J, Schnitzler E. An experimental investigation of free and submerged miniature liquid jet array impingement heat transfer [J]. Experimental Thermal & Fluid Science, 2008, 32 (1): 1~13.

[154] Fujimoto H, Tatebe K, Shiramasa Y, et al. Heat Transfer Characteristics of a Circular Water Jet Impinging on a Moving Hot Solid [J]. ISIJ international, 2014, 54 (6): 1338~1345.

[155] Hossain, MdJubayer, MdNazmul Hossain. "Experimental analysis of wetting delay during jet impingement quenching of high temperature brass block." Procedia Engineering, 2013 (56): 690-695.

[156] Guo R M. Heat transfer of laminar flow cooling during strip acceleration on hot strip mill runout tables [J]. Iron & Steelmaker, 1993.

[157] Silk E A, Kim J, Kiger K. Spray cooling of enhanced surfaces: Impact of structured surface geometry and spray axis inclination [J]. International Journal of Heat & Mass Transfer, 2006, 49 (25~26): 4910~4920.

[158] 文华．基于 CFD 的柴油机喷雾混合过程的多维数值模拟 [D]. 武汉：华中科技大学，2004.

[159] Alam U, Krol J, Specht E, et al. Enhancement and local regulation of metal quenching using atomized sprays [J]. Journal of ASTM International, 2008, 5 (10): 101805.

[160] 李长江．纳米流体的制备、表征及性能研究［D］. 青岛：中国海洋大学，2009

[161] 刘芳．润湿剂与润湿现象［J］．聚氯乙烯，2009，37（6）：21~28.

[162] Ampere A，Hana Bellerova，et al. Effects of titania nanoparticles on heat transfer performance of spray［J］. Applied Thermal Engineering，2014，62：20~27.

[163] 李强，宣益民．纳米流体强化导热系数机理初步分析［J］. 热能动力工程，2002，17（102）：569~573.

[164] Tuck C Choy. Effective Medium Theory［M］. London：Oxford University Press，1990：88~92.

[165] Raineykn，You S M. Effect of heater size and orientation on pool boiling heat transfer from microporous coated surfaces［J］. Int J Heat Mass Transfer，2001，44（10）：2589~2599.

[166] Teja A S，Beck M，Yuan P，et al，The limiting behavior of the thermal conductivity of nanoparticles and nanofluids［J］. Appl. Phys，2010（107）：114~119.

[167] 王亚青．喷雾冷却无沸腾区换热特性研究［D］. 合肥：中国科学技术大学，2010.

[168] Ma X H，Su F M，Chen J B. Heat and mass transfer enhancement of the bubble absorption for a binary nanofluid［J］. Journal of Mechanical Science and Technology，2007（21）：1813~1818.

[169] Satya V，Ravikumar，Jay，Jha，et al. Enhancement of heat transfer rate in air-atomized spray cooling of a hot steel plate by using an aqueous solution of non-ionic surfactant and ethanol［J］. Applied Thermal Engineering，2013，64：64~75.

[170] Ampere A，Tseng，Hana Bellerová. Effects of Titania nanoparticles on heat transfer performance of spray cooling with full cone nozzle［J］. Applied Thermal Engineering，2014，62：20~27.

[171] Hauksson A T，Fraser D，Prodanovic V，et al. Experimental Study of Boiling Heat Transfer during Subcooled Water Jet Impingement on Flat Steel Surface［J］. Ironmaking & Steelmaking，2004，31（1）：51~56.

[172] Kandlikar S G，Mizo V R，Cartwright M D. Investigation of Bubble Departure Mechanism in Subcooled Flow Boiling of Water Using High-speed Photography［C］. Proc. Convective Flow Boiling Conf，1996：161~166.

[173] Wang B，Lin D，Zhang B，et al. Local Heat Transfer Characteristics of Multi Jet Impingement on High Temperature Plate Surfaces［J］. ISIJ International，2018，58（1）：132~139.

[174] Fujimoto H，Shiramasa Y，Morisawa K，et al. Heat Transfer Characteristics of a Pipe-laminar Jet Impinging on a Moving Hot Solid［J］. ISIJ International，2015，55（9）：1994~2001.

[175] Zumbrunnen D A，Viskanta R，Incropera F P. Effect of Surface Motion on Forced Convection

Film Boiling Heat Transfer [J]. Journal of Heat Transfer, 1989, 111 (3): 760~766.

[176] Vakili, Soheyl, and Mohamed S. Gadala. "Boiling heat transfer of multiple impinging jets on a hot moving plate." Heat Transfer Engineering 34.7 (2013): 580~595.

[177] 刘高琪. 温度场的数值模拟 [M]. 重庆: 重庆大学出版社, 1990.

[178] D.R 克罗夫特. 张风禄译. 传热的有限差分方程计算 [M]. 北京: 冶金工业出版社, 1982.

[179] 俞昌铭著. 热传导及其数值分析 [M]. 北京: 清华大学出版社, 1981.

[180] 李立康, 於崇华, 朱政华. 微分方程数值解法 [M]. 上海: 复旦大学出版社, 1999.

[181] 张训江, 熊伟, 王明亮. 4300mm 宽厚板热处理线工艺及主要设备介绍 [J]. 鄂钢科技, 2008 (1): 38~40.

[182] 陈瑛. 中厚板热处理技术综述 [J]. 宽厚板, 2008, 14 (2): 1~6.

[183] 周娜, 吴迪, 张殿华. 边部遮蔽在中厚板冷却中的研究与应用 [J]. 冶金设备, 2008 (1): 21~23.

[184] 刘相华, 张殿华, 王丙兴, 等. 中厚板层流冷却链式边部遮蔽装置控制方法. CN 101502849 A.

[185] 杜平. 基于 MULPIC 装置的宽厚板均匀冷却控制 [J]. 轧钢, 2012, 29 (6): 7~10.

[186] 庞义行. X65 钢板边部浪形的原因分析及控制 [J]. 山东冶金, 2015, (1): 13~14.

[187] 王有铭, 李曼云, 韦光. 钢材的控制轧制和控制冷却 [M]. 北京: 冶金工业出版社, 1995.

[188] 周晓光, 吴迪, 赵忠, 等. 中厚板热轧过程中的温度场模拟 [J]. 东北大学学报, 2005 (12): 1161~1163.

[189] Trinks W. Cold rolling of sheets and tinplates [J]. Blast furnace & Steel plant, 1993 (21): 315.

[190] 黄全伟, 韩斌, 谭文, 等. 层流冷却温度场数学模型的研究现状 [J]. 钢铁研究, 2013, 41 (01): 59~62.

[191] 蔡晓辉, 张殿华, 谢丰广, 等. 中厚板控制冷却数学模型 [J]. 东北大学学报, 2003 (10): 923~926.

[192] 蔡晓辉. 中厚板控制冷却数学模型的研究与应用 [D]. 沈阳: 东北大学.

[193] 梅国晖, 孟红记, 武荣阳. 高温表面喷雾冷却传热系数的理论分析 [J]. 冶金能源, 2004, (6): 18~22+30.

[194] 李洪芳. 热学 [M]. 北京: 高等教育出版社, 2001: 330~353.

[195] Deb S, Yao S C. analysis on Film Boling Heat of Impacting Spray [J]. Int J Heat Mass Transfer, 1989, 32 (11): 2099~2112.

[196] 胡贤磊，李建民，王昭东，等．中厚板轧制过程温度计算的二次曲线建模法 [J]. 轧钢，2002，19（6）：12~14.

[197] 顾剑锋，潘健生．智能热处理及其发展前景 [J]. 金属热处理，2013，38（2）：1~9.

[198] Lindeman B A，Anderson J M，Shedd T A. Predictive model for heat transfer performance of oblique and normally impinging jet arrays [J]. International Journal of Heat & Mass Transfer，2013，62（1）：612~619.

[199] 张永权．特厚钢板的制造技术 [J]. 宽厚板，2012，18（4）：1~4.

[200] 王昭东，袁国，付天亮，等，一种薄规格中厚板离线热处理汽雾冷却系统. 发明专利授权号：ZL 201110388052. 7.

# RAL · NEU 研究报告

（截至 2018 年）

No. 0001 大热输入焊接用钢组织控制技术研究与应用
No. 0002 850mm 不锈钢两级自动化控制系统研究与应用
No. 0003 1450mm 酸洗冷连轧机组自动化控制系统研究与应用
No. 0004 钢中微合金元素析出及组织性能控制
No. 0005 高品质电工钢的研究与开发
No. 0006 新一代 TMCP 技术在钢管热处理工艺与设备中的应用研究
No. 0007 真空制坯复合轧制技术与工艺
No. 0008 高强度低合金耐磨钢研制开发与工业化应用
No. 0009 热轧中厚板新一代 TMCP 技术研究与应用
No. 0010 中厚板连续热处理关键技术研究与应用
No. 0011 冷轧润滑系统设计理论及混合润滑机理研究
No. 0012 基于超快冷技术含 Nb 钢组织性能控制及应用
No. 0013 奥氏体-铁素体相变动力学研究
No. 0014 高合金材料热加工图及组织演变
No. 0015 中厚板平面形状控制模型研究与工业实践
No. 0016 轴承钢超快速冷却技术研究与开发
No. 0017 高品质电工钢薄带连铸制造理论与工艺技术研究
No. 0018 热轧双相钢先进生产工艺研究与开发
No. 0019 点焊冲击性能测试技术与设备
No. 0020 新一代 TMCP 条件下热轧钢材组织性能调控基本规律及典型应用
No. 0021 热轧板带钢新一代 TMCP 工艺与装备技术开发及应用
No. 0022 液压张力温轧机的研制与应用
No. 0023 纳米晶钢组织控制理论与制备技术
No. 0024 搪瓷钢的产品开发及机理研究
No. 0025 高强韧性贝氏体钢的组织控制及工艺开发研究
No. 0026 超快速冷却技术创新性应用——DQ&P 工艺再创新
No. 0027 搅拌摩擦焊接技术的研究
No. 0028 Ni 系超低温用钢强韧化机理及生产技术
No. 0029 超快速冷却条件下低碳钢中纳米碳化物析出控制及综合强化机理
No. 0030 热轧板带钢快速冷却换热属性研究
No. 0031 新一代全连续热连轧带钢质量智能精准控制系统研究与应用
No. 0032 酸性环境下管线钢的组织性能控制

（2019 年待续）